Leitfaden der Werkzeugmaschinenkunde

Von

Prof. Dipl.-Ing. Herm. Meyer
zu Magdeburg

Zweite, neubearbeitete Auflage

Mit 330 Textfiguren

Berlin

Verlag von Julius Springer

1921

ISBN-13: 978-3-642-90105-8   e-ISBN-13: 978-3-642-91962-6
DOI: 10.1007/978-3-642-91962-6

Vorwort zur ersten Auflage.

Das vorliegende Werk gibt einen Überblick über die in modernen Maschinenfabriken zur Verwendung kommenden Werkzeugmaschinen und ihre Werkzeuge. Es soll in erster Linie als Lehrbuch für den Unterricht an technischen Mittelschulen dienen und beschränkt sich deshalb auf das, was aus dem großen Gebiete der Werkzeugmaschinenkunde an diesen Anstalten behandelt zu werden pflegt. Es ist nicht Aufgabe der genannten Lehranstalten, ihre Schüler zu Werkzeugmaschinenkonstrukteuren auszubilden, jedoch müssen sie ihnen die Kenntnis der gebräuchlichsten Werkzeugmaschinen, ihrer Werkzeuge und vor allem ihrer Anwendung so weit vermitteln, daß sie wissen, mit welchen Mitteln in einer modernen Maschinenfabrik die Einzelteile der Maschinen bearbeitet werden. Dies ist von großem Einflusse auf die Gestaltung der Maschinen und ihrer Elemente und muß beim Entwerfen in erster Linie berücksichtigt werden. Dieser Gesichtspunkt ist bei der Stoffbehandlung im vorliegenden Buche maßgebend gewesen. Es sind deshalb die konstruktiven Einzelheiten der Werkzeugmaschinen nicht so ausführlich behandelt, wie in den vorzüglichen, umfangreichen Werken von Fischer und Hülle, sondern nur so weit, wie es zum Verständnis der Gesamtanordnung der gängigsten Werkzeugmaschinen und des Zusammenarbeitens ihrer Einzelteile nötig ist. Auch konnten die verschiedenen Bauarten der Maschinen nicht erschöpfend besprochen werden, sondern aus jeder Werkzeugmaschinengruppe sind nur einige typische Beispiele herausgegriffen. Dasselbe gilt auch von dem ausgedehnten Gebiete der Werkzeuge. Da die Genauigkeit der auf den Werkzeugmaschinen bearbeiteten Werkstücke nicht allein von der Güte der Schneidwerkzeuge, sondern besonders auch von der Genauigkeit der Meßwerkzeuge abhängt, und auch auf dem Gebiete des Messens sich in den letzten Jahren eine erhebliche Umwälzung vollzogen hat, so sind auch die neueren Meßverfahren und -Werkzeuge kurz besprochen.

Bei der Bearbeitung des Buches wurde der Verfasser von namhaften deutschen Werkzeugmaschinenfabriken in entgegenkommendster Weise durch Überlassen von Zeichnungen und sonstigem Materiale unterstützt. Es sei hierfür auch an dieser Stelle nochmals herzlichst gedankt.

Prof. Dipl.-Ing. Meyer.

Vorwort zur zweiten Auflage.

Bei der Neubearbeitung des vorliegenden Leitfadens sind Umfang und Einteilung des Stoffes im allgemeinen der ersten Auflage gegenüber nicht verändert. Einige inzwischen veraltete Konstruktionen sind durch neuere ersetzt und es ist in allen Abschnitten des Buches der heutige Stand der Werkzeugmaschinentechnik berücksichtigt. Für die freundliche Unterstützung, die dem Verfasser dabei wieder von vielen Seiten zuteil wurde, sei auch an dieser Stelle nochmals herzlichst gedankt.

Magdeburg, im Dezember 1920.

Prof. Dipl.-Ing. Meyer.

Inhaltsverzeichnis.

Einleitung.

Allgemeines über die Werkzeugmaschinen.

Unter Werkzeugmaschinen im engeren Sinne versteht man im allgemeinen die in den Maschinenfabriken zur Erzeugung fertiger Maschinenteile aus rohen Werkstücken verwendeten Arbeitsmaschinen. Nach dem zu verarbeitenden Materiale unterscheidet man Metallbearbeitungsmaschinen und Holzbearbeitungsmaschinen.

Die größte Gruppe bilden die Metallbearbeitungsmaschinen. Diese bearbeiten die durch Gießen, Schmieden, Walzen oder Ziehen erzeugten rohen Werkstücke zu fertigen Maschinenteilen, indem sie alle überflüssigen Teile von ihnen abtrennen, um dadurch den fertigen Gegenständen, die für ihren Verwendungszweck nötigen Formen und Abmessungen oder auch nur ein schönes Aussehen und glatte Oberflächen zu geben. Die überflüssigen Teile werden entweder in Form von kleinen Spänen abgetrennt (spanabhebende Maschinen) oder als größere Stücke (Scheren, Sägen). Die größte Bedeutung haben die spanabhebenden Maschinen.

Die Holzbearbeitungsmaschinen finden hauptsächlich in den Modelltischlereien Verwendung.

Auf den Werkzeugmaschinen werden die zu bearbeitenden Werkstücke sowie die die Bearbeitung ausführenden Werkzeuge befestigt und so gegeneinander bewegt, daß den Werkstücken in möglichst kurzer Zeit genau die verlangten Formen und Abmessungen gegeben werden.

Um sauberes genaues Arbeiten zu gewährleisten, müssen die Werkzeugmaschinen vor allem kräftig gebaut und sorgfältig fundamentiert sein, damit die beim Arbeiten unvermeidlichen Erschütterungen auf ein so geringes Maß beschränkt bleiben, daß die Sauberkeit der bearbeiteten Flächen nicht darunter leidet. Kleine leichte Maschinen kann man wohl einfach direkt auf dem Fußboden oder auf untergelegten Holzbohlen oder -Schwellen durch Schrauben befestigen. Schwerere müssen auf ein sorgfältig aufgemauertes Fundament gestellt und durch Ankerbolzen festgehalten werden. Beim Aufstellen muß man die Werkzeugmaschinen mit der Wasserwage sorgfältig ausrichten. Die Aufspann- und Führungsflächen müssen genau wagerecht bzw. senkrecht liegen. Bei Maschinen mit senkrechter Spindel wie Bohrmaschinen und Senkrecht-Fräsmaschinen muß besonders auf eine genau senkrechte Lage der Spindel geachtet werden. Alle bewegten Teile müssen ihre Bewegungen in genau vorgeschriebenen Bahnen ausführen, die Maschinen müssen daher mit genauen Führungen versehen sein, die ein Abweichen der bewegten Teile von ihrer Bahn ausschließen.

Da die aufeinander gleitenden Flächen der bewegten Teile und ihrer Führungen der Abnutzung unterworfen sind, so muß diese

Abnutzung durch Nachstellvorrichtungen ausgeglichen werden können. Um die Abnutzung und den Kraftbedarf der Werkzeugmaschinen möglichst gering zu halten, muß für eine gute Schmierung aller Reibungsflächen gesorgt sein.

Auch für eine zweckmäßige, bequeme und möglichst wenig zeitraubende Bedienung der Werkzeugmaschinen ist Sorge zu tragen. Das Befestigen und Abnehmen der Werkstücke und Werkzeuge, das Ein- und Ausrücken der Antriebvorrichtungen, das Betätigen der Steuerungen und das Beobachten der schneidenden Werkzeuge müssen sich leicht und schnell und möglichst von ein und derselben Stelle aus ausführen lassen. Die Bedienung wird erleichtert durch selbsttätige Abstellvorrichtungen, die die Maschine automatisch außer Betrieb setzen, sobald eine Arbeit vollendet ist. Zur Herstellung von Massenerzeugnissen verwendet man sogar vollständig automatisch arbeitende Maschinen, deren Bedienung sich darauf beschränkt, sie mit Rohmaterial zu versehen, die Werkzeuge richtig einzustellen und nötigenfalls zu schärfen. Um an Zeit zu sparen, läßt man mehrere Werkzeuge gleichzeitig arbeiten oder benutzt Werkzeughalter, die sämtliche zur vollständigen Bearbeitung eines Werkstückes erforderlichen Werkzeuge aufnehmen und in der richtigen Reihenfolge nacheinander zur Wirkung bringen können, so daß ein fortwährender Werkzeugwechsel unnötig ist (Revolverdrehbänke).

Auf einen wirksamen Schutz des die Maschine bedienenden Arbeiters vor Verletzungen ist besondere Sorgfalt zu verwenden. Alle gefahrbringenden Teile, besonders die Eingriffstellen der Zahnräder, müssen von Schutzhüllen umgeben sein, und zwar empfiehlt es sich, solche Schutzvorrichtungen nicht erst nachträglich an der fertigen Maschine anzubringen, sondern von vornherein beim Entwurf einer Werkzeugmaschine darauf Rücksicht zu nehmen. Man findet deshalb bei modernen Werkzeugmaschinen fast alle gefährlichen Teile in das Innere der Maschine verlegt und so sorgfältig verdeckt, daß sie von außen kaum zu sehen sind. Dies bietet gleichzeitig den Vorteil, daß die betreffenden Teile vor Verunreinigungen, besonders vor einfallenden Spänen, geschützt werden. Maschinen, die feine staubartige Späne erzeugen, müssen mit Vorrichtungen zum Absaugen dieser Späne ausgerüstet sein.

Der Antrieb der Werkzeugmaschinen von der Kraftmaschine aus erfolgt entweder durch eine Wellenleitung oder elektrisch. Längere Wellenleitungen mit den dazu gehörigen Lagern, Kupplungen und Riemenscheiben sind teuer und bedürfen einer ständigen Beaufsichtigung und Wartung. Die Leitungen für die Zuführung des elektrischen Stromes dagegen sind bequem und billig anzulegen und bedürfen so gut wie gar keiner Aufsicht. Der Wellenantrieb wird deshalb immer mehr durch den elektrischen Antrieb verdrängt. Man unterscheidet bei diesem Einzelantrieb, bei dem jede Werkzeugmaschine ihren besonderen Elektromotor hat, und Gruppenantrieb, bei dem ein Motor mehrere zu einer Gruppe zusammengenommene Maschinen unter Vermittlung einer kurzen Vorgelegewelle durch Riemen antreibt. Beim Einzelantriebe kann der Motor sehr eng mit der anzutreibenden Maschine

vereinigt werden, seine Größe muß aber der höchsten Arbeitsleistung
der Maschine entsprechen. Dies bedingt ein unwirtschaftliches Arbeiten, da die Maschine nur selten mit der höchsten Leistung arbeitet,
bei geringeren Leistungen aber der Wirkungsgrad des Motors ein un-
günstiger ist. Man gibt deshalb vielfach dem Gruppenantriebe den
Vorzug. Bei ihm braucht die Größe des Motors nur der mittleren Arbeitsleistung sämtlicher von ihm angetriebenen Maschinen zu entsprechen, da ja niemals gleichzeitig alle Maschinen bis zur Höchstgrenze
beansprucht werden. Neuerdings verwendet man zum Antriebe von
Werkzeugmaschinen vielfach auch den Stufenmotor, einen Gleich-
strommotor, dessen Umlaufzahlen sich in den Grenzen 1 : 4 ändern
lassen. Man hat dadurch ein bequemes Mittel, die Maschinen mit verschieden großen Geschwindigkeiten antreiben zu können.

Beim Antriebe der Werkzeugmaschinen von einer Transmissionswelle aus ist noch zu beachten, daß die Transmissionswelle dauernd
umläuft, während die Werkzeugmaschinen öfter stillstehen müssen.
Man treibt sie deshalb nicht direkt von der Transmissionswelle an,
sondern unter Vermittlung einer unter der Decke, an der Wand oder
an der Maschine selbst angebrachten Vorgelegewelle mit einer festen
und einer losen Riemenscheibe, so daß man durch Verschieben des
Antriebriemens die Maschine jederzeit außer Betrieb setzen kann.

Bisweilen treibt man Werkzeugmaschinen auch wohl durch Druck-
wasser oder Druckluft an, die durch Rohr- oder Schlauchleitungen
von der Erzeugungsstelle aus zugeführt werden.

Zur Bearbeitung der Werkstücke auf den Werkzeugmaschinen
sind folgende Bewegungen nötig: Die Einstellbewegungen, die
Haupt- oder Arbeitsbewegung und die Schaltbewegung, Schaltung oder Vorschub.

Die Einstellbewegungen erfolgen vor Beginn der eigentlichen
Bearbeitung und haben den Zweck, Werkstücke und Werkzeuge in
die zur Bearbeitung erforderliche Lage zu bringen. Sie werden meist
von Hand ausgeführt, und man sucht ihre Dauer möglichst einzu-
schränken, da der Gesamtzeitaufwand für die Bearbeitung eines Werkstückes und die wirtschaftliche Ausnutzung der Werkzeugmaschinen
durch sie ungünstig beeinflußt werden.

Die Haupt- oder Arbeitsbewegung ist die zum Abheben der
Späne nötige Bewegung. Sie kann eine gradlinig fortschreitende oder
eine drehende sein.

Die Schaltbewegung bewirkt die Verschiebung des Werkstückes
oder des Werkzeuges senkrecht zur Richtung der Hauptbewegung.
Sie ermöglicht die Bearbeitung des Werkstückes auf einer größeren
Fläche. Ihre Bahnlinie ist meist eine Gerade, seltener ein Kreis oder
eine durch die Gestalt der bearbeiteten Fläche bedingte Kurve. Die
Schaltung kann ununterbrochen oder ruckweise erfolgen.

Die Hauptbewegung erfolgt in der Regel mit größerer Geschwindigkeit als die Schaltbewegung. Haupt- und Schaltbewegung können
vom Werkstücke und vom Werkzeuge ausgeführt werden.

1*

I. Metallbearbeitungsmaschinen.

A. Werkzeuge.

1. Spanabhebende Werkzeuge.

Allgemeines.

Die auf den Werkzeugmaschinen benutzten Schneidwerkzeuge müssen härter sein als die von ihnen bearbeiteten Werkstücke. Man macht sie deshalb mit Ausnahme der Schleifscheiben aus Stahl, und zwar unterscheidet man die älteren Kohlenstoffstahle und die neueren legierten Stahle.

Kohlenstoffstahle sind solche, deren Härte und Schneidfähigkeit nur durch die Größe ihres zwischen 0,6 und 1,7 % schwankenden Kohlenstoffgehaltes beeinflußt werden. Mit wachsendem Kohlenstoffgehalt steigt die Härte. Die weicheren Stahlsorten werden gewöhnlich aus Bessemer- oder Siemens-Martinstahl, die härteren aus Tiegelgußstahl hergestellt und zwar gewöhnlich in Form von quadratischen, rechteckigen oder runden Stäben. Durch vorsichtiges Schmieden bei nicht zu hoher Temperatur werden die zum Schneiden benutzten Teile dieser Stäbe dann in die gewünschte Form übergeführt und gehärtet. Zum Härten erhitzt man den Stahl auf etwa 750° bis 850° und kühlt ihn dann durch Eintauchen in Wasser plötzlich ab. Die hierdurch erzeugte Glashärte wird durch nachträgliches Erwärmen, „Anlassen", dem Verwendungszwecke des Werkzeuges entsprechend wieder etwas gemildert. Je größer die Erwärmung ist, um so weicher wird der Stahl dadurch.

Legierte Stahle sind solche, deren Eigenschaften durch Zusätze von Mangan, Wolfram, Chrom, Vanadium, Molybdän, Silizium bedeutend verbessert sind. Sie werden im Tiegel oder im elektrischen Ofen erzeugt und durch besondere je nach ihrer chemischen Zusammensetzung verschiedene Verfahren gehärtet. Bei den sog. Selbsthärtern erfolgt das Härten durch Abkühlen im Luftstrom oder im Talgbade, bei den naturharten Stahlen genügt sogar ein langsames Abkühlen von der Rotglut auf Zimmertemperatur zum Härten. Genauere Vorschriften über die äußerst sorgfältig auszuführenden Härteverfahren der verschiedenen Stahlsorten werden von den sie erzeugenden Firmen angegeben.

Die Hauptvorteile der legierten Stähle gegenüber den Kohlenstoffstahlen sind folgende: Sie besitzen eine größere Härte, werden nicht so schnell stumpf, können härteres Material bearbeiten und hohe Erwärmung vertragen, ohne ihre Härte und Schneidfähigkeit zu verlieren. Man kann deshalb mit ihnen bedeutend stärkere Späne abtrennen und mehr als doppelt so schnell schneiden als mit Kohlenstoffstahlen. Sie führen deshalb vielfach den Namen Schnellschnittstähle. Ihre Einführung rief eine große Umwälzung auf dem Gebiete des Werkzeugmaschinenbaues hervor. Die Leistungsfähigkeit der Maschinen wurde durch die Erhöhung der Schnittgeschwindigkeiten erheblich vergrößert und dies bedingte eine Umgestaltung der Antriebvorrichtungen und eine kräftigere Bauart der Maschinen.

Die Schneiden der Werkzeuge haben im allgemeinen, wie Fig. 1 zeigt, die Gestalt eines Keiles, mit der Brust A B und dem Rücken A C.

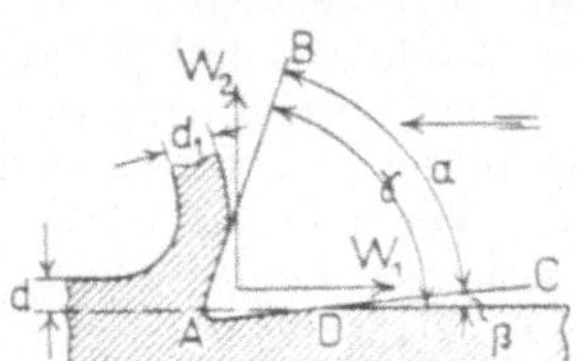

Fig. 1. Werkzeugschneide.

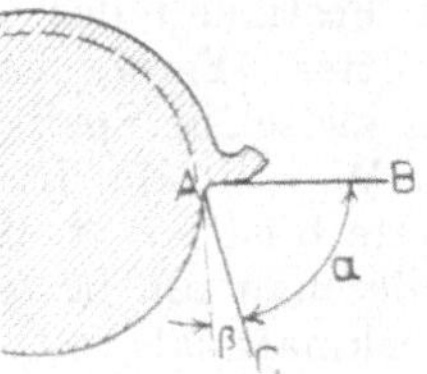

Fig. 2. Drehwerkzeug.

Zwischen Brust und Rücken befindet sich bei A eine kleine Abrundung. Den Winkel α nennt man den Keil-, Meißel- oder Zuschärfungswinkel, den Winkel β den Ansatz- oder Anstellwinkel und den Winkel γ den Brust- oder Schnittwinkel. Bei Werkstücken von kreisförmigem Querschnitte, die beispielsweise auf der Drehbank bearbeitet werden, mißt man den Ansatzwinkel β, wie Fig. 2 zeigt, zwischen dem Rücken A C und der Tangente an die bearbeitete Fläche im Punkte A.

Über die Größe der Winkel α, β und γ ist folgendes zu sagen. Je kleiner der Keilwinkel α ist, um so schärfer wird die Schneide, um so geringer ist aber ihr Widerstand gegen Abbrechen. Dieser Widerstand wächst mit der Größe von α. Je größer der Ansatzwinkel β ist, um so kleiner wird die Reibung zwischen Rücken und Werkstück, um so unsicherer wird aber die Schneidwirkung des Werkzeuges. Bei zu großem Ansatzwinkel tritt leicht ein sog. Haken des Werkzeuges ein. Die gebräuchlichsten Größen der Winkel α und β sind folgende:

	α	β	
Hartguß	85 bis 100⁰	3 bis 6⁰	Aus α und β ergibt sich
Gußeisen	65 bis 90'	5 bis 10⁰	dann die
Flußeisen und Stahl	55 bis 90⁰	5 bis 12⁰	Größe von
Bronze, Messing, Rotguß	62 bis 87⁰	3 bis 12⁰	$\gamma = \alpha + \beta$.

Wird die Werkzeugschneide in der in Fig. 1 angegebenen Pfeilrichtung gegen das Werkstück bewegt, so trennt sie von diesem einen Span von der Dicke d ab und hat dabei einen Schnittwiderstand W_1 zu überwinden. Der Span wird auf eine größere Dicke d_1 gestaucht, steigt an der Brust empor und reibt sich stark an dieser. Auch zwischen dem Rücken der Schneide und der frisch bearbeiteten Fläche des Werkstückes findet eine starke Reibung statt, da der Rücken um das Stück A D in das Werkstück eingedrückt wird. Dabei erfährt die Schneide einen Widerstand W_2. Infolge der Reibung erwärmt sich die Schneide und wird deshalb vielfach durch Zuführung von Wasser oder Öl gekühlt. Dem Wasser setzt man oft Seife, Soda oder andere Stoffe zu, um ein Rosten zu verhindern. Die Kühlflüssigkeit wird der Schnittstelle zweckmäßig durch eine kleine Pumpe zugeführt.

Die Größe des Schnittwiderstandes W_1 ist in erster Linie abhängig von der Festigkeit des Werkstückmaterials und der Größe des Spanquerschnittes. Ferner von der Größe der Winkel α und β sowie der Reibung zwischen Span und Brust. Dies wird ausgedrückt durch die Formel: $W_1 = f \cdot K$. Hierbei ist f der Spanquerschnitt, also bei einer Spanbreite b ist $f = d \cdot b$, und K eine durch Versuche festgelegte Wertziffer, die man am besten in Beziehung setzt zur Zugfestigkeit K_z des Werkstückmaterials, so daß $K = a \cdot K_z$ ist. Dabei ist:

für Gußeisen a = 4,5 bis 5,5 und K = 60 bis 140 kg/qmm
für Schmiedeeisen und Stahl a = 2,5 bis 3,2 und K = 100 bis 240 kg/qmm
für Bronze, Messing, Rotguß K = 60 bis 100 kg/qmm.

Um ein gutes Arbeiten der Schneide zu sichern, drückt man sie so fest gegen das Werkstück, daß $W_2 = W_1$ wird.

Die zur Überwindung des Schnittwiderstandes bei der Spanbildung zu leistende Arbeit ist, wenn die Schnittgeschwindigkeit v m/sek beträgt $= W_1 \cdot v$. Werden nun noch die Reibungs- und sonstigen Widerstände durch Einführung des Wirkungsgrades η berücksichtigt, so ist der Arbeitsbedarf einer Werkzeugmaschine in Pferdestärken

$$N = \frac{W_1 \cdot v}{\eta \cdot 75} \; PS.$$

Im allgemeinen setzt man bei Werkzeugmaschinen mit drehender Hauptbewegung wie Drehbänke, Bohr- und Fräsmaschinen $\eta = 0,7$. Für solche mit gradliniger Hauptbewegung wie Hobel- und Stoßmaschinen $\eta = 0,6$.

Die bei Werkzeugmaschinen gebräuchlichen Schnittgeschwindigkeiten und Vorschübe sind aus der folgenden Tabelle zu ersehen. Die Schnittgeschwindigkeiten v sind in m/min, die Vorschübe s für Drehen, Abstechen und Bohren in mm/Umdrhg., für Fräsen in mm/min und für Hobeln und Stoßen für mm/Hub angegeben. Die oberen Zahlenwerte gelten für Kohlenstoffstahl, die unteren für Schnellschnittstahl.

	Gußeisen		Schmiedeeisen		Maschinenstahl		Bronze, Rotguß, Messing	
	v	s	v	s	v	s	v	s
Drehen	6—12	0,1—3	10—13	0,1—3	8—12	0,1—3	15—20	0,1—3
	15—20	0,5—5	20—30	0,5—5	15—25	0,5—5	20—40	0,1—3
Ein- und Ab-stechen	5—10	0,05—1,5	6—12	0,02—1	5—10	0,02—1	12—20	0,02—1
	15—20	0,05—1,5	15—20	0,02—1	12—18	0,02—1	—	—
Bohren	8—12	0,1—0,5	10—15	0,1—0,5	6—10	0,1—0,5	16—20	0,1—1
	16—20	0,2—2	18—25	0,2—1,5	15—20	0,2—1,5	25—35	0,1—1
Planfräsen	10—15	15—150	12—18	15—150	10—15	15—150	25—40	25—200
	25—40	25—250	30—50	30—300	25—40	25—250	40—70	30—300
Zahnfräsen	9—12	15—75	10—15	15—50	8—12	12—40	20—40	25—100
	15—20	25—90	16—20	52—70	15—18	20—60	—	—
Gewinde-schneiden . . .	2—5	—	2—5	—	2—4	—	6—15	—
	—	—	—	—	—	—	—	—
Hobeln und Stoßen	5—10	0,1—7	6—12	0,1—7	5—10	0,1—7	10—20	0,1—10
	10—15	0,5—11	10—15	0,5—11	10—15	0,5—11	—	—
Schleifen	Schleifscheibe $v = 20$—30 m/sek $s = {}^2/_5$—${}^9/_{10}$ d. Scheibenbreite mm/Umdrehung							

Beispiel: Wie groß ist der Arbeitsbedarf einer Drehbank zum Abdrehen von Maschinenstahl mit einer Schnittgeschwindigkeit $v = 20$ m/min $= \dfrac{20}{60}$ m/sek, wenn die Spanbreite 5 mm, der Vorschub 0,5 mm und die Wertziffer $K = 200$ ist?

Der Spanquerschnitt ist $f = 5 \cdot 0,5 = 2,5$ qmm, somit wird $W_1 = 2,5 \cdot 200 = 500$; dann wird bei $\eta = 0,7$

$$N = \frac{500 \cdot 20}{0,7 \cdot 75 \cdot 60} = \sim 2 \text{ PS.}$$

a) Werkzeuge zum Drehen.

Die Drehwerkzeuge oder Drehstahle dienen zum Bearbeiten der Oberflächen von Umdrehungskörpern. Sie werden meist aus Vierkant-stäben hergestellt. Ihre Form ist sehr verschiedenartig, sie richtet sich nach dem zu bearbeitenden Material und vor allem nach der vor-zunehmenden Arbeit. Die Dreharbeiten werden meist so ausgeführt, daß von dem rohen Werkstücke zunächst durch Schruppen kräftige Späne abgetrennt werden und die dadurch erzeugte noch ziemlich rauhe Oberfläche dann weiter durch Abnehmen feiner Späne, Schlichten, ihre genaue Gestalt erhält.

Fig. 3 zeigt einen gewöhnlichen Schruppstahl. Die Schneide des Stahles ist zur Drehachse geneigt und trennt daher einen Span von großer Breite b und geringer Dicke d ab. Ein solcher Span setzt seiner geringen Dicke wegen dem Abtrennen einen kleineren Wider-stand entgegen als ein Span gleichen Flächeninhalts von kleinerer Breite und größerer Dicke.

Fig. 4 zeigt einen sog. amerikanischen Schruppstahl. Stähle dieser Art, bei denen die Schneide aus der Längsrichtung des Stahles nach rechts oder links ausgebogen ist, nennt man rechtsgebogene bzw. linksgebogene Stähle.

Vorteilhafter als die Schruppstähle mit gradliniger Schneide sind solche mit gebogener, sog. rundnasige Schruppstahle. Wie aus Fig. 5[1]) zu ersehen ist, trennt ein solcher Stahl kommaförmige Späne ab, deren Querschnitt sich nach der bearbeiteten Fläche hin immer mehr verjüngt. Der den genauen Drehdurchmesser erzeugende Teil der Schneide hat daher den geringsten Widerstand zu überwinden und wird am meisten geschont. Durch äußerst zahlreiche Versuche mit diesem rundnasigen Stahle hat Taylor seine vorteilhafteste Form sowie die günstigsten Werte für Meißel-, Ansatz-,

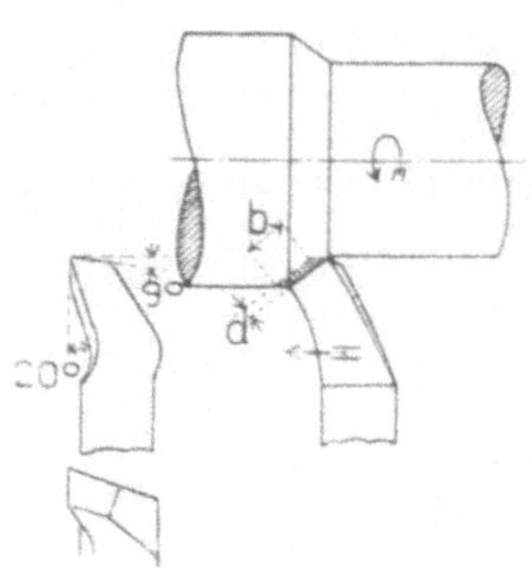

Fig. 3. Schruppstahl.

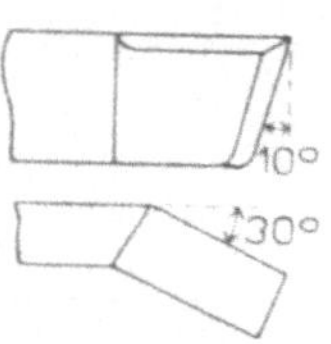

Fig. 4. Amerikanischer Schruppstahl.

Seitenschleif- und Hinterschleifwinkel festgestellt. Ausführlich ist hierüber in der unten angegebenen Quelle berichtet; hier sei nur erwähnt, daß z. B. für das Schruppen von Gußeisen und härterem Stahl ein Meißelwinkel von 68°, ein Hinterschleifwinkel von 8° und ein Seitenschleifwinkel von 14° angegeben sind. Der Ansatzwinkel soll dabei 6° betragen, wenn ein geübter Schleifer oder eine automatische Schleifmaschine zur Verfügung steht, sonst 9° bis 12°.

Beim Schlichten werden nur ganz feine Späne abgetrennt, man benutzt dazu Schlichtstahle von der in Fig. 6 dargestellten Form. Wie aus dem Grundrisse zu ersehen ist, bildet man die Schneide auch wohl gradlinig aus.

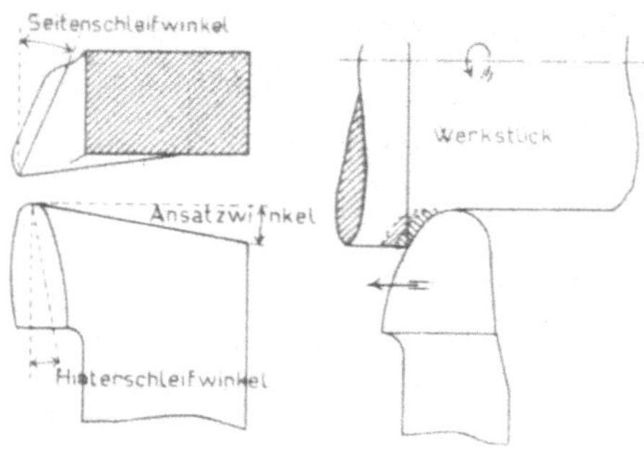

Fig. 5. Rundnasiger Schruppstahl.

Zum Bearbeiten von Hartguß, wobei nur ganz feine Späne von großer Breite abgetrennt werden, benutzt man Stahle mit sehr breiter messerartiger Schneide, z. B. vierkantige Stahle nach Fig. 7.

Bisher war vorausgesetzt, daß die Stahle parallel zur Drehachse verschoben und zylindrische Flächen bearbeitet werden sollten. Erfolgt der Vorschub des Stahles senkrecht zur Drehachse (Planzug), so werden ebene Flächen bearbeitet. Bei der Bearbeitung solcher Flächen

[1]) Siehe Taylor-Wallichs, Über Dreharbeit und Werkzeugstahl.

läßt sich der Stahl oft nicht senkrecht zur bearbeiteten Fläche stellen, man verwendet dann, wie Fig. 8 zeigt, Seitenstahle mit schräg gestellter Schneide.

Zum Ausdrehen scharfer Ecken dienen Spitzstahle, Fig. 9.

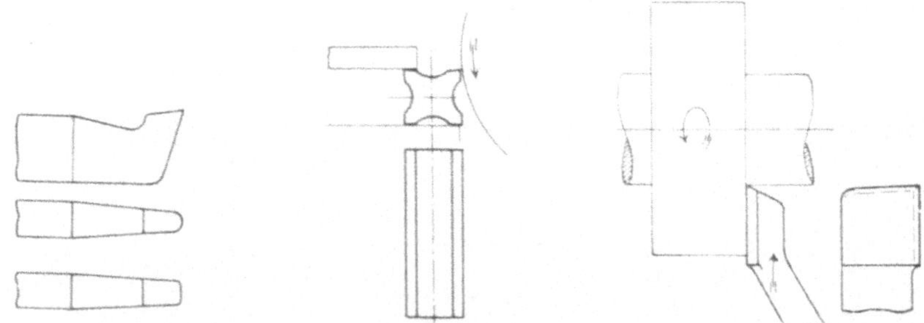

Fig. 6. Schlichtstahl.   Fig. 7. Stahl für Hartguß.   Fig. 8. Seitenschruppstahl.

Einstich- und Abstechstahle dienen dazu, in die Werkstücke Nuten einzustechen oder von meist stangenartigen Werkstücken Teile abzutrennen. Um hierbei möglichst wenig Material durch Spanbildung zu verlieren, macht man die Stahle sehr schmal, wie Fig. 10 zeigt. Zur

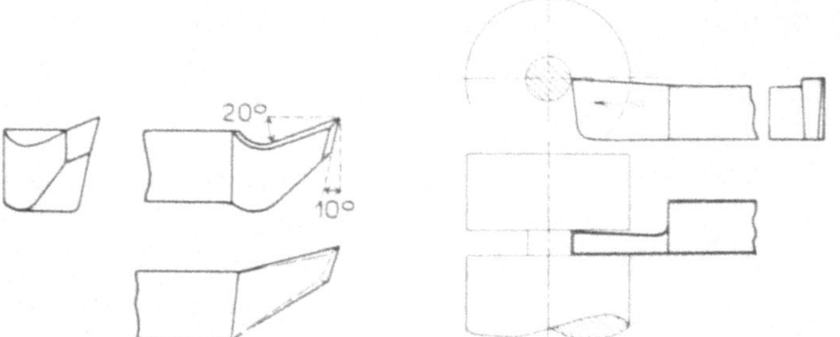

Fig. 9. Spitzstahl.   Fig. 10. Einstich- und Abstech-
stahl.

Verringerung der Reibung verjüngt man den Stahl von der Schneide ab nach hinten und unten.

Für Rotguß und ähnliche Materialien verwendet man Stahle nach Fig. 11.

Um an Material zu sparen und nicht das ganze Werkzeug aus teuerem Werkzeugstahl machen zu müssen, verwendet man vielfach Stahlhalter aus gewöhnlichem billigen Eisen und setzt in diese kleine, meist prismatische Stäbe aus Werkzeugstahl ein, die durch schräges Anschleifen einer Stirnfläche mit einer Schneide versehen sind. Fig. 12 bis 14 zeigen solche Stahlhalter mit Einsatzstahlen. Der Stahlhalter in Fig. 12 kann an Stelle eines gewöhnlichen Drehstahles benutzt werden. Das kleine Stahlstück ist durch eine Öffnung des Halters gesteckt und wird

durch eine Druckschraube darin festgehalten. Fig. 13 zeigt einen Stahlhalter, bei dem durch Verschieben des bogenförmigen Stahlstückes a
in der bogenförmigen Nut des Halters b die Höhenlage der Schneide
leicht verstellt werden kann. Fig. 14 [1]) zeigt als Beispiel eines sog.
Mehrfachwerkzeuges einen Stahlhalter mit zwei Stahlen zum gleich-
zeitigen Einstechen zweier Nuten. Die Einsatzstahle a werden von

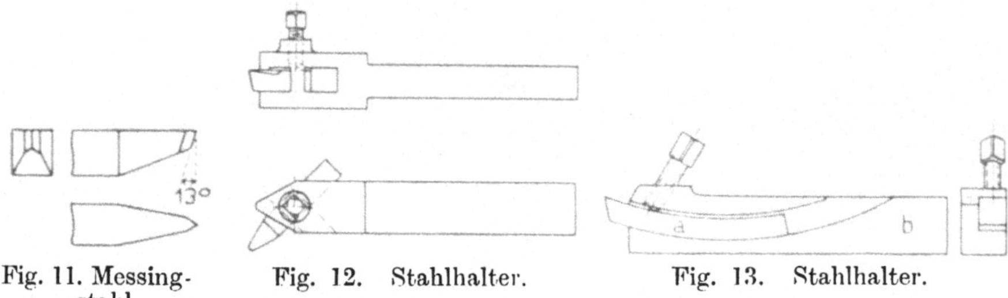

Fig. 11. Messing-   Fig. 12.   Stahlhalter.   Fig. 13.   Stahlhalter.
    stahl.

einer langen entsprechend profilierten Stange Werkzeugstahl nach
Bedarf abgeschnitten, ihr Nachschleifen muß an der Brust b erfolgen.
Sie werden in Nuten des Stahlhalters eingesetzt und durch die Schraube c
festgeklemmt. Das Festklemmen wird ermöglicht durch die beiden
Löcher d und die Schlitze e im Stahlhalter. Die Schräubchen g dienen

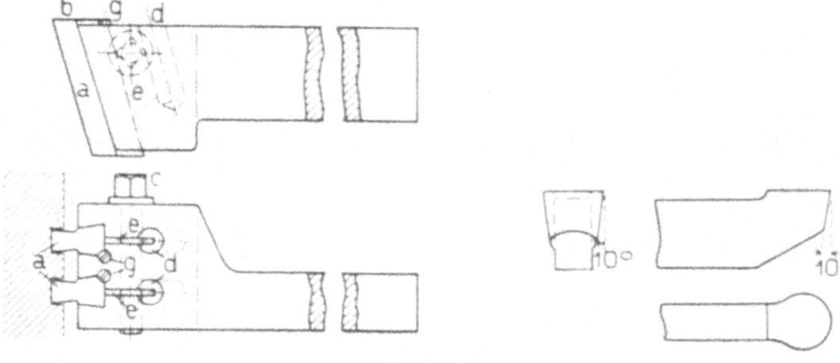

Fig. 14. Stahlhalter als Mehrfach-   Fig. 15. Formstahl.
    werkzeug.

zum genauen Höheneinstellen der Stahle. An Stelle des durch Druckschrauben festgehaltenen Einsatzstahles lötet oder schweißt man auch
wohl kleine Stahlstücke aus Werkzeugstahl, besonders aus dem teueren
Schnellschnittstahl, auf Stäbe aus minderwertigem Material auf.
    Zum Bearbeiten von Umdrehungskörpern, deren Profil nicht durch
eine gerade Linie, sondern durch eine Kurve gebildet wird, benutzt
man Form - oder Fassonstahle. Fig. 15 zeigt z. B. einen solchen
Fassonstahl zum Abdrehen von Hohlkehlen. Bei der Bearbeitung von
Massenartikeln lohnt es sich, Formstahle zu verwenden, die das profilierte Werkstück in seiner ganzen Breite auf einmal bearbeiten können.

---

[1]) Siehe Werkstatttechnik 1915, Seite 431.

sog. Breitmesser. Fig. 16 zeigt ein solches Breitmesser zur Bearbeitung einer Kugelkurbel. Das Nachschleifen der dem zu erzeugenden Profile entsprechend gestalteten Schneide muß an der Brust a b erfolgen, damit das Profil hierdurch nicht geändert wird.

Auch bei Formstahlen verwendet man Stahlhalter, wie Fig. 17 zeigt.

Auf Revolverdrehbänken und Automaten benutzt man als Formstahle vielfach Rundstahle von der in Fig. 18 gezeichneten Gestalt.

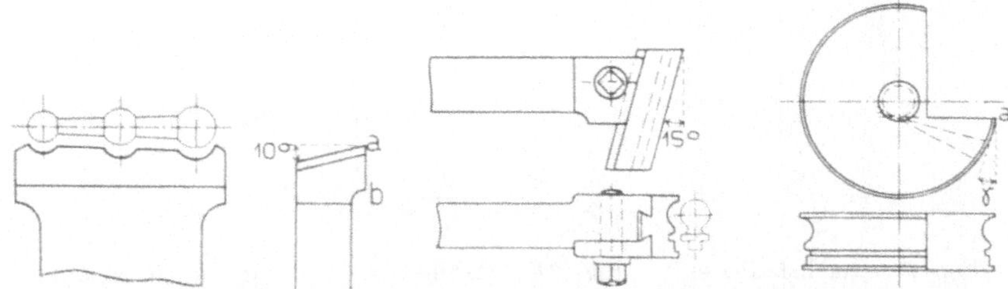

Fig. 16. Breitmesser.   Fig. 17. Formstahlhalter.   Fig. 18. Rundstahl.

Es sind dies Stahlscheiben, die an ihrem äußeren Umfange mit einem Formstahl abgedreht sind, der das Profil des zu bearbeitenden Werkstückes hat. Aus den Scheiben werden dann Segmente herausgefräst, so daß bei a eine profilierte Schneide entsteht. Diese liegt etwas unterhalb der wagerechten Mittelebene, um einen Anstellwinkel γ zu ermöglichen. Ein Nachschleifen muß nach den punktierten Linien erfolgen, damit das Profil sich nicht ändert.

b) Werkzeuge zum Hobeln und Stoßen.

Zum Bearbeiten ebener Flächen durch Hobeln oder Stoßen, wobei Werkstück und Werkzeug sich in gradliniger Richtung gegeneinander bewegen, können teilweise fast dieselben Werkzeuge benutzt

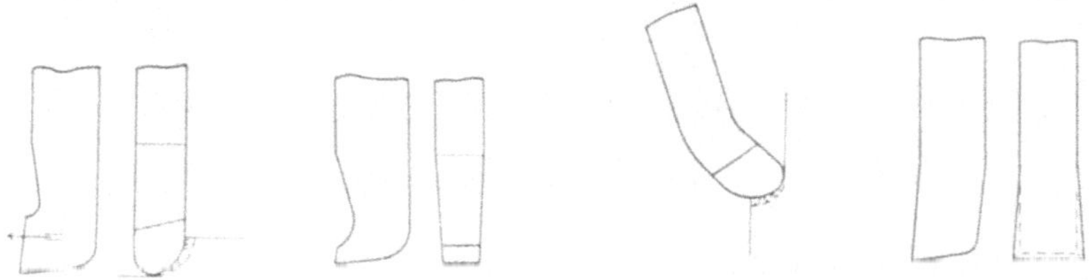

Fig. 19. Hobel-Schruppstahl.   Fig. 20. Schlichtstahl.   Fig. 21. Hobelstahl für senkrechte Flächen.   Fig. 22. Nutenstahl.

werden wie zum Drehen. Fig. 19 zeigt z. B. einen gewöhnlichen Hobel-Schruppstahl. Aus demselben Grunde wie beim rundnasigen Drehstahl (Fig. 5) ist auch hier die Schneide krummlinig gemacht, so daß wieder kommaförmige Späne abgetrennt werden. Fig. 20 zeigt einen Schlichtstahl, Fig. 21 einen Hobelstahl zur Bearbeitung senkrechter

Flächen. Zum Bearbeiten von Nuten und Aufspannschlitzen dienen Nutenstahle, Fig. 22. Um nach erfolgtem Nachschleifen die Nutenstahle wieder auf die richtige Breite einstellen zu können, versieht man sie mit einem Schlitze und treibt sie durch einen kleinen Keil auf die verlangte Breite auseinander (Fig. 23).

Aus denselben Gründen wie bei den Drehstahlen verwendet man auch bei den Hobelstahlen Stahlhalter mit Einsatzstahlen oder lötet

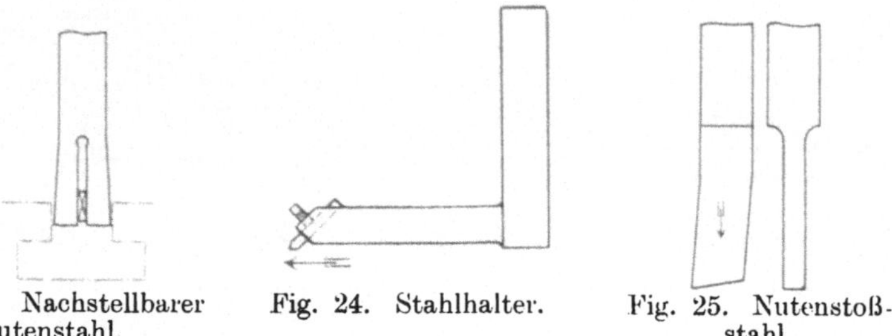

Fig. 23. Nachstellbarer   Fig. 24. Stahlhalter.   Fig. 25. Nutenstoß-
Nutenstahl.   stahl.

oder schweißt kleinere Stücke guten Werkzeugstahles auf größere aus billigem Material.

Zum Einstoßen von Keilnuten in längere zylindrische Bohrungen verwendet man bei Feilmaschinen wohl Stahlhalter nach Fig. 24. Kürzere Nuten bearbeitet man auf Stoßmaschinen unter Benutzung des in Fig. 25 dargestellten Stahles.

c) Räumnadeln.

Die Räumnadeln sind Werkzeuge, die auf den Räumnadelziehmaschinen benutzt werden, um vorgebohrte zylindrische Löcher in solche von beliebiger Gestalt umzuwandeln. Fig. 26 zeigt einige Beispiele hiervon. Die Räumnadeln sind lange Stangen mit einer großen

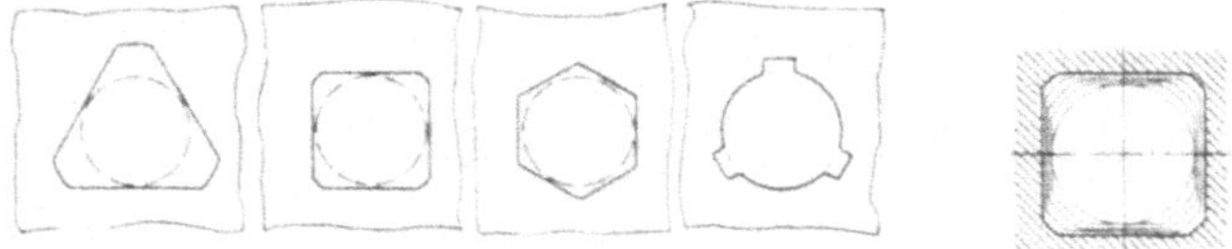

Fig. 26 und 27. Durch Räumnadeln hergestellte Löcher.

Zahl von hintereinander angeordneten mit Schneidkanten versehenen Zähnen. Der Querschnitt der Räumnadel wächst von Zahn zu Zahn um ein geringes, dem zu verarbeitenden Material entsprechendes Maß, so daß jeder Zahn einen kleinen Span wegräumen muß. Vielfach wird

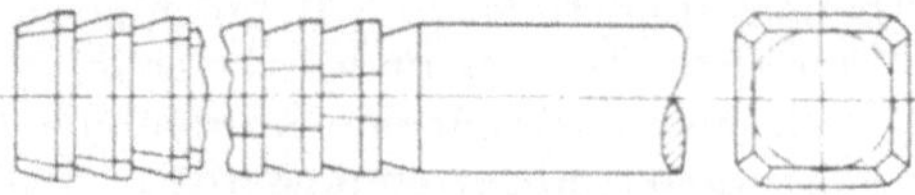

Fig. 28. Räumnadel.

das Loch in einem Durchgange fertiggestellt, bisweilen werden aber
zwei bis drei Räumnadeln hintereinander verwendet. Fig. 28 zeigt
die Räumnadel zum Erzeugen des in Fig. 27 gezeichneten quadratischen
Loches mit abgerundeten Ecken. Fig. 27 läßt auch erkennen, in welcher
Weise das ursprünglich runde Loch allmählich in die verlangte Form

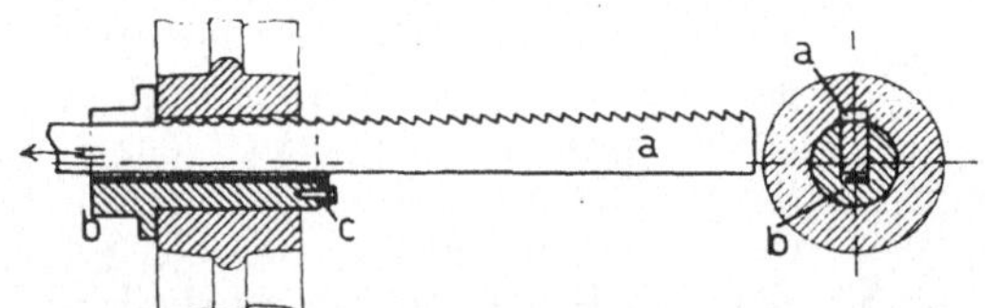

Fig. 29. Räumnadel zum Herstellen von Keilnuten.

übergeführt wird. Die Zähne der Räumnadel müssen dementsprechend
gestaltet sein. Räumnadeln werden auch vielfach zum Herstellen von
Keilnuten verwandt, wie Fig. 29 veranschaulicht. Die Räumnadel a
führt sich dabei in einer in die Nabe gesteckten auswechselbaren Hülse b.
Die eingelegte Leiste c regelt die Tiefe der Keilnut. Soll die Keilnut
Anzug haben, so muß die Leiste c dementsprechend keilförmig sein.

d) Werkzeuge zum Bohren.

Durch Bohren sollen zylindrische Löcher in Werkstücken erzeugt
werden. Die hierzu dienenden Werkzeuge lassen sich in zwei Gruppen
einteilen, je nachdem sie ein Loch in das massive Material einbohren
oder ein schon vorhandenes, durch Gießen oder
Vorbohren erzeugtes Loch erweitern und auf genau
zylindrische Gestalt bringen sollen. Die Werkzeuge
der ersten Gruppen arbeiten so, daß sie alles das zu
erzeugende Loch ausfüllende Material in Späne verwandeln, während die der zweiten Gruppe von den
inneren Wandungen des schon vorhandenen Loches
nur einen Span von geringer Dicke abtrennen.
Werkzeug und Werkstück müssen beim Bohren als
Arbeitbewegung immer eine drehende Bewegung
gegeneinander ausführen und außerdem als Schaltbewegung eine gradlinig fortschreitende. Zum Bohren
kann man Bohrmaschinen und Drehbänke benutzen.

Ein älteres Werkzeug zum Bohren von Löchern
in das volle Material ist der in Fig. 30 dargestellte
Spitz- oder Flachbohrer. Ein Rundstahl ist an
seinem unteren Ende flach ausgeschmiedet und
mit den Schneiden a b und c d versehen, die bei

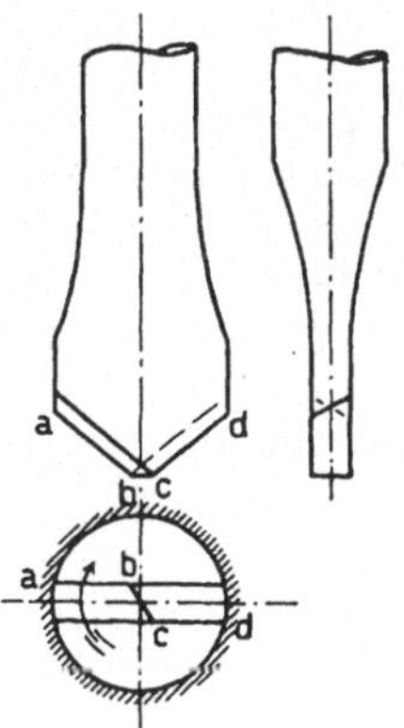

Fig. 30. Spitz- oder
Flachbohrer.

der angegebenen Drehrichtung Späne abtrennen und ein zylindrisches
Loch vom Durchmesser a d erzeugen. Spitzbohrer werden nur noch
wenig verwendet, sie sind verdrängt durch den Spiralbohrer (Fig. 31).
In einen zylindrischen, unten kegelförmig gestalteten Stahlstab sind
zwei steile Schraubenfurchen unter einem Steigungswinkel von 20° bis

35^0 eingefräst. Hierdurch entstehen die Schneidkanten a b und c d. Die hinter diesen Schneidkanten gelegenen Kegelflächenteile müssen so geschliffen werden, daß sie mit den von den Schneiden bearbeiteten Flächen den erforderlichen Ansatzwinkel bilden. Sie müssen also den Schneidkanten gegenüber zurückspringen. Hierzu dienen besondere Vorrichtungen, die später bei den Schleifmaschinen besprochen werden.

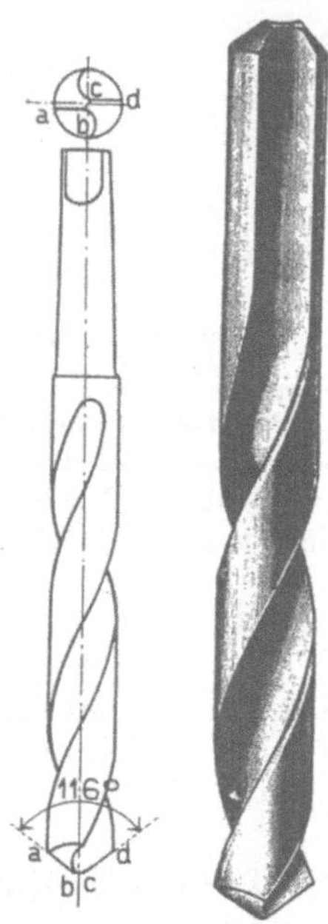

Fig. 31.   Fig. 32.
Spiralbohrer.   May-
          Bohrer.

Die Spiralbohrer bieten den großen Vorteil, daß sie sich an den zylindrischen Wandungen des frisch gebohrten Loches genau führen und in ihren Schraubennuten die Späne selbsttätig aus dem Loche herausfördern. Die Schneiden drängen sich nämlich beim Bohren keilartig unter das in Späne verwandelte Material, üben auf dieses einen nach oben gerichteten Druck aus und treiben es so in den glatten Schraubenfurchen aus dem Loche. An den zylindrischen Teil des Spiralbohrers schließt sich gewöhnlich ein kegelförmiger, der zum Befestigen des Bohrers dient. Die Abmessungen dieser Kegel sind normalisiert. Sehr verbreitet ist der Morsekonus. Eine besondere Art der Spiralbohrer sind die May-Bohrer (Fig. 32). Bei ihnen sind die Schraubenfurchen nicht in den zylindrischen Schaft eingefräst, sondern dadurch erzeugt, daß ein entsprechend profilierter Stahlstab im warmen Zustande durch die schraubenförmige Bohrung einer Matrize gepreßt wird. Die Herstellungs- und Materialkosten werden dadurch verringert. Fig. 33 zeigt einen Zentrierbohrer, der dazu dient, in Werkstücken, die zwischen Spitzen eingespannt werden, die hierzu nötigen Anbohrlöcher und Körnerversenkungen herzustellen. Der Bohrer kann an beiden Enden benutzt werden.

Wellen und Spindeln durchbohrt man oft auf ihrer ganzen Länge, um sich von der Güte des Materials zu überzeugen oder, bei Werkzeugmaschinen, um durch die Bohrung stangenförmiges Material zuzu-

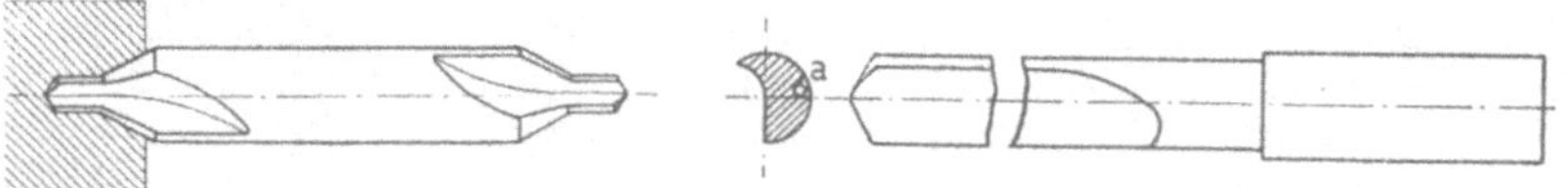

Fig. 33.   Zentrierbohrer.   Fig. 34.   Lauf- und Spindelbohrer.

führen, das auf der betreffenden Maschine bearbeitet werden soll. Bei Bohrungen von kleineren Durchmessern benutzt man hierzu den in Fig. 34 dargestellten Lauf- und Spindelbohrer, einen langen zylindrischen Stahlstab, in den eine seiner Längsachse parallele Nut zum Abführen der Späne eingefräst ist. In einer zweiten kleinen Längsnut liegt ein Röhrchen a, durch das während des Bohrens Schmieröl unter

hohem Drucke der Schneide zugeführt wird. Von einer solchen Schmier-
ölzuführung macht man auch bei Spiralbohrern für tiefe Löcher Gebrauch. Größere Bohrungen, wie sie namentlich bei Werkzeugmaschinen-
spindeln vorkommen, stellt man so her, daß man nicht alles die Bohrung

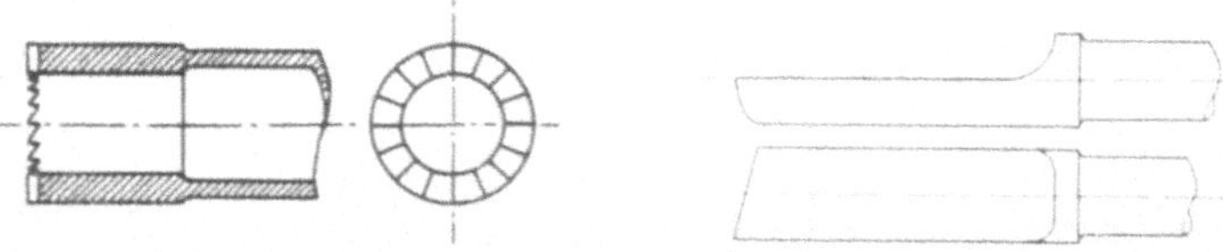

Fig. 35. Kernbohrer oder Hohlfräser.   Fig. 36. Kanonenbohrer.

ausfüllende Material in Späne verwandelt, sondern nur das eines schmalen
ringförmigen Schlitzes, wodurch dann aus dem Innern der Spindel
ein zylindrischer Kern herausgebohrt wird. Man benutzt dazu Werkzeuge von der Gestalt eines Hohlzylinders, der an einer Stirnfläche

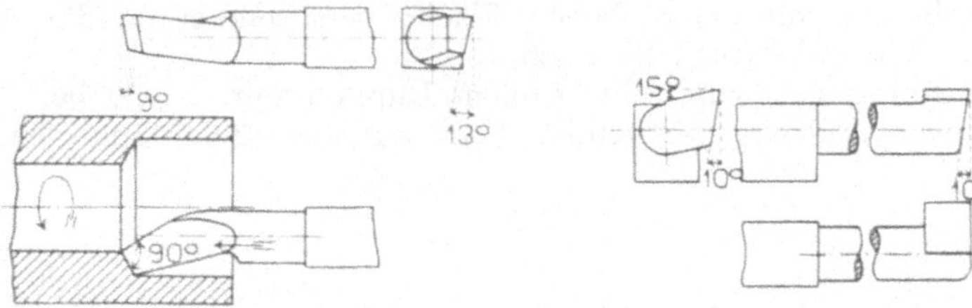

Fig. 37. Ausdrehschruppstahl.   Fig. 38. Ausdrehschlichtstahl.

mit einer größeren Zahl Schneiden versehen ist, sog. Kernbohrer
oder Hohlfräser (Fig. 35).

Auf der Drehbank benutzt man vielfach den in Fig. 36 dargestellten
Kanonenbohrer, jedoch meist zum Bohren schon auf eine geringe
Tiefe vorgebohrter Löcher.

Zum Ausbohren bedient man sich auf Drehbänken der Ausdreh-
stahle, deren Gestalt und Arbeitsweise durch Fig. 37 veranschau-

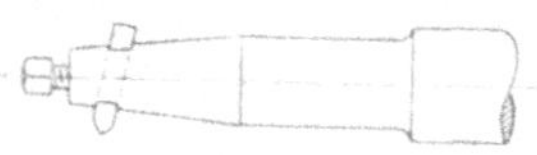

Fig. 39. Bohrstange.   Fig. 40. Bohrstange.

licht wird, und zwar zeigt diese Figur einen Schruppstahl, während
in Fig. 38 ein Ausdrehschlichtstahl dargestellt ist. Für große Loch-
tiefen wird der Ausdrehstahl lang und teuer. Man verwendet deshalb
auch wieder vorteilhaft Stahlhalter oder Bohrstangen aus billigem
Material mit eingesetzten kleinen Stahlen. Fig. 39 und 40 zeigen Beispiele hiervon. Die Bohrstange in Fig. 39 ist nur für durchgehende
Löcher geeignet, während die in Fig. 40 dargestellte auch für an einem
Ende geschlossene sog. Sacklöcher brauchbar ist. Um das Durchbiegen

solcher Bohrstangen infolge des einseitigen Druckes zu vermeiden, benutzt man namentlich bei langen Bohrstangen zweischneidige **Bohrmesser**, die nach beiden Seiten aus der Bohrstange herausragen. Diese werden, wie Fig. 41 zeigt, durch einen Schlitz der Bohrstange gesteckt und durch einen Keil a festgehalten. Um ein sicheres Anliegen des

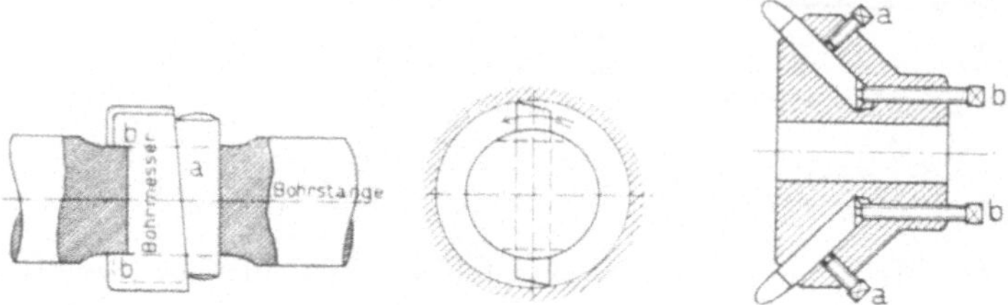

<table>
<tr><td>Fig. 41. Bohrstange mit Bohrmesser.</td><td>Fig. 42. Bohrkopf.</td></tr>
</table>

Bohrmessers zu gewährleisten, ist die zylindrische Bohrstange um den Schlitz herum mit einer ebenen Fläche versehen, gegen die sich die Flächen b des Bohrmessers legen.

Bei Bohrungen von sehr großem Durchmesser, z. B. bei Dampfmaschinenzylindern, verwendet man auf der Bohrstange befestigte

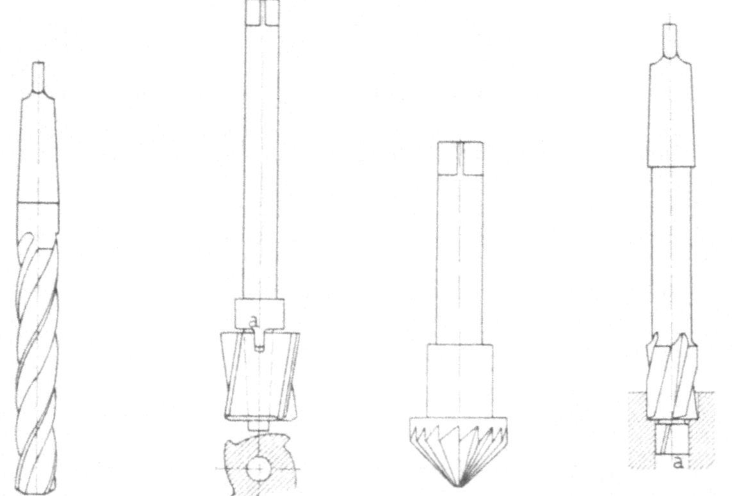

Fig. 43. Spiral-
senker.   Fig. 44. Aufstecksenker.   Fig. 45. Spitzsenker.   Fig. 46. Kopfsenker.

Bohrköpfe mit mehreren eingesetzten Stahlen (Fig. 42). Die Schrauben a dienen zum Festhalten, die Schrauben b zum genauen Einstellen der Stahle.

Durch die oben besprochenen Bohrwerkzeuge lassen sich nicht immer Löcher von genügender Genauigkeit erzeugen. Man benutzt

diese Werkzeuge dann nur zum Vorbohren der Löcher, die dann durch
Aufreiben auf den genauen Durchmesser gebracht werden, indem
man noch ganz feine Späne abhebt. Man benutzt hierzu Senker und
Reibahlen. Dies sind zylindrische oder kegelförmige Stahlwerkzeuge,
die an ihrer Mantelfläche mit mehreren gradlinig oder in Form von
Schraubenlinien verlaufenden Schneiden versehen sind. Fig. 43 zeigt
einen Spiralsenker, der gewissermaßen einen Spiralbohrer ohne
Spitze darstellt. Die Schneiden verlaufen nach Schraubenlinien.
Fig. 44 zeigt einen Aufstecksenker, der auf den kegelförmigen Teil
eines mit zwei Mitnehmernasen a versehenen Aufsteckdorns gesteckt
wird. In Fig. 45 ist ein Spitzsenker oder Krauskopf dargestellt,

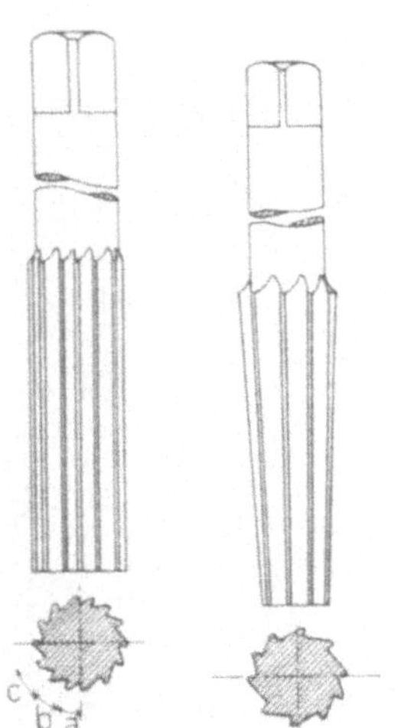

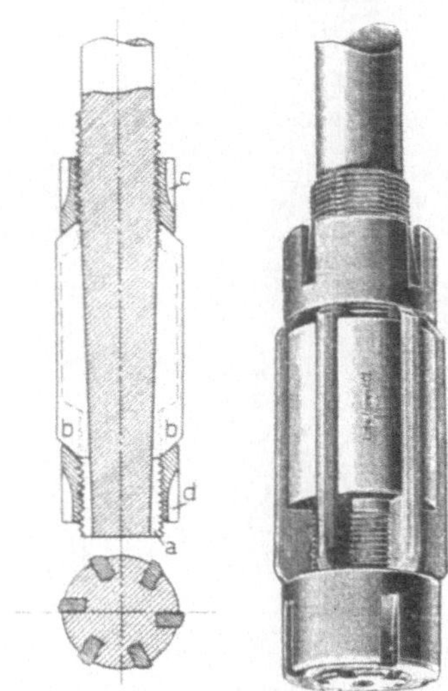

Fig. 47 u. 48. Reibahlen.   Fig. 49. Nachstellbare Reibahle.

der zur Beseitigung des Grates gebohrter Löcher oder auch zum Versenken kegelförmiger Schraubenköpfe dient.

Fig. 46 zeigt einen Kopfsenker, mit dem die Löcher für die Köpfe
versenkter Schrauben hergestellt werden. Der Senker führt sich mit
einem Zapfen a in dem vorgebohrten Schraubenloche.

Fig. 47 zeigt eine zylindrische, Fig. 48 eine kegelförmige Reibahle. Die Reibahlen versieht man aus praktischen Gründen mit einer
geraden Zahl von Schneidkanten, ordnet diese aber so an, daß ihre Ent-
fernungen voneinander ungleich sind. In Fig. 47 ist z. B. a $<$ b $<$ c usw.,
dasselbe wiederholt sich auf der anderen Hälfte des Umfanges. Dies
bietet folgenden Vorteil: Ist das aufzureibende Loch unrund und an
irgendeiner Stelle Material wegzuräumen, so drückt derjenige Zahn,
der dieses besorgt, die ihm gegenüberliegenden Zähne gegen die der
Schnittstelle gegenüberliegende Lochwand. Bei gleicher Teilung würde
dies immer an derselben Stelle erfolgen und in der Lochwand zu be-
merken sein, bei ungleicher Teilung jedoch nicht.

Durch Nachschleifen verringert sich der Reibahlendurchmesser, dies vermeidet man durch Verwendung nachstellbarer Reibahlen, von denen Fig. 49 ein Beispiel zeigt. Der Körper a ist mit konischen Schlitzen versehen, in die die Messer b eingesetzt sind. Durch entsprechendes Nachziehen der Muttern c und d lassen sich die Messer nach jedem Nachschleifen wieder auf den genauen Durchmesser einstellen. Außerdem bieten die nachstellbaren Reibahlen denselben Vorteil wie die Meißelhalter, indem nur die kleinen Messer aus teurem Werkzeugstahl hergestellt zu werden brauchen und nicht das ganze

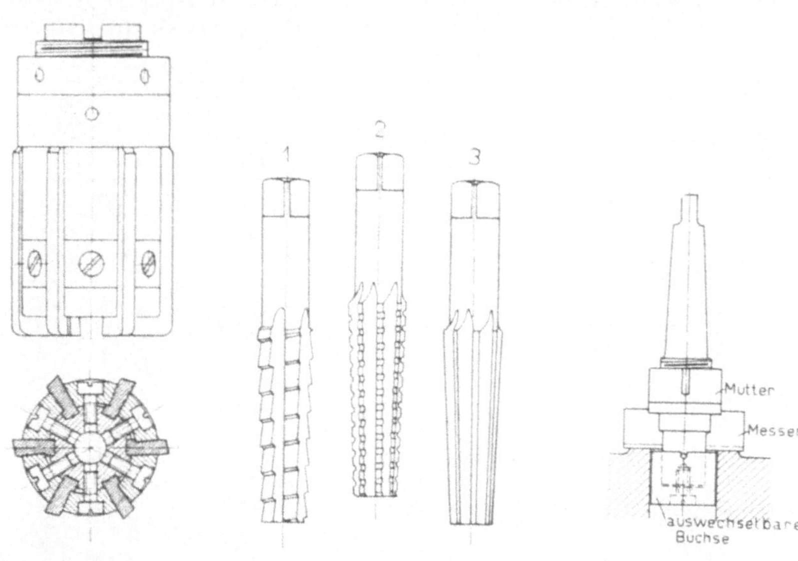

Fig. 50. Nachstellbare Grundreibahle.   Fig. 51. Konusreibahlen.   Fig. 52. Zapfensenker.

Werkzeug. Zum Aufreiben nicht durchgehender Löcher, die auch an ihrer ebenen Grundfläche bearbeitet werden sollen, benutzt man Grundreibahlen, die sowohl auf der Mantel-, als auch auf der Stirnfläche Schneiden besitzen. Fig. 50 zeigt eine Grundreibahle, und zwar eine solche, die auf den in Fig. 44 abgebildeten Dorn gesteckt werden kann, eine Aufsteckreibahle.

Konische Löcher zur Aufnahme der konischen Schäfte von Bohrern, Fräsern, Senkern u. dgl. müssen sehr genau aufgerieben werden, um einen guten sicheren Sitz der betreffenden Werkzeuge zu gewährleisten. Man reibt sie deshalb in drei Arbeitsvorgängen auf, unter Verwendung der in Fig. 51 dargestellten Konusreibahlen, und zwar benutzt man zunächst eine hinterdrehte Schrupppreibahle (1), um das zylindrisch vorgebohrte Loch schnell in ein konisches zu verwandeln. Die Wandungen des so erzeugten Loches sind jedoch noch nicht glatt, sondern abgestuft. Sie werden deshalb mit der Vorreibahle (2) und der Fertigreibahle (3) fertig bearbeitet.

Schließlich sei an dieser Stelle auch noch der Zapfensenker (Fig. 52) erwähnt. Er ist kein eigentliches Bohrwerkzeug, sondern bearbeitet mit einem auswechselbaren Messer die die Löcher umgebenden Auflagerflächen für Bolzenköpfe und Muttern. Die auswechselbare Büchse führt sich in dem gebohrten Loche.

e) Werkzeuge zum Fräsen.

Die zum Fräsen benutzten Werkzeuge, die Fräser, sind Umdrehungskörper aus Stahl, die an ihrem äußeren Umfange mit einer großen Zahl von Schneiden versehen sind. Sie werden mit einer sich drehenden Spindel verbunden und führen so die drehende Arbeitbewegung aus, während das Werkstück eine gradlinige, beim Rundfräsen eine drehende, Schaltbewegung macht. Durch die Vielschneidigkeit der Fräser haben diese Werkzeuge den einschneidigen Dreh- und Hobelstahlen gegenüber erhebliche Vorteile. Während die Schneiden der letztgenannten Werkzeuge in der ganzen Zeit, in der das Werkzeug schneidet, mit dem Werkstücke in Berührung sind und dadurch stark erwärmt und schnell abgenutzt werden, arbeiten die einzelnen Schneiden der Fräser immer nur eine kurze Zeit, so daß sie sich nicht so stark erwärmen, Zeit zum Abkühlen haben und nicht so schnell stumpf werden. Die Fräser können daher mit größeren Schnittgeschwindigkeiten arbeiten als die Dreh- und Hobelstahle. Die Schneiden der Dreh- und Hobelstahle haben ferner vom ersten Augenblicke des Schneidens an sofort den ganzen Schnittwiderstand in seiner vollen Größe zu

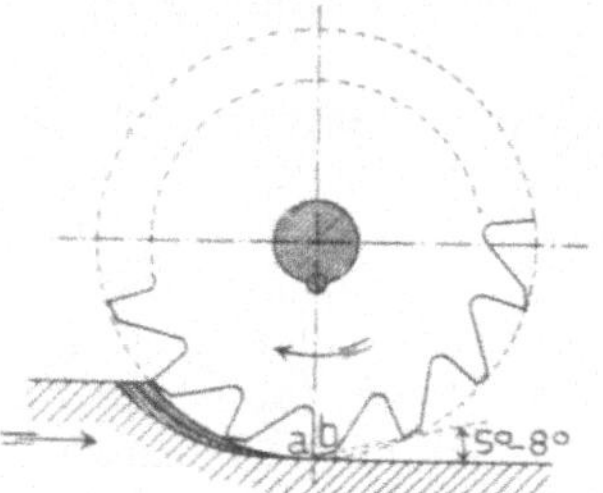

Fig. 53. Hinterschliffener Fräser.

überwinden, da der Querschnitt des Spanes immer derselbe bleibt. Beim Fräser dagegen trennen, wie Fig. 53 zeigt, bei den durch die Pfeile angegebenen Bewegungsrichtungen die Schneiden kommaförmige Späne ab; der Spanquerschnitt und der Schnittwiderstand wachsen daher ganz allmählich. Da nun immer mehrere Fräserschneiden gleichzeitig arbeiten, so gleichen sich die Schnittwiderstände aus und dies bewirkt ein ruhiges Arbeiten. Hierzu ist aber nötig, daß, wie aus Fig. 53 zu ersehen ist, der Vorschub des Werkstückes entgegengesetzt der Drehrichtung des Fräsers erfolgt, die Zähne des Fräsers also von unten herauf schneiden. Dies bietet bei der Bearbeitung von Gußstücken weiter den Vorteil, daß die Zähne nicht von außen in die harte Gußhaut eindringen, sondern ihren Schnitt in weicherem Materiale beginnen.

Das Profil der Fräser wird entweder durch gerade Linien begrenzt oder durch Kurven, deren Gestalt dem Profile der zu bearbeitenden Fläche entspricht. Im letzteren Falle nennt man sie Profil-, Form- oder Fassonfräser. Im ersteren Falle verlaufen die Schneiden entweder gradlinig oder in Form von Schraubenlinien. Der Rücken, d. h. die hinter der Schneide liegende Fläche der Fräserzähne, darf sich nicht an der frisch bearbeiteten Fläche des Werkstückes reiben, da dies Arbeitsverluste und ein starkes Erwärmen des Fräsers zur Folge haben würde, er muß deshalb der bearbeiteten Fläche gegenüber um einen gewissen Ansatzwinkel zurücktreten. Dies läßt sich erreichen durch Hinterschleifen oder durch Hinterdrehen des Rückens. Bei hinterschliffenen Fräsern wird, wie Fig. 53 zeigt, der Rücken durch eine gerade Linie begrenzt, die mit der bearbeiteten Fläche einen Ansatzwinkel von 5⁰ bis 8⁰ bildet. Es reibt sich dann nur die Schneide a an der bearbeiteten Fläche. Das Nachschleifen der hinterschliffenen Zähne erfolgt stets am Rücken a b. Ein solches Schleifen ist jedoch bei Fassonfräsern unzulässig, da hierdurch ihr Profil geändert würde. Man versieht sie

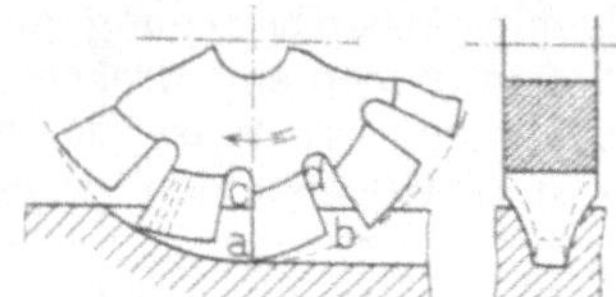 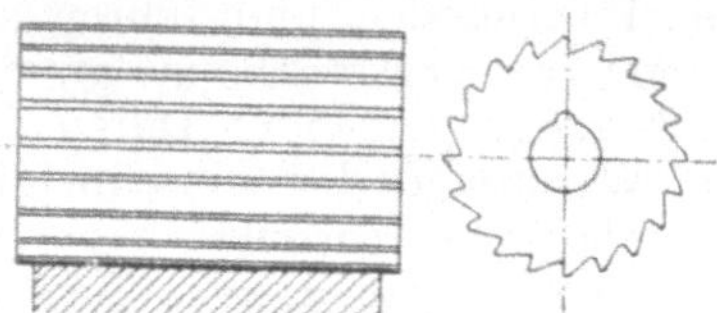

Fig. 54. Hinterdrehter Fräser.   Fig. 55. Walzenfräser.

deshalb mit hinterdrehten Zähnen, wie Fig. 54 veranschaulicht. Hier ist der Rücken a b der Schneide nach einer logarithmischen Spirale gekrümmt, springt also der frisch bearbeiteten Fläche gegenüber zurück und die Reibung beschränkt sich auch nur auf die Schneidkante a. Das Nachschleifen erfolgt an der radial gerichteten Brust a c der Zähne. Damit sich durch das Nachschleifen der Zähne ihr Profil nicht ändert, ist auch der Zahnfuß c d durch eine logarithmische Spirale begrenzt. Die Zähne können dann, wie die punktierten Linien andeuten, so lange nachgeschliffen werden, bis sie ihrer verringerten Stärke wegen ab-

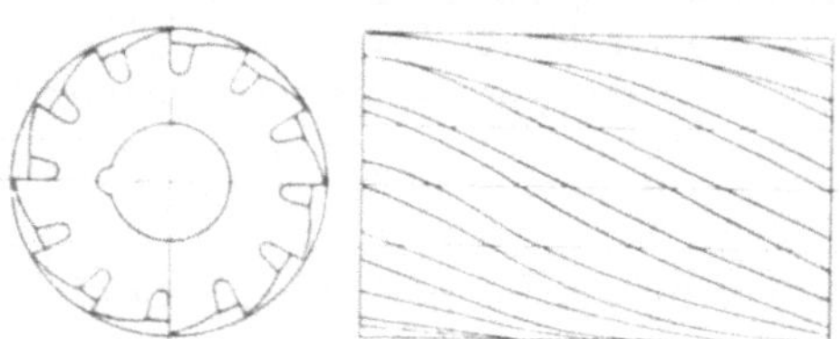

Fig. 56. Hinterdrehter Spiralfräser.

brechen, ohne daß sich ihr Profil und ihr Keilwinkel irgendwie ändert. Dies ist besonders wichtig für Zähne zum Fräsen der Zahnlücken von Zahnrädern. Ebene Flächen bearbeitet man meist nur bei schweren Schrupparbeiten mit hinterdrehten Fräsern.

Fig. 55 zeigt einen Walzen- oder Planfräser, wie er zum Bearbeiten ebener Flächen benutzt wird. Der Fräser muß etwas breiter sein als die zu bearbeitende Fläche. Bei sehr breiten Flächen setzt man mehrere Fräser nebeneinander. Die Schneidkanten sind parallel zur Längsachse des Fräsers. Besser ist es, die Schneiden nach einer Schraubenlinie mit einem Steigungswinkel von 70⁰ bis 80⁰ zu gestalten. Man erhält dann sog. Spiralfräser (Fig. 56). Diese arbeiten günstiger aus folgendem Grunde: Bei den Fräsern mit gradlinigen Schneiden muß jede Schneide, die zum Arbeiten kommt, plötzlich auf ihrer ganzen Breite in das Werkstück eindringen. Dies verursacht jedesmal einen Stoß und ein Zurückfedern der Schneide. Ebenso tritt ein Stoß und ein Federn der Schneide in entgegengesetzter Richtung ein, wenn die Schneide das Werkstück plötzlich auf ihrer ganzen Breite verläßt.

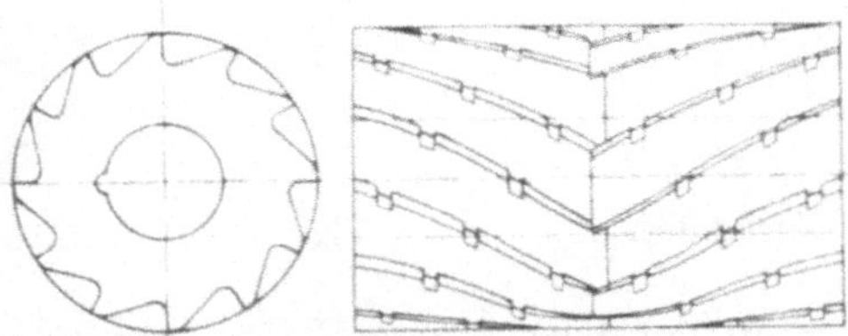

Fig. 57. Zusammengesetzter hinterschliffener Walzenfräser mit Spanbrechernuten.

Die Schneiden der Spiralfräser dagegen dringen an ihrem äußersten Ende beginnend ganz allmählich und stoßfrei in das Werkstück ein. Der Schnittwiderstand wächst allmählich und verringert sich ebenso allmählich, wenn die Schneiden das Werkstück verlassen. Außerdem verteilt sich der Widerstand auf eine größere Anzahl von Schneiden.

Bei den Spiralfräsern treten axial gerichtete Schubkräfte auf, dies kann man vermeiden, wenn man, wie Fig. 57 zeigt, den Fräser aus zwei Hälften zusammensetzt, von denen die eine mit rechts, die andere mit links ansteigenden Schneidkanten versehen ist. Damit sich in der Trennungsebene des Fräsers am Werkstück kein Grat bildet, greifen die beiden Hälften mit vorspringenden Zähnen ineinander. Die Figur zeigt ferner, daß man die Schneiden der Spiralfräser für grobe Schrupparbeiten mit gegeneinander versetzten Spanbrechernuten versieht. Dadurch wird der Span in mehrere Teile zerlegt und die Fräser schneiden leichter und sauberer.

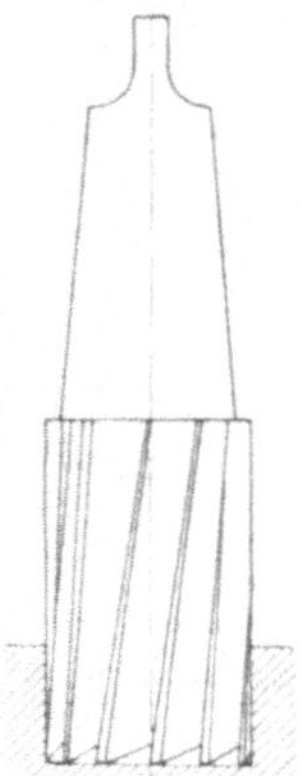

Fig. 58 zeigt einen Schaftfräser, bei dem die Schneiden sowohl auf der Mantel- als auch auf der Stirnfläche eines Zylinders angeordnet sind, er heißt deshalb auch Stirnfräser. Die Schaftfräser haben einen zylindrischen oder konischen Schaft, mit dem sie in einem Einspannfutter oder in einer konischen Bohrung der Fräsmaschinenspindel befestigt werden.

Fig 58. Schaftträser.

Zum Fräsen von Stirn- und Schraubenrädern, namentlich aber von Rädern mit sog. Pfeilzähnen benutzt man Schaft-Formfräser, Fig. 59, mit dem Profile der zu bearbeitenden Zahnflanken.

Zur Herstellung von Keilnuten in Wellen benutzt man scheibenförmige Nutenfräser, Fig. 60. Diese haben auf der Mantelfläche und auf beiden Stirnflächen Schneiden. Durch Nachschleifen der Schneiden an den Stirnflächen vermindert sich die Breite des Fräsers. Um dies

wieder auszugleichen, macht man bisweilen den Fräser zweiteilig, Fig. 61,
und bringt ihn durch zwischengelegte Papier- oder Blechscheiben wieder
auf seine ursprüngliche Breite. Die Gratbildung in der Trennungs-

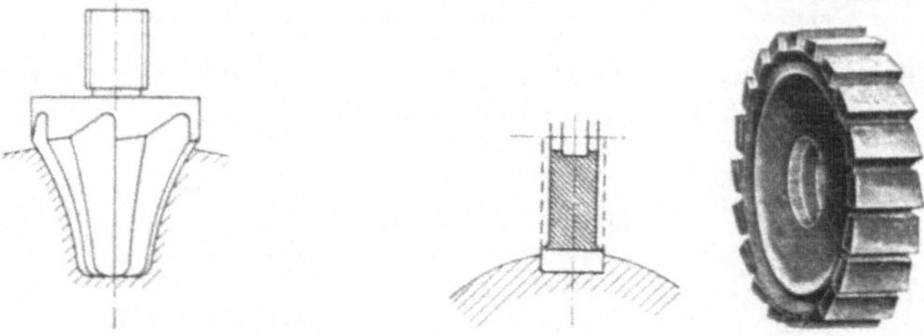

Fig. 59. Schaft-Formfräser.   Fig. 60. Nutenfräser.

ebene des Fräsers an der bearbeiteten Fläche vermeidet man wie bei
Fig. 57 durch Übereinandergreifen der Zähne.
  Fig. 62 zeigt einen Winkelfräser zum Schneiden der Zähne in
Fräser, Reibahlen, Senker usw.
  Profilierte Flächen bearbeitet man mit den bereits erwähnten Form-

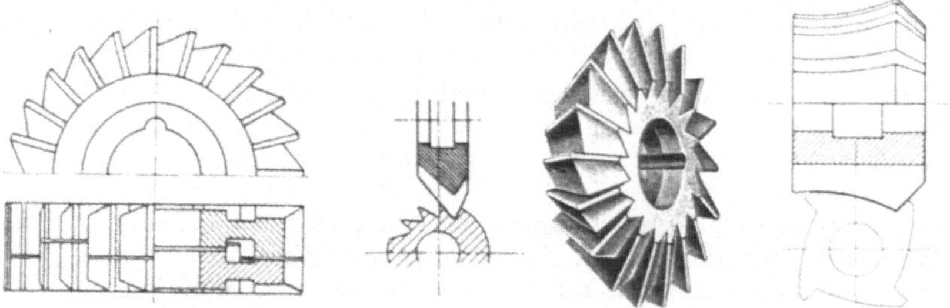

Fig. 61. Verstellbarer   Fig. 62. Winkelfräser.   Fig. 63. Hinter-
Nutenfräser.   drehter Formfräser.

oder Fassonfräsern. Fig. 63 zeigt z. B. einen Formfräser zum Fräsen
der in Fig. 44, Seite 16 dargestellten Senker. Die Formfräser sind hinterdreht und müssen, wie bereits früher erwähnt, an der Brust nachge-

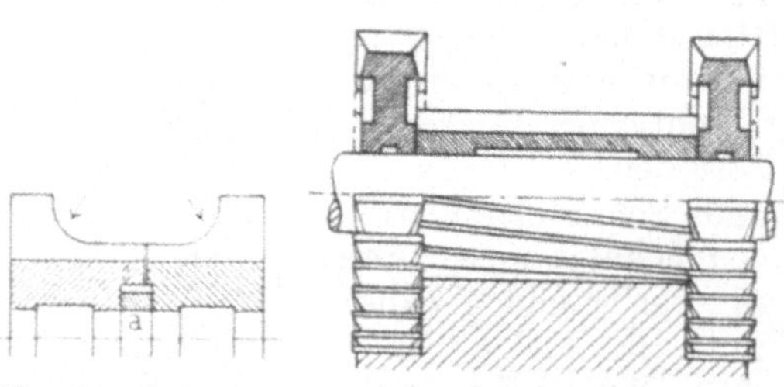

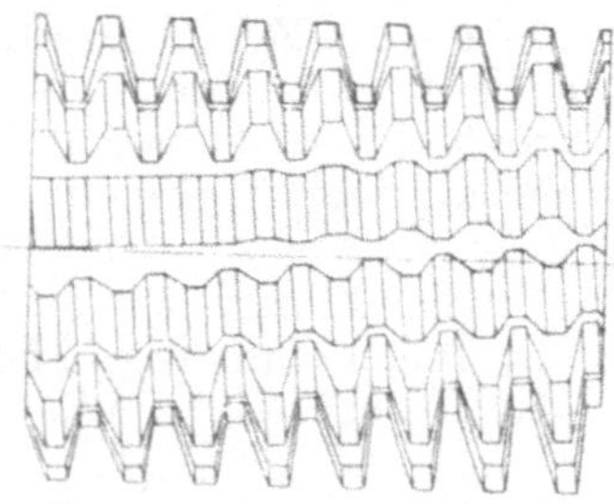

Fig. 64. Schräg   Fig. 65. Satzfräser.   Fig. 66. Schneckenfräser.
hinterdrehter
Formfräser.

schliffen werden. An Stellen, an denen das Profil nahezu oder ganz senkrecht zur Fräserachse verläuft, muß die Schneide schräg hinterdreht werden; bei dem Formfräser in Fig. 64 z. B. in den angegebenen Pfeilrichtungen, damit ein gutes Schneiden möglich wird. Durch das

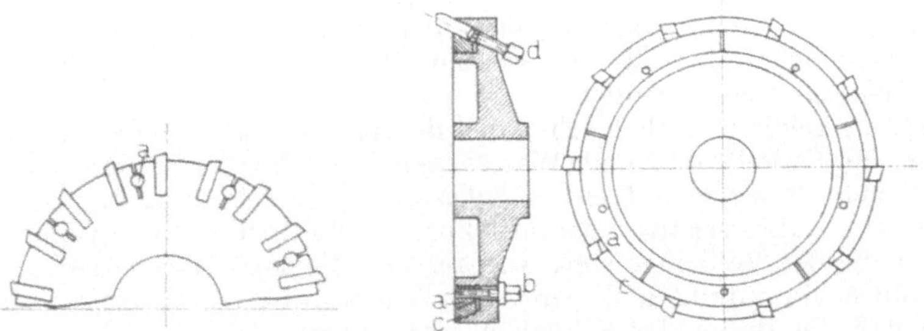

Fig. 67 u. 68. Fräsköpfe.

Nachschleifen ändert sich die Breite des Profils, der Fräser ist deshalb geteilt und durch Einlegen auswechselbarer Ringe a kann er immer wieder auf die ursprüngliche Breite gebracht werden. Ist die zu bearbeitende Fläche sehr breit, so macht die Herstellung und namentlich das Härten solcher Fräser Schwierigkeiten. Man setzt sie dann besser aus mehreren einzelnen Fräsern zusammen und erhält sog. Satzfräser oder Gruppenfräser, von denen Fig. 65 ein Beispiel zeigt. Auch hier läßt man wieder die Zähne zweier benachbarter Fräser übereinandergreifen, um eine Gratbildung zu vermeiden.

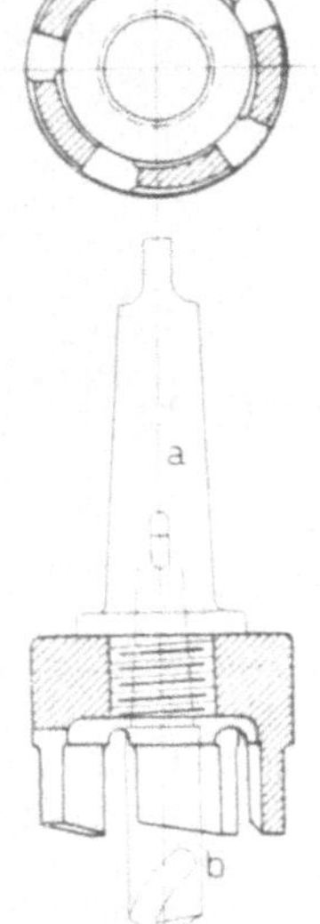

Zum Fräsen von Zahnrädern benutzt man außer den in Fig. 54 dargestellten Formfräsern, wie später noch erörtert werden wird, auch Schneckenfräser, Fig. 66, die gewissermaßen eine Schnecke oder Schraube darstellen, die durch Einarbeiten von gradlinig oder schraubenförmig verlaufenden Längsnuten mit Schneidkanten versehen ist.

Um an Material zu sparen und um das schwierige Härten großer Fräser zu vermeiden, verwendet man Fräsköpfe mit eingesetzten Stahlmessern, Fig. 67 und 68. Bei Fig. 67 werden die Messer dadurch festgehalten, daß man den Fräskopf zwischen je zwei Messern geschlitzt und Rundkeile a eingetrieben

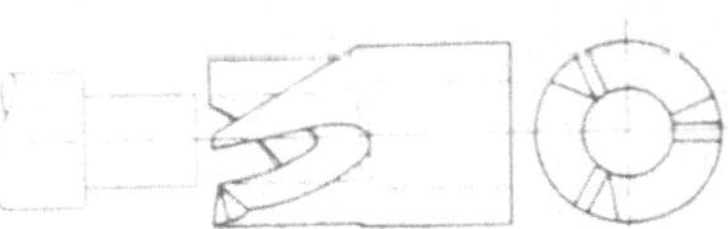

Fig. 69. Hohl- oder Zapfenfräser.   Fig. 70. Bohrring.

hat. Bei dem in Fig. 68 dargestellten Hanseat-Fräskopf von Grosset-Hamburg werden die Messer durch Klemmstücke a mittels der Schrauben b festgehalten. Zwischen je zwei Messer sind Füllstücke c eingelegt. Die Schrauben d ermöglichen ein genaues Einstellen der einzelnen Messer. Unbrauchbar gewordene Messer lassen sich leicht auswechseln.

Zu den Fräsern sind auch noch die Hohl- oder Zapfenfräser (Fig. 69) zu rechnen. Sie dienen zum Anfräsen von Zapfen an Wellenenden, Bolzen, Schrauben u. dgl. oder zum kräftigen Vorschruppen stangenförmigen Materials und werden auf Fräsmaschinen, Drehbänken und Bohrmaschinen benutzt.

Ferner gehören noch hierher die Bohrringe zum Bohren größerer Löcher in Kesselböden und Wasserkammern (Fig. 70). Diese werden mit feinem Gewinde auf einen Bohrzapfen a geschraubt, in den zentrisch ein Führungsstift oder ein kurzer Spiralbohrer b gesteckt ist. Die Zähne der Bohrringe sind, wie aus der Figur zu ersehen ist, außen und innen hinterdreht und werden an den Stirnflächen nachgeschliffen, ohne daß die Breite der Schneiden sich ändert.

f) Werkzeuge zum Gewindeschneiden.

Zum Schneiden von Schraubenbolzengewinden auf der Drehbank benutzt man Gewindestahle, deren Schneiden nach dem Profile des zu erzeugenden Gewindes gestaltet sind. Fig. 71 zeigt z. B. einen Außengewindestahl für Spitzgewinde. Die in der Praxis gebräuchlichen Spitzgewinde mit abgerundeten oder abgeflachten Ecken lassen

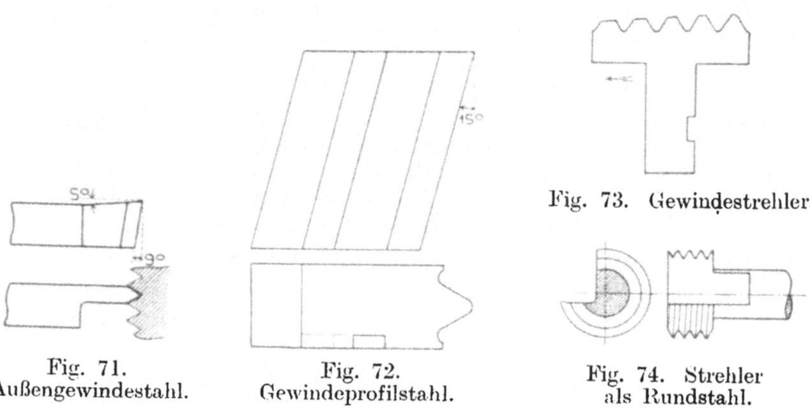

Fig. 73. Gewindestrehler.

Fig. 71.
Außengewindestahl.

Fig. 72.
Gewindeprofilstahl.

Fig. 74. Strehler
als Rundstahl.

sich mit einem solchen Stahle jedoch nicht schneiden, dazu ist vielmehr ein Profilstahl, Fig. 72, nötig, der in einem Stahlhalter befestigt wird (wie in Fig. 17). Solche nur mit einem Schneidezahne versehene Stahle arbeiten sehr langsam, da der Stahl nach jedem Schnitte um die geringe Spandicke vorgeschoben werden muß, bis schließlich das Gewinde die verlangte Tiefe hat. Schneller arbeiten die mehrzahnigen Gewindestrehler, Fig. 73. Wie die Figur zeigt, sind die vorderen Zähne etwas abgeflacht, so daß beim Vorschub in der Pfeilrichtung die Zähne allmählich immer tiefer eindringen und der letzte Zahn das endgültige Gewindeprofil erzeugt. Da es sehr schwierig ist, einen solchen

Strehler so herzustellen und namentlich zu härten, daß seine Teilung mit der des zu schneidenden Gewindes genau übereinstimmt, so benutzt man ihn häufig nur zum Vorschneiden und nimmt zum Fertigschneiden einen einzahnigen Stahl nach Fig. 72. Die Strehler führt man auch als Rundstähle aus (Fig. 74) in derselben Weise wie den früher in Fig. 18 dargestellten Profilstahl.

Auf Revolverdrehbänken und Automaten benutzt man zum Schneiden von Spitzgewinde meist ein Werkzeug, das in seiner Grundform eine

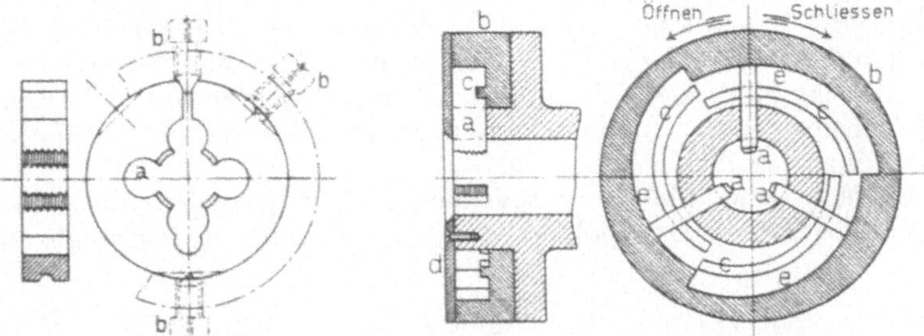

Fig. 75. Schneideisen. Fig. 76. Gewindeschneidkopf.

zu dem zu erzeugenden Schraubenbolzen gehörige Mutter darstellt, das in Fig. 75 abgebildete Schneideisen. Die Schneidkanten sind durch Einarbeiten der vier Nuten a erzeugt. Solche Schneideisen werden in besonderen Schneideisenhaltern befestigt, und zwar so, daß geringe Ungenauigkeiten im Gewindedurchmesser durch Stellschrauben b ausgeglichen werden können.

Ein anderes Werkzeug zum Schneiden von Bolzengewinde sind die mit drei bis sechs schmalen Schneidbacken ausgerüsteten Gewinde-schneidköpfe, wie sie auf Revolverdrehbänken und Automaten sowie auf den Gewindeschneidma-schinen verwendet werden. Die Schneidbacken sind gewissermaßen Teile der zu dem zu schneidenden Schraubenbolzen gehöri-gen Mutter, es sind schmale Stahlplatten, die an einer, bisweilen auch an beiden Stirnflächen mit Gewinde-schneidzähnen versehen sind. Die vorderen Zähne

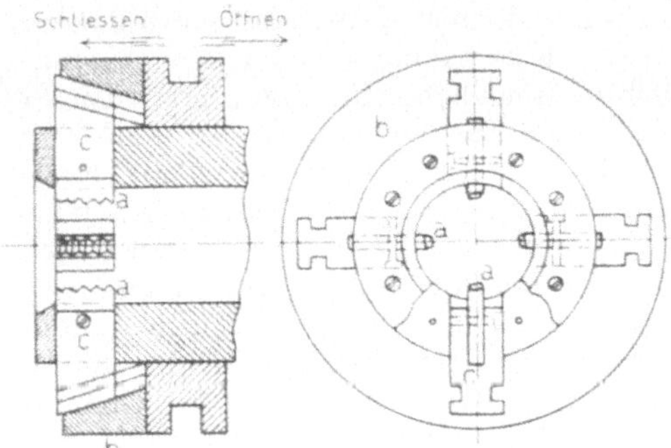

Fig. 77. Gewindeschneidkopf.

sind etwas abgeflacht, damit das Gewinde in einmaligem Durchgange des Bolzens fertig geschnitten werden kann. Die Backen sind in Schlitzen des Schneidkopfes in radialer Richtung verschiebbar, damit sie auf den genauen Schraubendurchmesser eingestellt und nach dem Fertig-schneiden des Gewindes schnell vom Bolzen entfernt werden können.

Das radiale Verschieben der Schneidbacken kann auf zweierlei Weise geschehen, wie die schematischen Fig. 76 und 77 zeigen.

Bei Figur 76 erfolgt es durch Drehen des Schließringes b, der mit drei exzentrischen Leisten c in Einkerbungen der Schneidbacken a greift und somit je nach seiner Drehrichtung die Backen einander nähert oder voneinander entfernt. Eine durch drei Schrauben befestigte Scheibe d verhindert ein Herausfallen der Backen. Die ebenfalls exzentrischen Flächen e des Schließringes nehmen den radialen Arbeitsdruck der Backen auf.

Bei Fig. 77 erfolgt das radiale Verschieben der Schneidbacken a durch axiales Verschieben des Schließringes b. Die Backen sitzen zu dem Zwecke in Backenhaltern c, die an beiden Seiten mit einer schrägen Nut versehen sind. In diese Nuten greifen ebenfalls schräg gerichtete Vorsprünge des Schließringes b.

Vielfach sind die Gewindeschneidköpfe so eingerichtet, daß sie sich selbsttätig öffnen, sobald das Gewinde auf die verlangte Länge

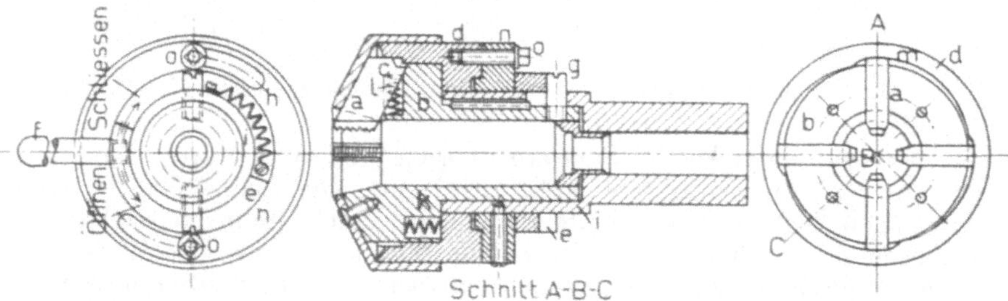

Fig. 78. Gewindeschneidkopf mit selbsttätig sich öffnenden Backen.

fertig geschnitten ist. Es tritt dann gewöhnlich ein auf die Länge des zu schneidenden Gewindes einstellbarer Anschlag in Tätigkeit, unter dessen Einwirkung die Backen auseinander gezogen werden und den Bolzen freigeben. Fig. 78 zeigt einen Schneidkopf mit selbsttätig sich öffnenden Backen von Ludw. Loewe zur Verwendung auf Revolverdrehbänken. Die Figur stellt die Backen in geschlossenem Zustande dar. Die vier Schneidbacken a stecken in Schlitzen des mit einer Schutzkappe versehenen Kopfes b, der zum Schließen der Backen nach rechts, zum Öffnen nach links verschoben werden muß. Hierbei erfolgt die radiale Verschiebung der Backen a dadurch, daß sie mit ihren schrägen Flächen c an der schrägen Stirnfläche des Ringes d gleiten. Zum Verschieben von b nach rechts, also zum Schließen der Backen, muß der Kurvenring e mittels des Handgriffes f in der in der Figur mit „Schließen" bezeichneten Pfeilrichtung gedreht werden. Dabei drängt die nach einer dementsprechenden Kurve profilierte rechte Stirnfläche von e zwei an b befestigte Schrauben g nach rechts. Die mit ihrem einen Ende an e, mit dem andern an der Hülse i befestigte Spiralfeder h wird dabei gespannt, ebenso die Federn k und l. Ist das Gewinde auf die verlangte Länge geschnitten, so bewirkt ein einstellbarer Anschlag ein Zurückdrehen des Ringes e und damit ein Öffnen der Backen, das durch die gespannten Federn h, k und l unterstützt und beschleunigt wird. Ein genaues Einstellen der Backen auf den richtigen Gewindedurchmesser wird auf folgende Weise ermöglicht: Der Ring d ist innen mit exzentrischen Flächen m versehen, gegen die sich die Schneidbacken im geschlossenen Zustande stützen. Durch ein Verdrehen des Ringes d gegenüber dem feststehenden Ringe n lassen sich die Backen daher in radialer Richtung verschieben und genau einstellen. Die durch kreisbogenförmige Schlitze von n gesteckten Schrauben o sichern die richtige Lage von d.

In neuerer Zeit wird das Bolzengewinde auch durch Fräsen hergestellt (s. Fräsarbeiten).

Flach- oder Trapezgewinde wird gewöhnlich auf der Drehbank geschnitten. Es wird meist mit einem schmalen Stahl vorgeschnitten

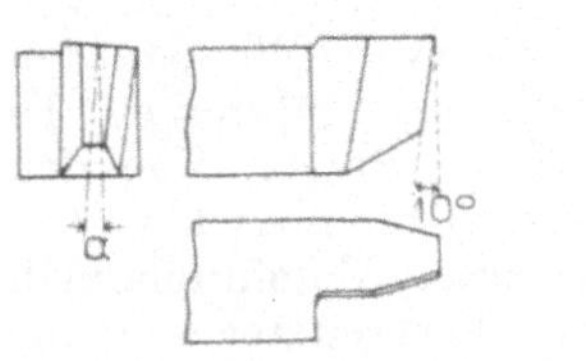
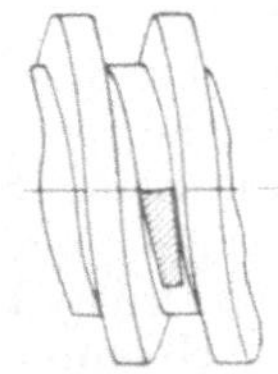
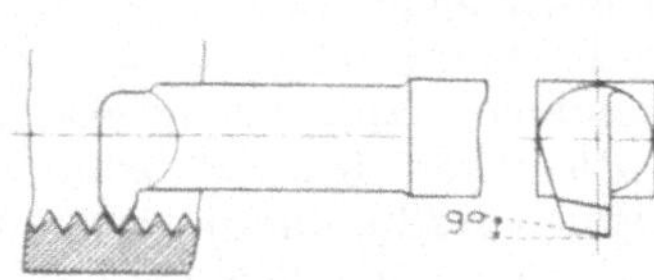

<table>
<tr><td>Fig. 79.
Flachgewindestahl.</td><td>Fig. 80.
Flachgewindestahl.</td><td>Fig. 81.
Innengewindestahl.</td></tr>
</table>

und dann mit einem dem Gewindeprofil entsprechend gestalteten Stichel fertig bearbeitet. Fig. 79 zeigt einen solchen Stichel. Hierbei ist zu beachten, daß wegen des größeren Steigungswinkels der Flachgewinde der schneidende Teil des Stichels entsprechend schräg gestellt werden muß, so, daß der Winkel a gleich dem Steigungswinkel des zu schneidenden Gewindes ist und der Stichel sich in der in Fig. 80 dargestellten Weise in den Gewindegang hineinlegen kann. Auch Flachgewinde schneidet man mit Strehlern.

Zum Schneiden von Muttergewinde auf der Drehbank benutzt man Innengewindestahle, Fig. 81. Ein solcher Stahl kann aber wieder kein Gewinde mit abgerundeten Ecken erzeugen. Man benutzt deshalb, um dies zu ermöglichen, wieder die in Fig. 74 dargestellten als Rundstahl ausgebildeten Strehler.

Die gebräuchlichsten Werkzeuge zum Schneiden von Muttergewinde sind die Gewindebohrer. Diese stellen in ihrer Grundform Schraubenbolzen dar, in die zur

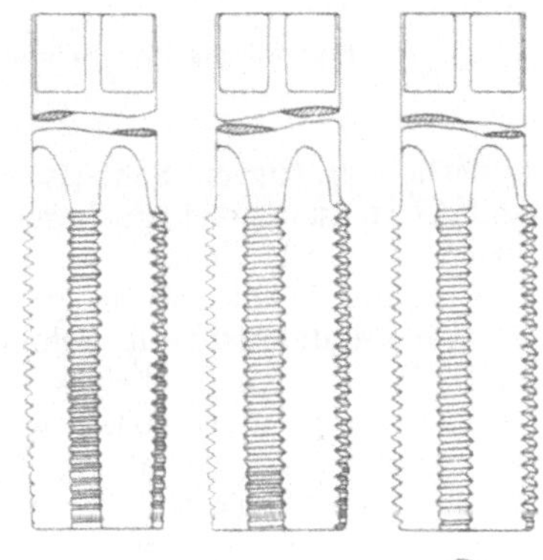

Fig. 82.
Gewindebohrer.

Erzeugung von Schneidkanten mehrere gewöhnlich axial gerichtete Furchen eingefräst sind. Für durchgehende Gewindelöcher verwendet man Gewindebohrer, bei denen wie bei dem Strehler in Fig. 73 die unteren Zähne zum Teil weggeschliffen sind, damit sie allmählich eindringen und erst die letzten Zähne das Gewinde fertig schneiden. Man kommt dann mit einem einzigen Gewindebohrer aus. Für nicht durchgehende Löcher dagegen verwendet man meist einen Satz von drei Bohrern mit wachsendem Durchmesser, so, daß jeder Bohrer etwas tiefer einschneidet als sein Vorgänger und der letzte das fertige Gewinde erzeugt. Fig. 82 zeigt einen solchen aus Vorschneider, Mittelschneider und Fertigschneider bestehenden Satz. Die Vorschneider und Mittelschneider sind meist etwas konisch gestaltet und ihre Zähne sind hinterdreht. Der Fertigschneider ist zylindrisch.

g) Werkzeuge zum Schleifen.

Auf den Schleifmaschinen benutzt man sowohl zum Schärfen von Werkzeugen als auch zum genauen Bearbeiten von Werkstücken Schleifscheiben aus einem sehr harten feinkörnigen Material. Es kommen dafür natürliche und künstliche Stoffe in Frage. Von den natürlichen benutzt man Schmirgel, ein durch Eisenoxyd verunreinigtes Aluminiumoxyd, und Korund, ein reineres Aluminiumoxyd, das härter als Schmirgel, jedoch viel teurer ist. Verbreiteter sind die

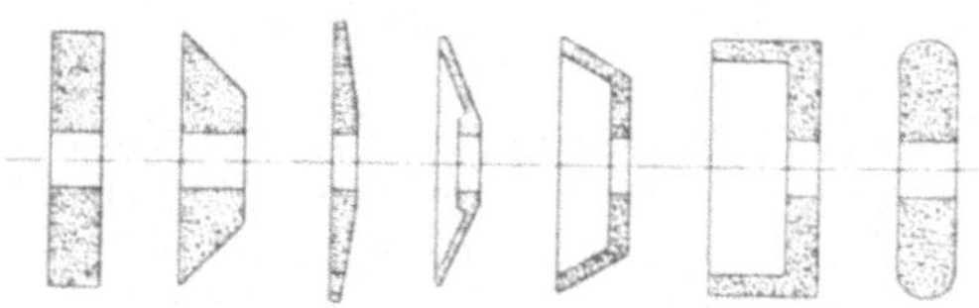

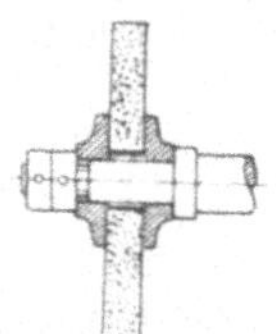

Fig. 83 bis 89. Schleifscheiben.   Fig. 90. Befestigung
                                          der Schleifscheiben.

künstlich erzeugten Schleifstoffe; die gebräuchlichsten sind Elektrit und Alundum, elektrisch geschmolzenes Aluminiumoxyd, und Korborundum und Crystolon, elektrisch geschmolzenes Siliziumkarbid. Diese künstlichen Stoffe werden zu feinen Körnchen gemahlen und mittels Bindemittel zu Scheiben geformt. Man unterscheidet mineralische Bindung, bei der die Körnchen mit Magnesit- oder Silikatverbindungen mörtelartig vereinigt werden, vegetabile Bindung, bei der die Körnchen durch Leim, Öl, Schellack oder Gummi vereinigt werden, und keramische Bindung, bei der die Körnchen mit Ton gemischt, gepreßt, getrocknet und in keramischen Öfen gebrannt werden, so daß der Ton zusammensintert. Die keramische Bindung ist die beste und verbreitetste.

Die Schleifscheiben wirken in derselben Weise wie die Fräser. Die äußerst scharfkantigen feinen Körnchen der harten Schleifmittel ragen in großer Zahl aus dem Umfange der Schleifscheiben heraus und bilden eine große Zahl von Schneiden, die mikroskopisch feine Späne von dem Werkstücke abtrennen. Es ist daher möglich, durch Schleifen auch die kleinsten Unebenheiten an der Werkstückoberfläche zu beseitigen und äußerst glatte Flächen zu erzeugen. Ihrer großen Härte wegen können die Schleifscheiben auch sehr hartes Material, z. B. gehärteten Stahl, bearbeiten, bei dem andere Schneidwerkzeuge versagen.

Die Schleifscheiben erhalten sich selbst scharf, dadurch, daß stumpf gewordene Schleifkörnchen aus der Scheibe ausbrechen und die dahinter liegenden Schneidkanten freilegen. Wird die Scheibe dadurch schließlich unrund, so wird sie mit einem Diamanten wieder rund gedreht.

Statt der Schleifscheiben benutzt man zum Blankschleifen und Putzen ebener Flächen auch wohl mit Schmirgelleinen beleimte Stahlscheiben.

Die Gestalt der Schleifscheiben weist je nach ihrer Verwendungsart große Mannigfaltigkeit auf. In den Fig. 83 bis 89 sind einige der gebräuchlichsten Formen dargestellt.

Die Schleifscheiben werden, wie Fig. 90 zeigt, auf die Wellen der Schleifmaschinen gesteckt und durch zwei seitliche Metallscheiben festgeklemmt. Damit die Bohrung der Schleifscheiben genau auf die Welle gepaßt werden kann, ist sie mit einem Bleifutter ausgebuchst.

h) Werkzeuge zum Sägen.

Zum Abtrennen größerer Teile von Werkstücken benutzt man auf den Maschinensägen Sägeblätter. Diese sind wie die Fräser immer mit einer großen Zahl von Schneidzähnen versehen, die sich entweder

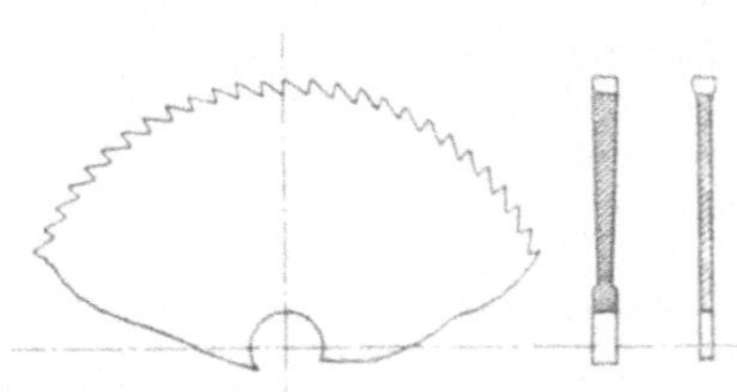

Fig. 91, 91a, 91b. Kreissägeblatt.

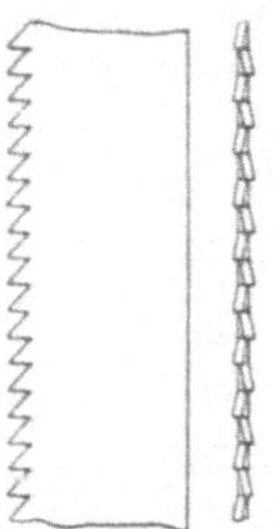

Fig. 92. Bandsägeblatt.

am äußeren Rande einer dünnen kreisförmigen Stahlscheibe oder auf der Schmalseite eines Stahlbandes befinden. Demnach unterscheidet man Kreissägeblätter (Fig. 91) und Bandsägeblätter (Fig. 92). Die Zähne erzeugen zwischen dem abzutrennenden Teile und dem übrigen Werkstücke einen schmalen Spalt, indem sie das diesen Spalt ausfüllende Material in Späne verwandeln. Um den Materialverlust durch diese Späne möglichst gering zu halten, macht man die Sägeblätter so dünn wie möglich. Die Reibung zwischen Sägeblatt und Spalt verringert man, indem man die Schneiden der Zähne breiter macht als die Dicke des Sägeblattes. Dies erreicht man durch Hohlschleifen des Sägeblattes (Fig. 91a),

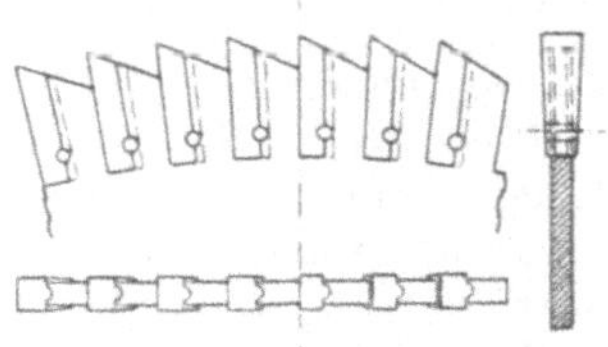

Fig. 93. Kreissägeblatt mit eingesetzten Zähnen.

durch Stauchen der Zähne (Fig. 91 b) oder durch Schränken der Zähne (Fig. 92). Das Schränken findet namentlich bei Holzsägen Anwendung. Man biegt dabei die Zähne abwechselnd nach rechts und links aus der Sägeblattebene heraus. Aus Sparsamkeitsgründen benutzt man auch Kreissägeblätter mit eingesetzten Zähnen. Diese müssen aber eine große Dicke haben und verursachen dadurch einen erheblichen Materialverlust. Fig. 93 zeigt als Beispiel eines solchen Sägeblattes das Rapid-Sägeblatt von Gustav Wagner in Reutlingen mit eingesetzten Zähnen aus Schnellschnittstahl.

2. Meßwerkzeuge.

Die sich im Maschinenbau immer mehr einbürgernde Massenherstellung von Maschinen gleicher Art und die damit verbundene weitgehende Arbeitsteilung verlangen, daß die Einzelteile einer Maschine auf den Werkzeugmaschinen so genau bearbeitet werden, daß sie austauschbar sind, d. h. sie dürfen in ihren Abmessungen nur um so geringe Maße voneinander abweichen, daß jeder Maschinenteil mit einem beliebigen anderen Teile derselben Art ohne weiteres ausgetauscht werden kann, ohne daß eine Nacharbeit zum Einpassen des betreffenden Teiles in die anderen Maschinenteile nötig ist. Hierzu sind aber außer vorzüglichen Schneidwerkzeugen äußerst genaue Meßwerkzeuge erforderlich. Die letzteren sollen deshalb hier auch kurz besprochen werden.

Von den neueren Meßwerkzeugen verlangt man, daß sie, ohne an die Geschicklichkeit des Arbeiters allzu hohe Anforderungen zu stellen, Abweichungen um geringe Bruchteile von Millimetern nachweisen können. Bei den älteren Meßwerkzeugen, den sog. Zollstöcken und Tastern ist dies nicht möglich. Die ersten Meßwerkzeuge,

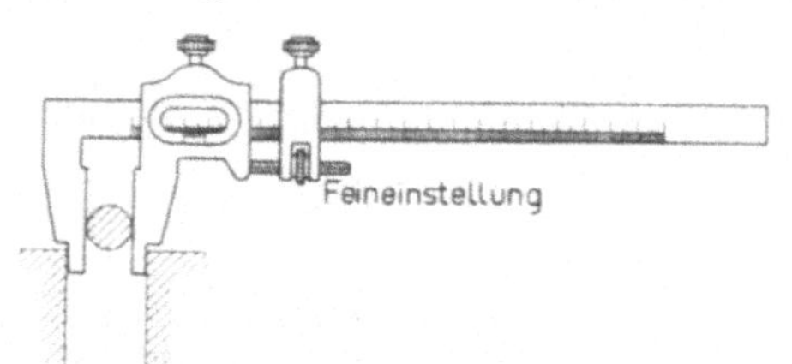

Fig. 94. Schiebelehre.

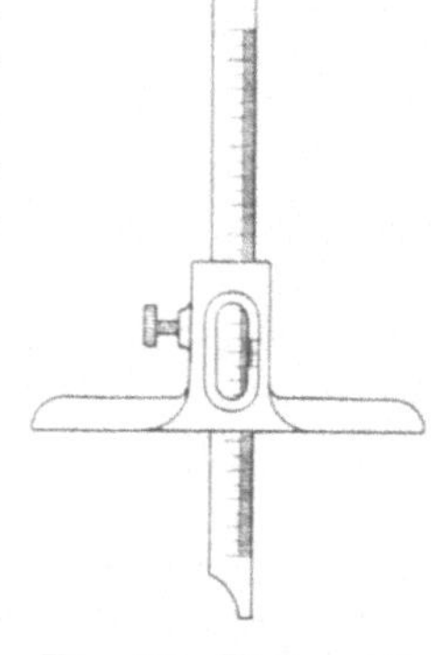

Fig. 95. Tiefenmaß.

die ein Messen von $^1/_{10}$ bis $^1/_{50}$ mm ermöglichen, sind die Schiebelehren mit Nonius. Sie können, wie die Fig. 94 und 95 zeigen, zu Außen-, Innen- und Tiefenmessungen verwendet werden.

Eine größere Genauigkeit, bis $^1/_{100}$ mm, ermöglichen die Mikrometerschrauben, Fig. 96. Die Meßspindel a wird beim rohen Einstellen und beim Zurückziehen durch den Griff b gedreht, für das Feineinstellen jedoch durch den Reibungsgriff c, der die Spindel nur so lange dreht, wie ein gewisser Druck zwischen Meßspindel und Werkstück nicht überschritten wird. Beim Überschreiten des Druckes dreht sich der Reibungsgriff, ohne die Spindel mitzunehmen. Auf diese Weise wird ein Überdrehen des empfindlichen Gewindes vermieden. Die Mutter d dient zum Festklemmen der Spindel in beliebiger Stellung.

Zum genauen Messen größerer Längenmaße dienen Schiebelehren in Verbindung mit Mikrometerschrauben; Fig. 97.

Zum Innenmessen benutzt man die Mikrometerschrauben in der in Fig. 98 dargestellten Form als sog. Zylinder-Stichmaße.

Die Mikrometerschraube ermöglicht nun zwar ein Messen mit einer Genauigkeit von $^1/_{100}$ mm, aber sie ist kein für den allgemeinen Werkstattgebrauch geeignetes Meßwerkzeug. Sie ist sehr empfindlich und

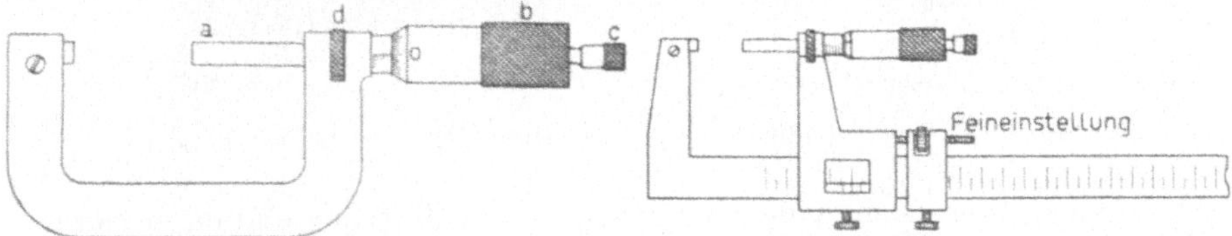

Fig. 96. Mikrometerschraube.

Fig. 97. Schiebelehre mit Mikrometerschraube.

teuer im Gebrauch und darf deshalb nur zuverlässigen und geschickten Arbeitern in die Hand gegeben werden. Die Genauigkeit des Messens hängt von der Übung und dem feinen Gefühle des Arbeiters ab. Werkstücke derselben Art, von verschiedenen Arbeitern bearbeitet, können trotz der genauen Meßwerkzeuge merkbare Unterschiede in ihren Abmessungen aufweisen. Die Mikrometerschrauben sind deshalb wohl in der Werkzeugmacherei bei der Anfertigung und Kontrolle von Schneid- und Meßwerkzeugen, nicht aber in der allgemeinen mechanischen Werkstatt zu verwenden. Dieser Umstand führte zur Verwendung von Meß-

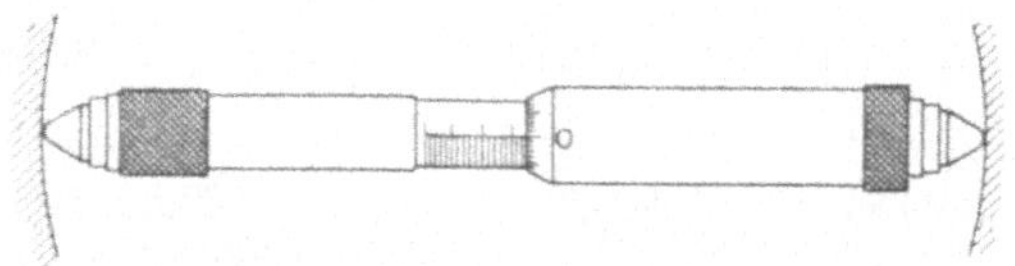

Fig. 98. Zylinderstichmaß.

werkzeugen, die vom subjektiven Gefühle des Arbeiters unabhängiger machen, zu den Normallehren. Es sind dies unverstellbare Meßwerkzeuge, mit denen man immer nur ein einziges Maß messen kann. Für dies Maß sind sie aber mit einer Genauigkeit von $\pm 0,002$ mm hergestellt. Jegliches vom Gefühle des Arbeiters beeinflußte Einstellen oder Ablesen des genauen Maßes fällt dabei fort. Die Normallehren werden aus Stahl hergestellt, gehärtet und geschliffen. Am verbreitetsten sind die Normal-Kaliberbolzen und -Ringe, Fig. 99, zum Messen von Bohrungen und Zapfen oder Wellen. Zum Messen wird der Normal-Ring über den zu messenden Zapfen geschoben, der Normal-Bolzen in die Bohrung eingeführt. Für Abmessungen über 100 mm würden die Normal-Kaliberbolzen und -Ringe zu unhandlich und teuer werden, man benutzt dann zum Messen der Zapfen Normal-Rachenlehren,

Fig. 100, zum Messen der Bohrungen sphärische Endmaße, Fig. 101.
Die Endflächen der sphärischen Endmaße bilden Oberflächenteile
einer Kugel, deren Mittelpunkt in der Mitte der Längsachse des End-

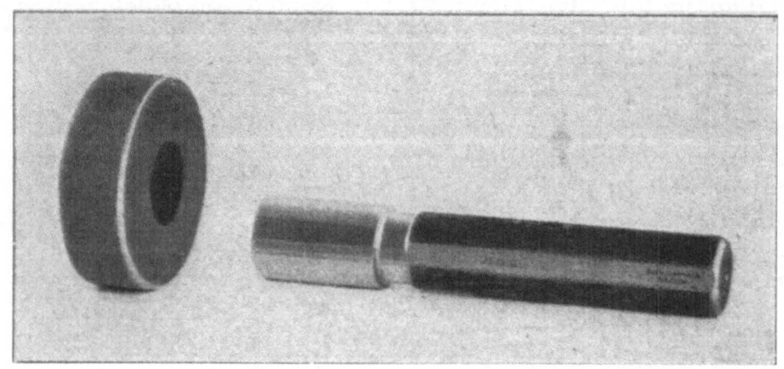

Fig. 99. Normal-Kaliberbolzen und -Ring. (Ludw. Loewe & Co.)

maßes liegt, damit man sie auch geneigt in die Bohrung einführen kann,
ohne einen Meßfehler zu begehen.

Um eine Ausdehnung des Meßwerkzeuges durch die Handwärme
zu vermeiden, sind die Rachenlehren mit Holz- oder Hartgummigriffen

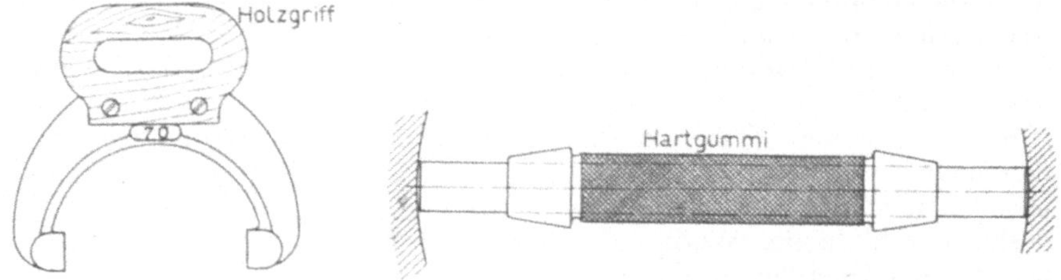

Fig. 100. Normal-   Fig. 101. Sphärisches Endmaß.
Rachenlehre.

versehen und die sphärischen Endmaße stecken in Hartgummihülsen.
Zum Messen konischer Bohrungen und Zapfen dienen die Konus-
Lehrdorne und -Hülsen, Fig. 102. Hierher gehören auch die in
Fig. 103 dargestellten Normal-Meßscheiben, die durch Schrauben
auf besonderen Haltern befestigt werden.
Ihrer geringen Dicke wegen eignen sie sich
schlecht zum Messen von Bohrungen, sie
werden aber viel zur Kontrolle von Rachenlehren sowie zum genauen Einstellen von
Schiebelehren und Mikrometerschrauben
benutzt. Weiter gehören zu den Normallehren die Parallel-Endmaße, Fig. 104.

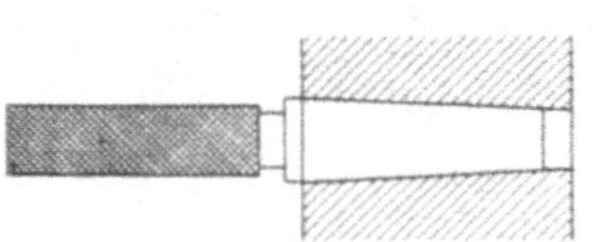

Fig. 102. Konus-Lehrdorn
und -Hülse.

Dies sind prismatische Klötzchen verschiedener Höhe mit genau parallelen gehärteten, geschliffenen und hochglanzpolierten Endflächen. Die
Flächen sind so genau eben bearbeitet, daß zwei mit ihren Stirnflächen

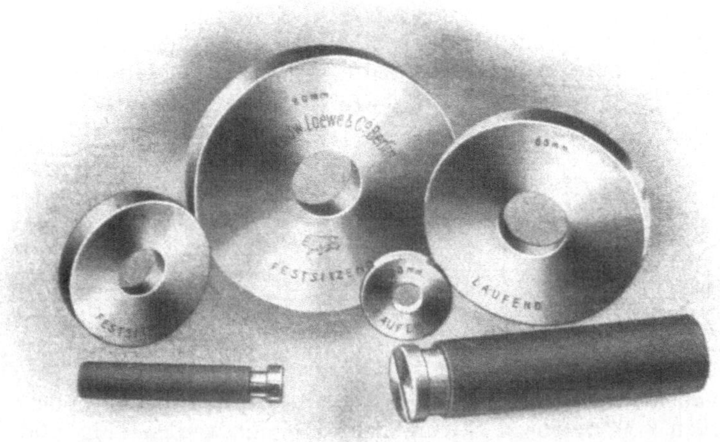

Fig. 103. Normal-Meßscheiben. (Ludw. Loewe & Co.).

Fig. 104. Parallel-Endmaße. (Ludw. Loewe & Co.).

aneinandergelegte Klötzchen, ohne magnetisch zu sein, durch Adhäsion
fest aneinander haften. Die Endmaße werden in solchen Sätzen geliefert,
daß man durch Aneinandersetzen in gewissen Grenzen mit Hundertstel

Millimeter Abstufungen jedes gewünschte Maß zusammenstellen kann. So erhält man z. B. das Maß 49,99 mm durch drei Endmaße von 40, 8,5 und 1,49 mm Höhe. Die Parallel-Endmaße werden benutzt zum Messen der Abstände zwischen ebenen oder runden Flächen, zur Kontrolle von Rachenlehren sowie zum genauen Einstellen von Fräsern und Hobelstahlen, wenn ein Werkstück auf eine genaue Dicke bearbeitet werden soll. Ihre Anwendung wird bequem durch Benutzung von Haltern und Meßschnäbeln, wie Fig. 105 zeigt. Die Normal-Endmaße

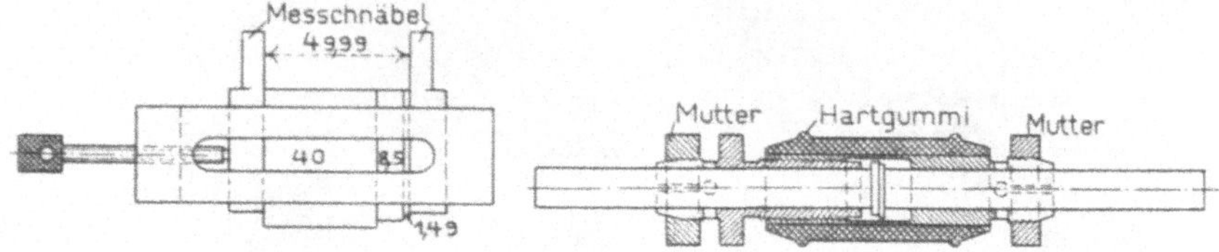

Fig. 105. Halter mit Endmaßen   Fig. 106. Kombinations-Stichmaßhalter.
und Meßschnäbeln.

können auch unter Benutzung eines geeigneten Halters mit den sphärischen Endmaßen sehr schön zu Stichmaßen vereinigt werden. Fig. 106 zeigt den hierzu dienenden Kombinations-Stichmaßhalter. In eine Hartgummihülse ist an jedem Ende ein sphärisches Endmaß eingesetzt und zwischen beide sind Parallel-Endmaße eingelegt, so daß man auch wieder mit Hundertstel Millimeter Abstufungen die verschiedensten Maße zusammenstellen kann. Z. B. das Maß 212,45 mm durch die beiden sphärischen Endmaße 110 und 100 mm und durch die Parallel - Endmaße 1,4 und 1,05 mm.

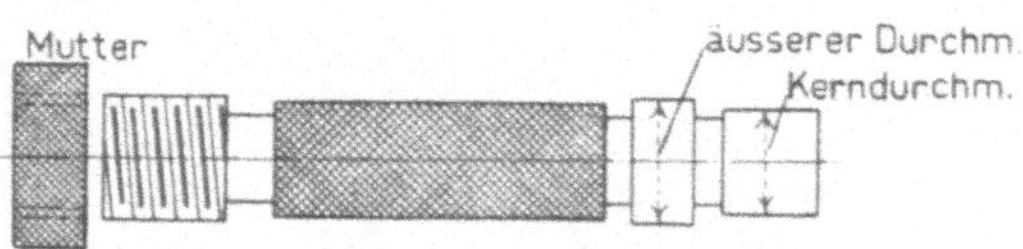

Fig. 107. Lehrdorn und Lehrmutter.

Zum Messen von Schraubengewinden benutzt man Lehrdorne und Lehrmuttern, Fig. 107. Der Dorn enthält außer dem genauen Gewinde noch einen Dorn für den äußeren und einen für den Kerndurchmesser des Schraubenbolzens.

Die Normallehren sind nun zwar nicht so empfindlich wie die Mikrometerschrauben, aber für den allgemeinen Werkstattgebrauch sind sie doch noch nicht das geeignetste Meßwerkzeug. Es ist unmöglich, einen normalen Zapfen in eine normale Bohrung einzuführen. Würde dies wirklich gelingen, so würde leicht eine sog. Kaltschweißung eintreten, die sich berührenden Oberflächen würden sich aufeinander festsaugen. Wenn also ein Normal-Kaliberring zum Messen über einen Zapfen geschoben werden soll, so muß der Zapfendurchmesser etwas kleiner sein als das normale Maß. Ebenso muß eine Bohrung, die durch Einführen eines Normal-Kaliberbolzens gemessen werden soll, etwas weiter gebohrt sein als das normale Maß. Die Entscheidung über die Größe dieser Abweichungen bleibt bei der Benutzung von Normallehren dem Arbeiter überlassen. Man darf deshalb die Normallehren

nur geübten und zuverlässigen Arbeitern anvertrauen. Sie sollen daher
wie die Mikrometerschrauben hauptsächlich in der Werkzeugmacherei
benutzt, aber nicht den Durchschnittsarbeitern in die Hand gegeben
werden.

Ein genaues Festlegen der zulässigen Abweichungen vom Normal-
maß ermöglichen die Grenz- oder Toleranzlehren. Diese bilden
immer eine Vereinigung von zwei Lehren, von denen gewöhnlich die
eine um ein ganz geringes Maß größer ist als das verlangte Maß, die
andere kleiner. Man benutzt Grenz-Rachenlehren, Fig. 108, zum
Außenmessen und Grenz-
Dornlehren, Fig. 109, zum
Innenmessen. Soll z. B. eine
Welle von 50 mm Durch-
messer hergestellt werden und
benutzt man zum Messen
eine Grenzlehre, deren eine
Seite, die sog. Gutseite,
um 0,01 mm weiter, deren
andere Seite, die Ausschußseite, um 0,01 mm enger ist
als 50 mm und läßt sich die
weitere Seite eben über die
Welle herüberschieben, die
kleinere dagegen nicht, Fig.
108, so weiß man, daß die
Größe des wirklichen Wellen-
durchmessers jedenfalls nicht

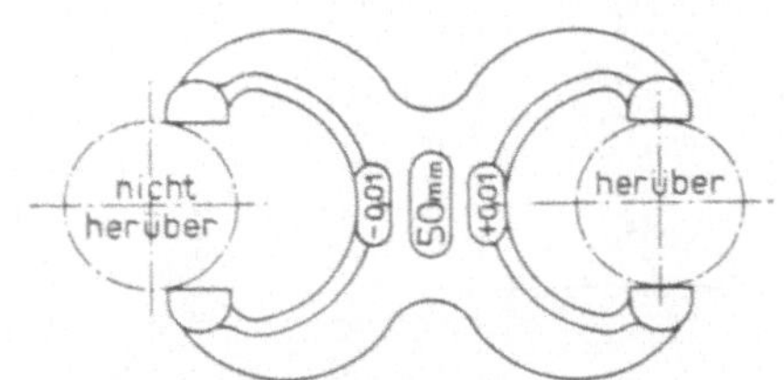

Fig. 108. Grenz-Rachenlehre.

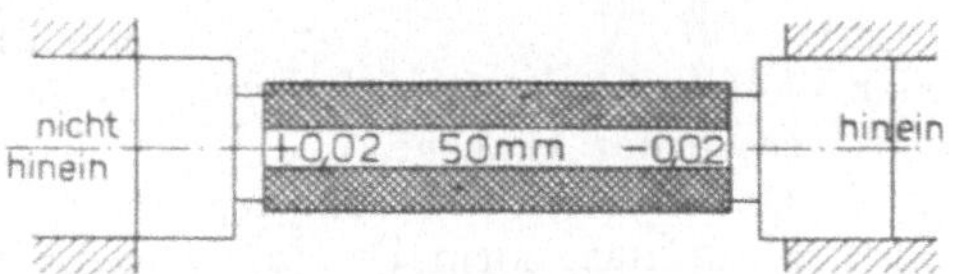

Fig. 109. Grenz-Dornlehre.

unter 49,99 mm und nicht über 50,01 mm beträgt. Alle unter Benutzung derselben Grenzlehre angefertigten Wellen könnten deshalb
im äußersten Falle höchstens um 0,02 mm verschieden große Durchmesser haben. In derselben Weise werden mit Grenzlehrdornen die
Bohrungen gemessen, Fig. 109. Beim Messen mit Grenzlehren gilt
die Vorschrift, daß die Lehren mit der Gutseite ohne Anwendung von
Gewalt nur durch ihr eigenes Gewicht über das zu messende Werkstück
gleiten müssen, während die Ausschußseite nur „Anschnäbeln“ darf.
Die Zuverlässigkeit des Arbeiters und die Feinheit seines Gefühles
sind dabei vollständig ausgeschaltet. Meinungsverschiedenheiten über
die Maßhaltigkeit eines bearbeiteten Werkstückes können nicht entstehen.

Es war oben gesagt, daß ein Zapfen und eine Bohrung, die zusammen-
passen sollen, nicht genau den gleichen Durchmesser haben dürfen,
sondern es muß der Zapfen immer etwas kleiner sein als die Bohrung.
Die Größe des Unterschiedes richtet sich nach dem Verwendungszweck.
Ein Zapfen, der sich in einer Bohrung drehen soll, muß natürlich kleiner
sein als ein solcher, der darin festsitzen soll. Man unterscheidet deshalb
verschiedene Passungen oder Sitze, gewöhnlich folgende 4:

1. Laufsitz für Werkstücke, die ineinander laufen sollen, z. B.
Zapfen und Lager. Der Unterschied zwischen Außenmaß des Zapfens
und Innenmaß des Lagers muß genügend Platz für das Schmiermittel
bieten.

2. Schiebesitz für Werkstücke, die aufeinander verschoben werden sollen, z. B. aufgesteckte Handräder.

3. Fester Sitz für Werkstücke, die unter geringem Druck aufeinander geschoben werden sollen, z. B. aufgekeilte Riemenscheiben.

4. Preßsitz für Werkstücke, die unter großem Kraftaufwand aufeinander geschoben werden, z. B. aufgepreßte Kurbelscheiben.

Manche Werke machen noch feinere Unterschiede und haben noch leicht laufenden Sitz, Schrumpfsitz u. a. Auf den Werkstattzeichnungen muß angegeben sein, welche Sitzart angewandt werden soll. Dies geschieht gewöhnlich durch Hinzufügen der Buchstaben l, s, f oder p zu den betreffenden Maßzahlen, Fig. 110. Danach muß der Arbeiter die zum Messen zu benutzenden Lehren auswählen.

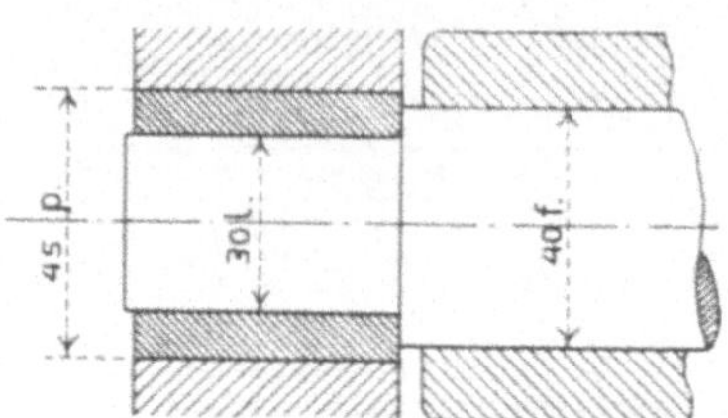

Fig. 110. Beispiel für die verschiedenen Sitze.

Bei der Benutzung von Grenzlehren unterscheidet man zwei Systeme:

1. Das System der normalen Bohrung, alle Löcher werden normal gebohrt und die zugehörigen Zapfen oder Wellen werden je nach dem verlangten Sitz, Laufsitz, Schiebesitz usw. schwächer bearbeitet.

2. Das System der normalen Welle. Alle Zapfen oder Wellen werden auf das normale Maß abgedreht oder geschliffen, die Löcher werden nach dem verlangten Sitz weiter gebohrt.

Es ist von Fall zu Fall zu untersuchen, welchen von beiden Systemen der Vorzug zu geben ist. Das System der normalen Bohrung hat den

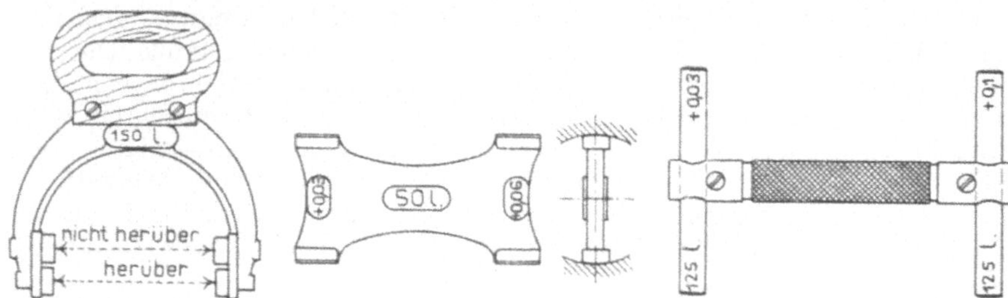

Fig. 111. Grenzrachenlehre mit auswechselbaren Backen.   Fig. 112. Grenzflachkaliber.   Fig. 113. Halter mit Grenzendmaßen.

Vorteil, daß bei ihm für jede Bohrung nur ein Satz Bohrwerkzeuge erforderlich ist. Maschinenfabriken, die Transmissionsteile, Lager Kupplungen u. dgl. anfertigen, arbeiten jedoch immer nach dem System der normalen Welle. Die Tabelle I enthält gebräuchliche Grenzwerte für das System der normalen Bohrung, Tabelle II für das System der normalen Welle.

Außer den in Fig. 108 und 109 abgebildeten Grenzlehren sind noch andere in Gebrauch. Fig. 111 zeigt z. B. eine Grenzrachenlehre mit

Tabelle I.

Durchmesser mm	Bohrung normal		Laufsitz		Schiebesitz		Fester Sitz		Preßsitz	
	min.	max.	min.	max.	min.	max.	min.	max.	min.	max.
6—10	— 0,01	+ 0,01	— 0,025	— 0,01	— 0,01	— 0,005	— 0,005	+ 0,01	+ 0,025	+ 0,04
11—18	— 0,015	+ 0,01	— 0,03	— 0,015	— 0,015	— 0,005	— 0,01	+ 0,01	+ 0,03	+ 0,05
19—30	— 0,015	+ 0,015	— 0,035	— 0,02	— 0,02	— 0,005	— 0,01	+ 0,01	+ 0,035	+ 0,065
31—49	— 0,02	+ 0,015	— 0,045	— 0,025	— 0,025	— 0,01	— 0,01	+ 0,01	+ 0,04	+ 0,08
50—75	— 0,02	+ 0,02	— 0,06	— 0,03	— 0,03	— 0,01	— 0,01	+ 0,01	+ 0,05	+ 0,1
76—120	— 0,025	+ 0,02	— 0,07	— 0,035	— 0,035	— 0,01	— 0,01	+ 0,01	+ 0,03	+ 0,012
121—175	— 0,025	+ 0,025	— 0,09	— 0,045	— 0,04	— 0,015	— 0,01	+ 0,01	+ 0,08	+ 0,15
176—250	— 0,03	+ 0,025	— 0,105	— 0,05	— 0,045	— 0,015	— 0,01	+ 0,01	+ 0,1	+ 0,2

Tabelle II.

Durchmesser mm	Welle normal		Laufsitz		Schiebesitz		Fester Sitz		Preßsitz	
	min.	max.	min.	max.	min.	max.	min.	max.	min.	max.
6—10	— 0,005	+ 0,01	+ 0,01	+ 0,03	+ 0,005	+ 0,015	— 0,01	+ 0,01	— 0,04	— 0,023
11—18	— 0,005	+ 0,01	+ 0,01	+ 0,035	+ 0,005	+ 0,02	— 0,015	+ 0,01	— 0,05	— 0,028
19—30	— 0,01	+ 0,01	+ 0,015	+ 0,04	+ 0,005	+ 0,025	— 0,015	+ 0,015	— 0,065	— 0,032
31—49	— 0,01	+ 0,01	+ 0,015	+ 0,05	+ 0,005	+ 0,03	— 0,02	+ 0,015	— 0,075	— 0,035
50—75	— 0,01	+ 0,015	+ 0,025	+ 0,065	+ 0,005	+ 0,04	— 0,02	+ 0,02	— 0,09	— 0,042
76—120	— 0,01	+ 0,015	+ 0,025	+ 0,08	+ 0,005	+ 0,045	— 0,025	+ 0,02	— 0,11	— 0,055
121—175	— 0,015	+ 0,015	+ 0,03	+ 0,1	+ 0,005	+ 0,05	— 0,025	+ 0,025	— 0,14	— 0,07
176—250	— 0,015	+ 0,015	+ 0,04	+ 0,12	+ 0,005	+ 0,055	— 0,03	+ 0,025	— 0,18	— 0,085

auswechselbaren Backen, bei der die Gut- und Ausschußseite auf derselben Seite der Lehre angebracht sind. Zum Messen größerer Bohrungen verwendet man an Stelle der nur bis 100 mm Durchmesser ausgeführten Grenzlehrbolzen Grenzflachkaliber, Fig. 112, oder Grenzendmaße mit Halter, Fig. 113. Auch die Grenzflachkaliber können so ausgebildet werden, daß beide Lehren auf einer Seite des Meßwerkzeuges angebracht sind.

B. Aufspannvorrichtungen.

Jede Werkzeugmaschine muß mit Aufspannvorrichtungen ausgerüstet sein, die die Werkstücke während ihrer Bearbeitung festhalten. Da von dem festen und sicheren Aufspannen der Werkstücke die Genauigkeit ihrer Bearbeitung in hohem Maße beeinflußt wird, so gehören die Aufspannvorrichtungen mit zu den wichtigsten Teilen der Werkzeugmaschinen. Sie müssen so eingerichtet sein, daß sie die Werkstücke unverrückbar fest mit der Werkzeugmaschine verbinden und daß sie sich einfach und schnell bedienen lassen, damit die durch das Aufspannen und Lösen der Werkstücke verloren gehende Zeit möglichst gering gehalten wird. Da ihre Form nicht von der Art der verwendeten Werkzeugmaschine abhängt, sondern vielmehr ein und dieselbe Aufspannvorrichtung bei den verschiedenartigsten Maschinen benutzt werden kann, so soll ihre Besprechung hier vorweggenommen werden.

1. Aufspanntische und Zubehör.

In vielen Fällen lassen sich die Werkstücke in einfacher und sicherer Weise auf einer genau ebenen Fläche durch Schrauben befestigen. Die Werkzeugmaschinen besitzen zu dem Zwecke mit solchen Flächen

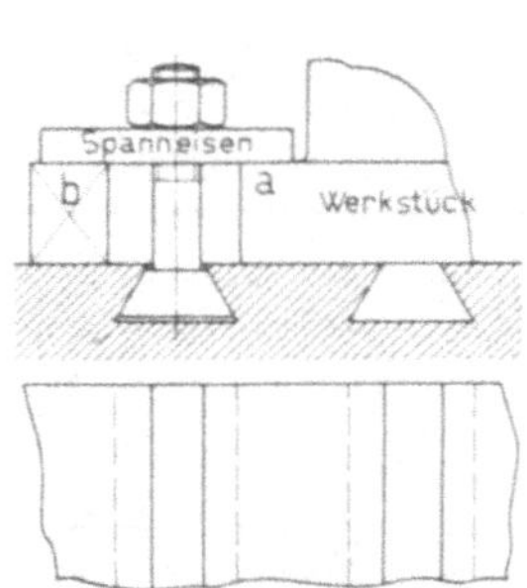

Fig. 114. Aufspannen mittels Aufspannuten.

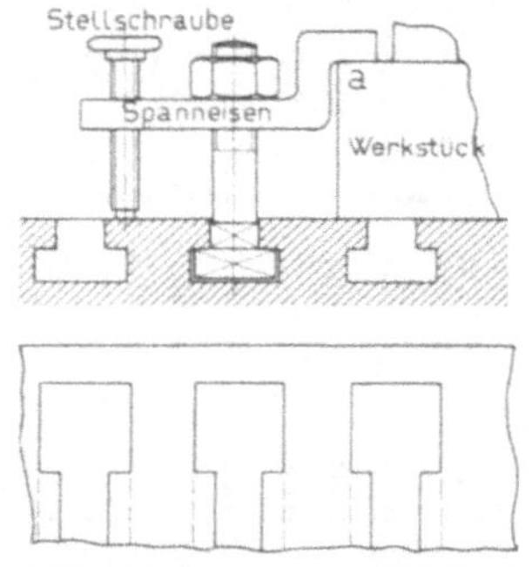

Fig. 115. Aufspannen mittels Aufspannuten.

versehene Aufspanntische. Zur Aufnahme der Befestigungsschrauben sind die Aufspanntische mit langen Aufspannuten versehen, in denen die Schraubenköpfe verschiebbar sind. Je nach der Kopfform der Schrauben haben diese Nuten schwalbenschwanzförmigen (Fig. 114) oder T-förmigen Querschnitt (Fig. 115). Sie erstrecken sich entweder über die ganze Länge oder Breite des Tisches, so daß die Schrauben von einem Ende her eingeschoben werden können (Fig. 114), oder sie sind kürzer und haben an irgendeiner Stelle, meist am Ende, eine Erweiterung, durch die der Schraubenkopf von oben eingeführt werden kann (Fig. 115). Bisweilen verwendet man auch Schrauben, deren Kopf so gestaltet ist, daß sie an jeder beliebigen Stelle der Nut von oben eingesteckt und nach einer Drehung um 90° nicht wieder herausgezogen werden können (Fig. 116). Da die Werkstücke nur in seltenen

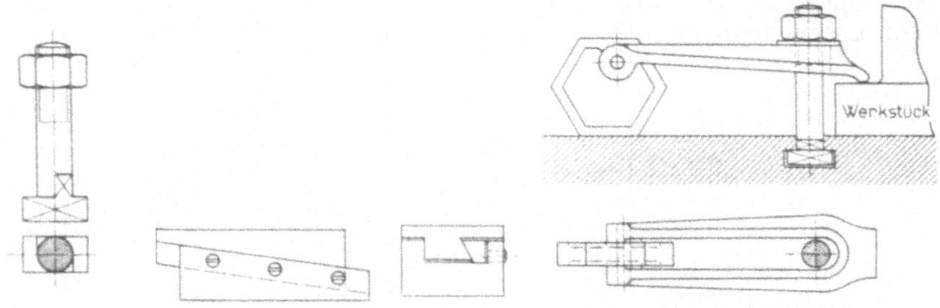

Fig. 116.
Aufspannschraube.

Fig. 117. Verstellbarer Unterlegbock.

Fig. 118. Sechskantklemmvorrichtung.

Fällen Löcher zum Hindurchstecken der Schrauben enthalten, so benutzt man zu ihrer Befestigung Spanneisen (Fig. 114 und 115). Die Spanneisen stützen sich mit einem Ende auf vorspringende Leisten a des Werkstückes, mit dem andern auf Unterlegklötzchen b aus Holz oder Eisen. Damit ihre Lage möglichst genau wagerecht ist, müssen die Klötzchen b dieselbe Höhe haben wie die Leisten a. Geringe Höhenunterschiede kann man wohl durch Unterlegen von kleinen Blechplatten oder Keilen ausgleichen, muß jedoch immerhin eine große Zahl von Unterlegklötzen verschiedener Höhe zur Verfügung haben. Diesem Übelstande wird abgeholfen durch Verwendung von Unterlegböcken, deren Höhe verstellbar ist. Fig. 117 zeigt einen solchen. Er besteht aus

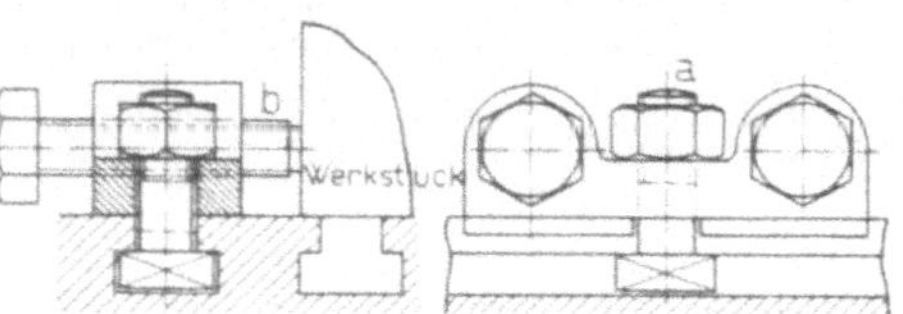

Fig. 119. Aufspannfrosch.

zwei keilförmigen Teilen, die so gegeneinander verschoben werden können, daß die beiden wagerechten Auflagerflächen stets parallel bleiben. Durch Anziehen der Schrauben werden die beiden Teile in der gewünschten Höhe festgehalten. Zu demselben Zwecke verwendet man auch Schraubböcke (Fig. 121), deren Höhe durch Verstellen einer Schraube verändert werden kann. In einfacher Weise kann man sich helfen durch eine durch das Spanneisen geschraubte Stellschraube (Fig. 115). Die Figur zeigt auch, daß man bei sehr hohen Leisten a das Spanneisen an einem Ende kröpft, wenn die Länge der Spannschraube nicht ausreicht. Bei der in Fig. 118 dargestellten Sechskantklemmvorrichtung tritt an Stelle der Stellschraube ein schmaler sechskantiger Block. Dieser ist um einen durch das Spanneisen gesteckten Bolzen drehbar und kann sich mit jeder seiner sechs Seitenflächen auf den Aufspanntisch legen, so daß das Spanneisen schnell und bequem auf verschiedene Höhen einstellbar ist.

Bei den bisher besprochenen Aufspannvorrichtungen werden die Werkstücke durch einen senkrecht von oben auf sie wirkenden Druck festgehalten. Wo dies nicht möglich ist, wie z. B. bei sehr hohen Werkstücken ohne niedrigere Vorsprünge, verwendet man Aufspannvorrichtungen, die seitliche Drücke gegen das Werkstück ausüben. Dies kann geschehen durch Druckschrauben, die in sog. Fröschen stecken,

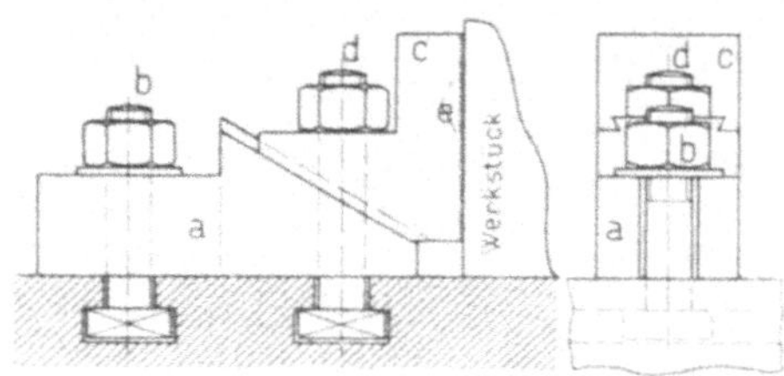

Fig. 120. Spannbacke.

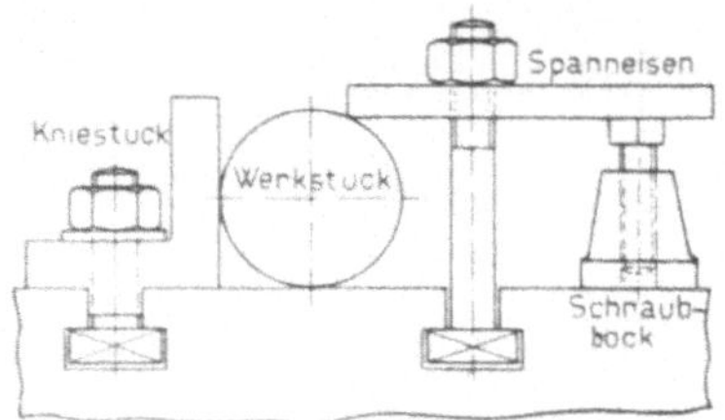

Fig. 121. Aufspannen zylindrischer Werkstücke.

von denen Fig. 119 ein Beispiel zeigt. Der Frosch ruht auf dem Aufspanntische und greift mit einer vorspringenden Leiste in die Aufspannut. Eine Schraube a hält ihn fest, während zwei Druckschrauben b gegen das Werkstück drücken. Zum Befestigen der Werkstücke sind mehrere solcher Frösche nötig, die mindestens von zwei Seiten auf das Werkstück wirken. Um dies vor Beschädigungen durch die Druckschrauben zu schützen, legt man wohl zwischen Druckschrauben und Werkstück kleine Platten oder verwendet Spannbacken, die mit einer größeren Fläche gegen das Werkstück drücken. Vielfach sind die Spannbacken so eingerichtet, daß sie das Bestreben haben, das Werkstück seitlich festzuklemmen und es gleichzeitig auf den Aufspanntisch niederzuziehen. Fig. 120 zeigt eine solche Spannbacke. Der gußeiserne Backenkörper a wird durch eine Schraube b auf dem Aufspanntische befestigt.

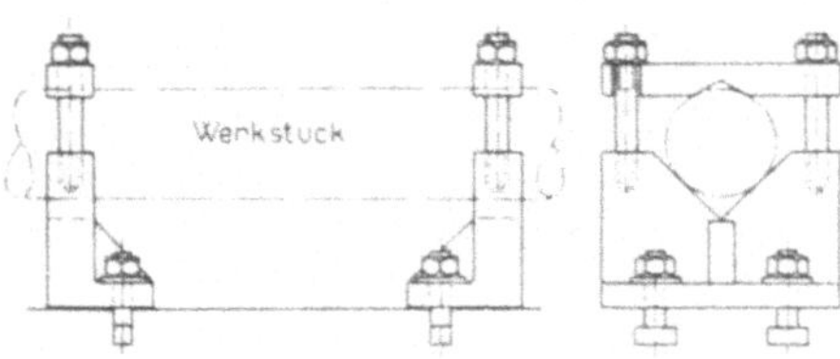

Fig. 122. Aufspannen zylindrischer Werkstücke.

Auf seiner schrägen Führungsfläche gleitet eine gehärtete Stahlbacke c. Durch Anziehen der Schraube d wird diese Backe mit ihrer gerauhten Fläche schräg nach unten gegen die senkrechte Fläche des Werkstückes gedrückt. Zum Aufspannen zylindrischer Werkstücke, z. B. Wellen, dienen Backen mit Einkerbungen, wie bei e angedeutet. Fig. 121 veranschaulicht eine andere Aufspannvorrichtung für zylindrische Werkstücke mittels eines Kniestückes und eines Spanneisens, das sich auf einen der oben erwähnten Schraubböcke stützt. Demselben Zwecke dienen Winkelplatten und Spanneisen mit v-förmigen Einkerbungen (Fig. 122).

Namentlich bei kleineren Werkstücken benutzt man statt der Spannbacken vorteilhaft Parallelschraubstöcke, die in großer Zahl und in den verschiedensten Ausführungen bei Hobelmaschinen, Fräsmaschinen und Bohrmaschinen verwendet werden. Fig. 123 zeigt einen gewöhn-

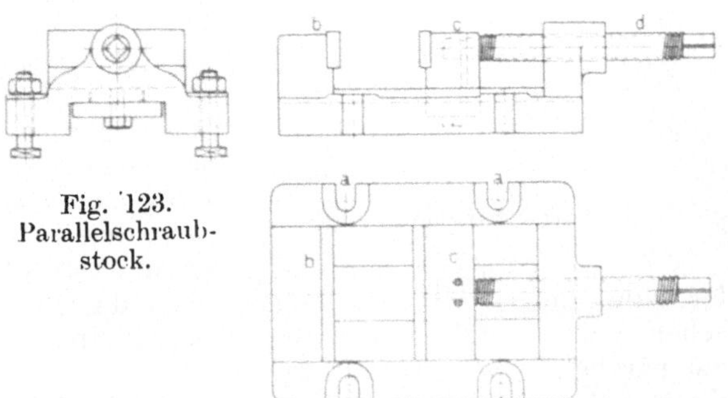

Fig. 123.
Parallelschraub-
stock.

lichen Parallelschraubstock, der mittels der Aufspannschlitze a auf dem Aufspanntische befestigt werden kann. Das Werkstück wird zwischen die beiden mit Stahlplatten ausgerüsteten Backen b und c festgeklemmt, von denen b feststeht, während c durch die Schraubenspindel d verschiebbar ist.

Bei dem in Fig. 124 abgebildeten Universalschraubstock läßt sich das eingespannte Werkstück sowohl in der wagerechten als auch in der senkrechten Ebene auf bestimmte Winkel genau einstellen.

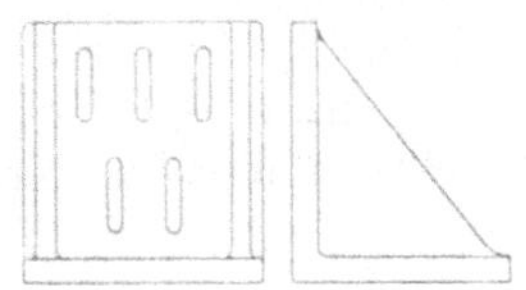

Fig. 124. Universalschraubstock.   Fig. 125. Aufspannwinkel.

Müssen Werkstücke an genau senkrechten Flächen aufgespannt werden und ist der Aufspanntisch nicht mit solchen versehen, so benutzt man Aufspannwinkel, von denen Fig. 125 ein Beispiel zeigt. Diese bestehen aus einer rechtwinklig gebogenen gußeisernen Platte, die mit Schlitzen zum Hindurchstecken von Befestigungsschrauben und mit Versteifungsrippen versehen ist.

Beim Bearbeiten schräger Flächen sowie beim Bohren schräger Löcher spannt man die Werkstücke zweckmäßig auf verstellbare Aufspannwinkel. Fig. 126 zeigt einen solchen (Ludw. Loewe).

Zwei gußeiserne Platten a und b sind durch ein Gelenk miteinander verbunden und können mittels des Verbindungsstückes c und der beiden in Schlitzen gleitenden Schrauben d und e auf jeden Winkel zwischen 0° und 90° gegeneinander festgestellt werden. Zum genauen Einstellen ist an die Platte b eine mit einer Gradteilung versehene Scheibe und an a ein Zeiger angeschraubt. Die Platte a ist mit drei T-förmigen Aufspannuten versehen, die Platte b mit einer Bohrung zur Aufnahme eines

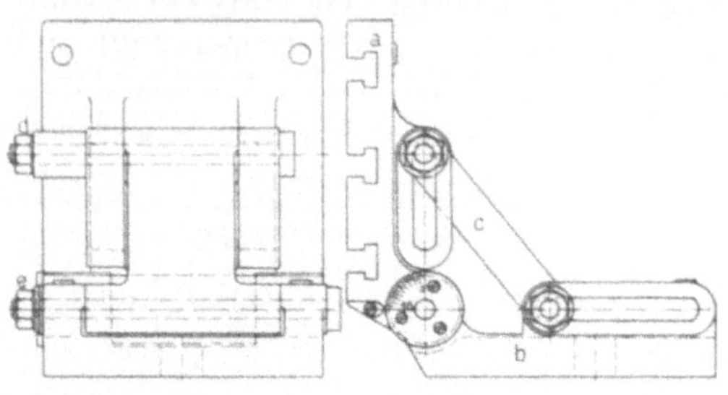

Fig. 126. Verstellbarer Aufspannwinkel.

Zapfens, der zum Befestigen von Werkstücken dienen kann. Die Aufspannflächen von a und b sind bei ganz zusammengeklapptem Winkel genau parallel.

Man richtet auch wohl den ganzen Aufspanntisch so ein, daß seine Aufspannfläche sich unter einem Winkel gegen die wagerechte Ebene geneigt einstellen läßt. Fig. 127 zeigt einen solchen Tisch einer Feil- oder Shapingmaschine (Schuler, Göppingen). Der oben und an beiden Seiten mit Aufspannuten versehene Tisch ist um den Bolzen a drehbar. Die Schraube b dient zum genauen Einstellen auf einen bestimmten Winkel und die Schraube c zum Feststellen

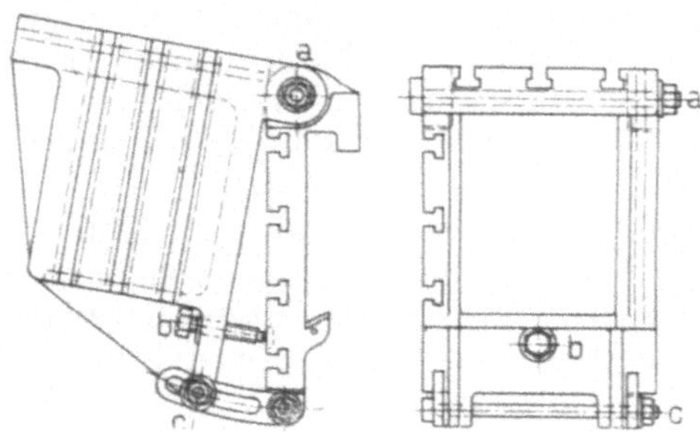

Fig. 127. Verstellbarer Aufspanntisch.

des Tisches in der gewünschten Lage. Bei anderen Tischen, den Rundtischen, läßt sich die wagerechte Aufspannplatte um eine senkrechte Achse im Kreise drehen.

2. Planscheiben.

Bei Drehbänken benutzt man zum Aufspannen von Werkstücken, deren Länge im Verhältnis zu ihrem Durchmesser nur gering ist, vielfach ebene Scheiben, Planscheiben genannt, die auf der Drehbankspindel befestigt werden und sich mit dieser um deren Längsachse drehen. Die Planscheibe besitzt eine zur Drehachse genau senkrechte ebene Fläche, die von zahlreichen Löchern und Schlitzen zur Aufnahme der Befestigungsschrauben durchbrochen ist. Kleinere Planscheiben sind außerdem noch mit drei oder vier Spannbacken ausgerüstet, die aus Stahl bestehen, mit gerauhten Spannflächen versehen und gehärtet sind. Fig. 128 zeigt eine normale kleinere Planscheibe. Die Spann-

backen a greifen mit einem als Mutter für die Schraube b ausgebildeten
Ansatz in schmale radiale Führungsschlitze und können durch Drehen
der Schrauben b radial gegen das aufzuspannende Werkstück gepreßt

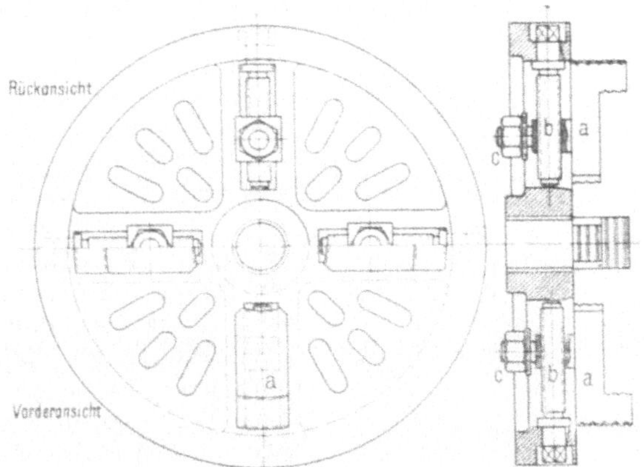

Fig. 128. Planscheibe.

und durch Anziehen der Muttern c in ihrer Lage festgehalten werden.
Die Nabe der Scheibe besitzt Innengewinde zum Aufschrauben auf
die Drehbankspindel.

3. Futter.

Zum Aufspannen kleinerer Werkstücke benutzt man bei den Drehbänken in weitgehendem Maße sog. Futter, die gewöhnlich wie die
Planscheiben auf die Drehbankspindel geschraubt werden. Fig. 129
zeigt ein einfaches kleines Futter, eine zylindrische Hülse, in der das
Werkstück durch acht Schrauben von
vier Seiten festgehalten wird. Bei
solchen einfachen Futtern ist es
schwer, das Werkstück genau zentrisch einzuspannen, d. h. so, daß
seine Mittelachse mit der Drehachse
zusammenfällt. Weit häufiger benutzt
man deshalb Futter, bei denen das
Werkstück durch zwei oder mehrere
Klemmbacken in derselben Weise wie
bei den Planscheiben eingespannt wird.

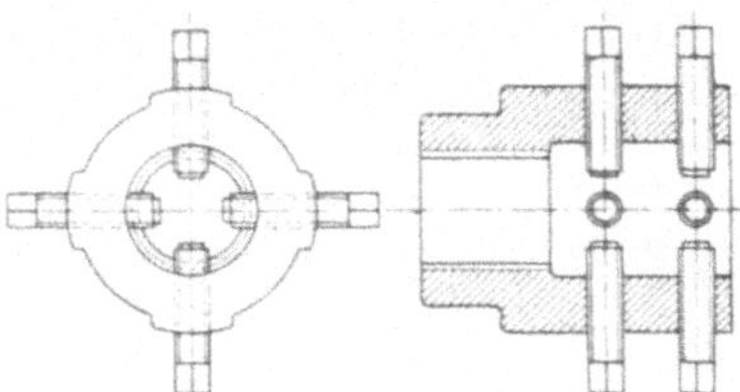

Fig. 129. Futter.

Die Backen sind meist so angeordnet, daß sie sich alle gleichzeitig und
gleichmäßig in radialer Richtung verschieben lassen und damit ganz von
selbst ein zentrisches Ausrichten und Einspannen des Werkstückes be-
werkstelligen. Solche selbstausrichtende Dreh- und Bohrfutter
sind in großer Zahl und in den verschiedensten Ausführungen in
Benutzung. Es seien hier nur zwei Beispiele davon angeführt. Fig. 130
zeigt ein Zweibackenfutter. Die beiden Spannbacken a und b werden
in Führungsnuten der Scheibe c in radialer Richtung gleichmäßig ver-

schoben durch Drehen der Schraubenspindel d. Diese ist zu dem Zwecke auf der einen Hälfte mit rechtsgängigem, auf der andern mit linksgängigem Gewinde versehen. Das zugehörige Muttergewinde ist in die Seitenwand der Backen eingeschnitten. Zur Befestigung des Futters auf der Drehbankspindel dient eine innen mit Gewinde versehene Futterscheibe, gegen die das Futter geschraubt ist. Für größere Werkstücke benutzt man Futter mit drei oder vier Backen. Fig. 131 zeigt z. B. ein Dreibackenfutter, das so eingerichtet ist, daß man alle drei Backen gleichzeitig, aber auch jede einzeln bewegen kann. Das Verschieben der Klemmbacken geschieht wie bei der Planscheibe durch Drehen der Schraubenspindeln a, und zwar ist es nur nötig, eine solche Schraube zu drehen, um alle drei Backen gleichzeitig und gleich-

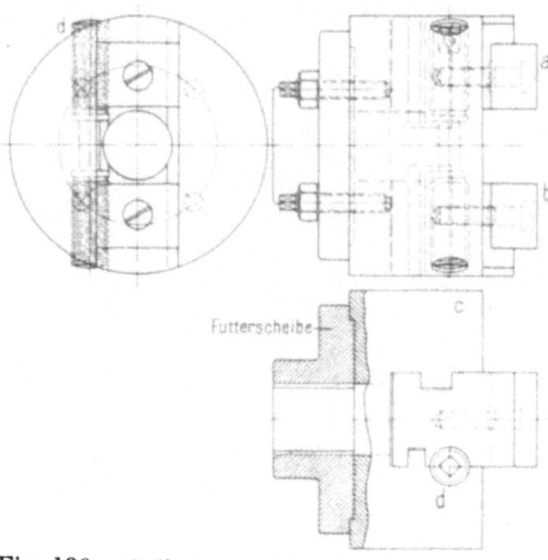

Fig. 130.   Selbstausrichtendes Zweibackenfutter.

mäßig zu verschieben. Zu dem Zwecke sitzt auf jeder Schraubenspindel ein kleines Kegelrad b, das in einen Kegelzahnkranz c greift. Durch Vermittlung dieses Zahnkranzes drehen sich immer alle drei Spindeln gleich-

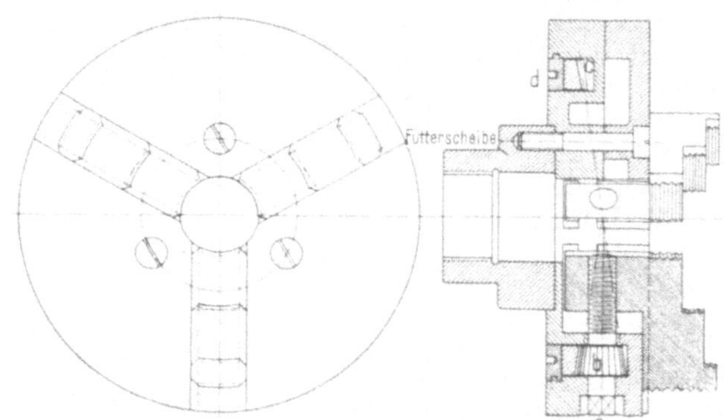

Fig. 131.   Selbstausrichtendes Dreibackenfutter.

mäßig. Will man die Backen einzeln und unabhängig voneinander verschieben, so bringt man den Kegelzahnkranz außer Eingriff mit den kleinen Kegelrädern. Hierzu ist nur nötig, dem in den Futterkörper eingeschraubten Stellring d eine halbe Umdrehung nach links zu erteilen. Auf diese Weise ist es möglich, die Backen auf ungleichmäßigen Abstand von der Drehachse einzustellen und sie dann nach Zurückdrehen des Stellringes in seine frühere Lage und Wiedereinrücken von Zahnkranz und Kegelrädern doch gleichmäßig zu verschieben. Die Spannbacken sind umkehrbar, das Futter kann wieder mit Hilfe einer Futterscheibe auf die Drehbankspindel geschraubt werden.

Hierher gehören auch die namentlich zum Einspannen kleinerer Werkstücke auf Revolverdrehbänken benutzten Spannpatronen, von denen Fig. 132 ein Beispiel zeigt. Die Spannpatrone wird bei der Bearbeitung stangenförmigen Materiales auf Revolverdreh-bänken verwandt. Das stan-genförmige Werkstück wird durch die hohle Drehbank-spindel zugeführt und durch die Spannpatrone in der rich-tigen Lage festgeklammt. Die Spannpatrone besteht aus einer zylindrischen, vorn

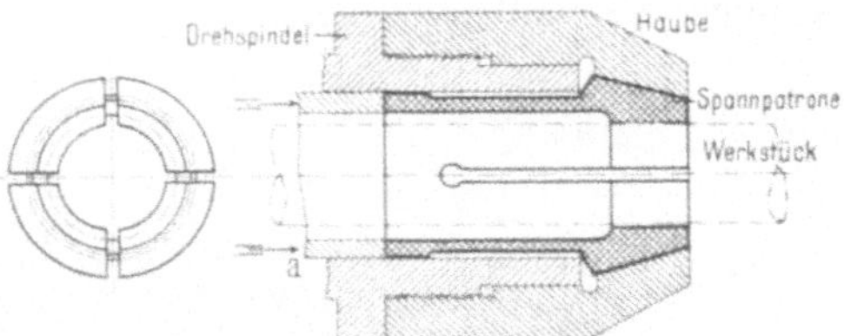

Fig. 132. Spannpatrone.

kegelförmigen Hülse, die durch vier sich fast über ihre ganze Länge erstreckende Schlitze federnd gemacht ist. Durch Hineinpressen der Patrone in eine auf die Drehbankspindel geschraubte, innen als Hohl-kegel gestaltete Haube wird ihre Innenwand von allen Seiten gegen das Werkstück gepreßt und klemmt dieses fest. Das Hineinpressen der Patrone in die Haube erfolgt, wie später bei den Revolverdreh-bänken noch gezeigt werden wird, durch Verschieben einer in die hohle Drehbankspindel gesteckten rohrartigen Hülse a in der angegebenen Pfeilrichtung. Die Bohrung der Patrone darf nur um ein geringes Maß größer sein als das Werkstück, auch muß sie sich der Form des Werk-stückes anpassen. Man muß deshalb entweder eine größere Anzahl solcher Patronen zur Verfügung haben oder sie durch Einsetzen aus-wechselbarer Spannbüchsen den verschiedenen Dicken und Formen des Werkstückes anpassen.

4. Aufspannen zwischen Spitzen.

Werkstücke, deren Länge im Verhältnis zu ihrem Durchmesser ziemlich groß ist, spannt man, wenn sie bei ihrer Bearbeitung als Haupt- oder auch als Schaltbewegung eine Drehung um ihre Längsachse aus-führen müssen, zweckmäßig zwischen Spitzen ein, wie Fig. 133 ver-anschaulicht. Das Werkstück ist an beiden Enden mit kleinen kegel-förmigen Vertiefungen, Körnern, versehen, in die gehärtete Stahlkegel, Spitzen, gedrückt werden. Den Körnern gibt man gewöhnlich einen Spitzenwinkel von 60° und bohrt sie, wie aus der Figur zu ersehen ist, in der Mitte noch etwas tiefer zylindrisch aus, damit die in sie ein-greifenden Spitzen an ihren äußersten Enden frei liegen und dadurch geschont und vor Abbrechen bewahrt werden. Die beiden kegelförmigen Spitzen müssen so angeordnet sein, daß sie eine gemeinsame Achse haben, die genau mit der Drehachse zusammenfällt. Man unterscheidet lebende und tote Spitzen, je nachdem sie an der Drehung des zu bear-beitenden Werkstückes teilnehmen oder nicht. Bei der Drehbank benutzt man gewöhnlich eine lebende Spitze, die in die Drehbankspindel eingesteckt und eine tote, die im Reitstock befestigt ist (vgl. Fig. 133). Damit das Werkstück nun an der Drehung der Spindel teilnimmt, schraubt man auf die Spindel eine Mitnehmerscheibe, aus der ein Mitnehmerstift hervorragt. Dieser Mitnehmerstift stößt gegen irgendeinen Vorsprung des Werkstückes und zwingt dieses dadurch, sich mitzudrehen. Besitzt das Werkstück keine hierzu geeigneten Vorsprünge, so muß man es mit solchen versehen. Dies geschieht meist

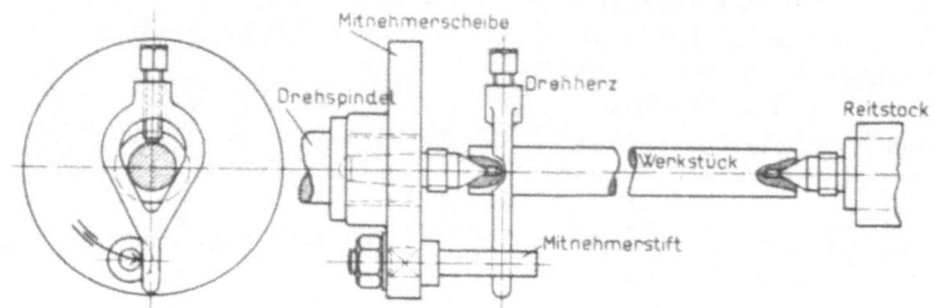

Fig. 133. Aufspannen zwischen Spitzen.

durch Aufschrauben eines sog. Drehherzes (siehe Fig. 133) auf das der Drehbankspindel zugekehrte Ende des Werkstückes. Um Unfälle zu vermeiden, verwendet man die Sicherheitsmitnehmerscheibe Fig. 134 und das Sicherheitsdrehherz Fig. 135, bei denen gefahrbringende vorspringende Teile vermieden sind.

Zwischen Spitzen eingespannte Werkstücke von größerer Länge unterliegen der Gefahr, daß sie durch ihr eigenes Gewicht, vor allem

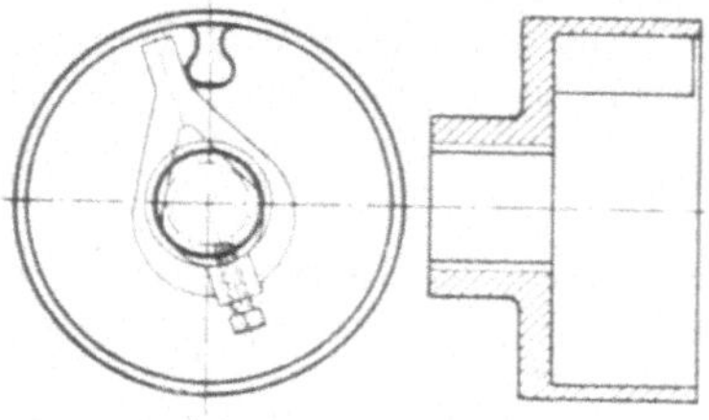

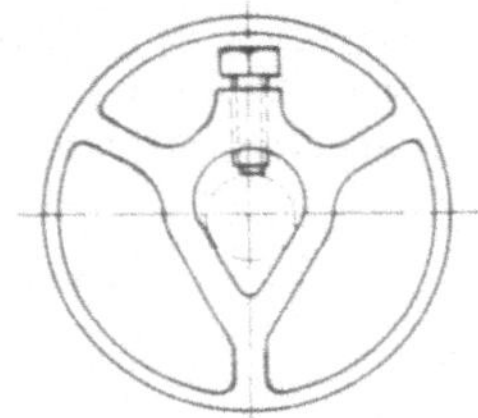

Fig. 134. Sicherheitsmitnehmerscheibe.   Fig. 135. Sicherheitsdrehherz.

aber durch den einseitigen Druck des sie bearbeitenden Werkzeuges durchgebogen werden. Dies würde natürlich ein ungenaues Bearbeiten zur Folge haben. Man muß deshalb dies Durchbiegen durch entsprechendes Unterstützen des Werkstückes verhindern. Bei den Drehbänken geschieht dies durch lagerartige Vorrichtungen, sog. Brillen, Setzstöcke oder Lünetten. Man unterscheidet stehende Brillen, die am Drehbankbett befestigt sind und hauptsächlich das Durchbiegen des Werkstückes infolge seines Gewichtes verhindern sollen, und laufende Brillen, die am Support befestigt werden, sich mit diesem fortbewegen und das Durchbiegen infolge des einseitigen Stahldruckes verhindern. Fig. 136 zeigt eine stehende Brille. Sie wird durch die Schraube a am Drehbankbett befestigt. Zur Stützung des Werkstückes dienen drei in Nuten radial verschiebbare Backen b, die durch Schrauben c genau auf den Durchmesser des Werkstückes eingestellt und durch die Schrauben d in ihrer Lage festgehalten werden. Um ein bequemes Einbringen des Werkstückes von oben zu ermöglichen, ist der obere Teil der Brille um den Bolzen e aufklappbar. Die kippbare Schraube f hält ihn bei geschlossener Brille fest. Ist der Drehstahl bis nahe an die Brille herangerückt, so muß sie entfernt und an einer anderen Stelle wieder angebracht werden. Dies ist nicht erforderlich bei der in Fig. 137 dargestellten laufenden Brille. Sie wird auf dem Support befestigt, und da sie sich mit diesem weiter bewegt, so stützt sie das Werkstück immer grade dem Drehstahl gegenüber, verhindert also in wirksamer Weise ein Durchbiegen des Werkstückes. Sie ist nur mit zwei Backen b ausgerüstet, die wieder durch eine Schraube c verstellt und durch die Schraube d in ihrer Lage gesichert werden.

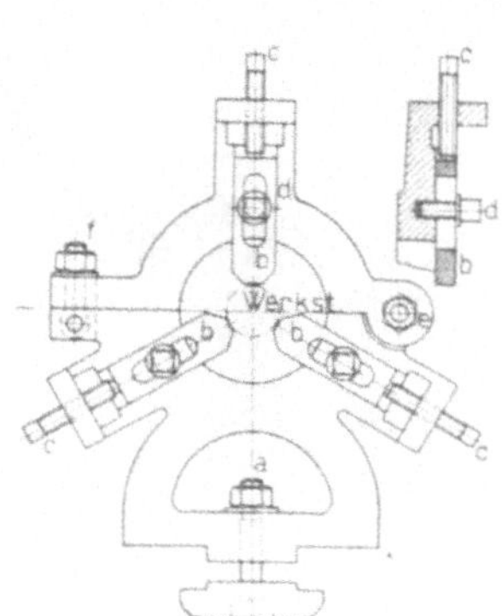

Fig. 136. Stehende Brille.

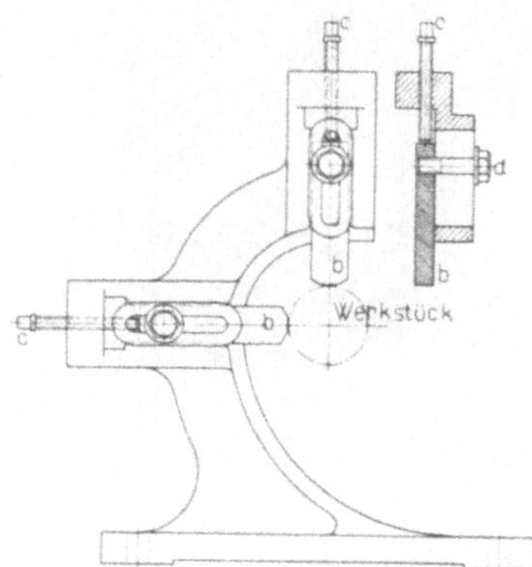

Fig. 137. Laufende Brille.

Auch bei Feilmaschinen, Hobelmaschinen und Fräsmaschinen spannt man Werkstücke oft zwischen Spitzen auf, z. B. Bolzen, Reibahlen und Gewindebohrer, in die parallel zur Achse oder nach einer Schraubenlinie verlaufende Nuten eingehobelt oder eingefräst werden sollen. Ferner vier-, sechs- oder achtkantige Körper wie Muttern u. dgl. Auch Werkstücke, die rundgehobelt werden sollen, weil sie sich auf der Drehbank nicht bearbeiten lassen. Man benutzt dazu besondere Spitzenapparate, die so eingerichtet sind, daß das zwischen Spitzen eingespannte Werkstück zur Ausführung der Schaltbewegung um seine Längsachse gedreht werden kann. Die eine Spitze ist zu dem Zweck mit einer gewöhnlich durch Schnecke und Schneckenrad drehbaren Spindel verbunden, die in einem Spindelstock gelagert ist, während die andere Spitze in einem kleinen Reitstocke angebracht ist. In Fig. 138 ist ein solcher Spitzenapparat abgebildet. Der Spindelstock und der Reitstock dieses Apparates sind in Fig. 139 bzw. 140 genauer dargestellt. Die kurze Spindel des Spindelstockes ist durchbohrt und an ihrem vorderen Ende zur Aufnahme einer Spitze a und zum Befestigen eines Mitnehmers b eingerichtet. Auf dem andern Ende sitzt ein Schneckenrad c, in das eine durch ein Handrad zu drehende Schnecke d greift.

Vielfach kann die Schnecke auch durch eins der weiter unten beschriebenen
Schaltwerke von der Maschine selbsttätig gedreht werden. Um ein
schnelleres Umschalten zu ermöglichen, kann man die Schnecke durch
Schwenken um den Bolzen e ausrücken. Die Schraube f dient zum
Festhalten der Schnecke in ihrer Lage. Beim Rundhobeln, d. h. beim
Hobeln von Zylinderflächen, die aus irgendwelchen Gründen nicht
durch Drehen bearbeitet werden können, muß die Spindel nach jedem
Schnitte des Werkzeuges um einen der Spanbreite entsprechenden
Winkel weiter gedreht werden. Dies kann durch Drehen der Schnecke
von Hand oder, wie bereits erwähnt, durch ein besonderes Schaltwerk
von der Maschine selbsttätig erfolgen. Der vorliegende Spitzenapparat
ist allerdings nicht zum selbsttätigen Schalten eingerichtet. Soll die
Spindel periodisch um einen größeren Winkel gedreht werden, wie

Fig. 138. Spitzenapparat.

es z. B. beim Bearbeiten von Sechskanten und beim Hobeln oder Fräsen
von Längsnuten in Reibahlen oder Gewindebohrern nötig ist, so benutzt
man das Schneckenrad als Teilscheibe. Es ist zu dem Zwecke auf einer
Seite mit einer großen Zahl auf konzentrischen Kreisen gleichmäßig
verteilt liegender Löcher versehen. In die Löcher greift die Spitze eines
Riegels r, dessen sicheres Einschnappen durch eine hinter ihm liegende
Spiralfeder gefördert wird. Soll das Werkstück um einen bestimmten
Winkel weiter geschaltet werden, so dreht man nach Herausziehen
des Riegels r das Schneckenrad und damit die Spindel so weit, bis das
dem verlangten Drehwinkel des Werkstückes entsprechende Loch
vor den Riegel gekommen ist und läßt diesen dann einschnappen. Durch
die Schraube g kann die Spindel in ihrer Lage festgeklemmt werden.
Soll z. B. ein Werkstück von der Gestalt eines regelmäßigen sechs-
seitigen Prismas an seinen sechs Seitenflächen bearbeitet werden, so
steckt man vor der Bearbeitung der ersten Fläche den Riegel r in ein
Loch eines mit einer durch sechs teilbaren Lochzahl versehenen Loch-
kreises und zieht die Schraube g an. Ist die erste Fläche bearbeitet,
so muß man, um die nächste Fläche in die richtige Lage zu bringen,

g lösen, den Riegel r herausziehen und die Schnecke so lange drehen, bis das Schneckenrad $^1/_6$ Umdrehung gemacht hat. Dies kann man durch Abzählen der am Riegel vorbeiwandernden Löcher leicht kontrollieren. Läßt man nun den Riegel wieder einschnappen und zieht

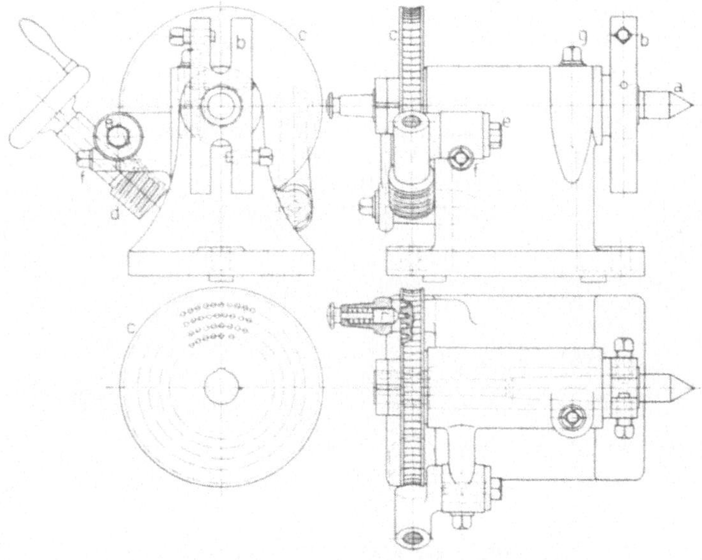

Fig. 139. Spindelstock zum Spitzenapparat.

die Schraube g an, so wird die zweite Fläche in der richtigen Lage bearbeitet.

Beim Bearbeiten sog. Spiralnuten in Werkzeugen muß die Spindel fortwährend ganz gleichmäßig langsam gedreht werden. Dies geschieht von der Maschine selbsttätig unter Verwendung entsprechender Zahnräder. Hierzu benutzt man allerdings seltener Spitzenapparate, sondern die mit einer besonders sorgfältig durchgebildeten Teilvorrichtung versehenen Teilköpfe, die ausschließlich auf Fräsmaschinen benutzt werden.

Die Reitstockspitze (Fig. 140) steckt in einer zylindrischen Hülse oder Pinole a, die durch die Schraube b mittels des Handrades c im Reitstockkörper verschoben und durch Anziehen der Schraube d festgestellt werden

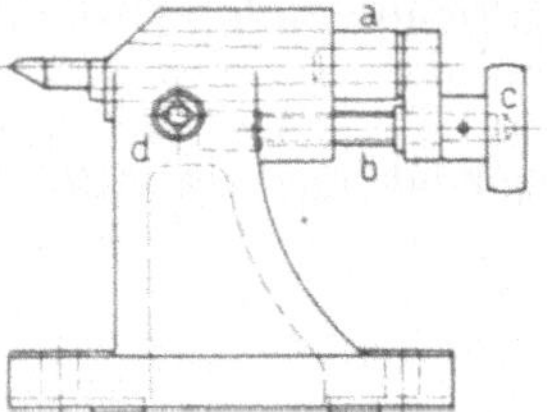

Fig. 140. Reitstock zum Spitzenapparat.

kann. Von der Spitze ist oben ein Teil weggearbeitet, damit die Fräser ungehindert auch ein Stück über die Spitze hinausgeführt werden können.

Der bereits erwähnte auf Fräsmaschinen benutzte Teilkopf ist in Fig. 141 dargestellt. Die konische Spindel a ist in ihrem Gehäuse b nachstellbar gelagert. Zur Aufnahme der einen Spitze, sowie anderer

Aufspannvorrichtungen ist sie konisch ausgebohrt und auf ihrem aus dem Gehäuse herausragenden Ende mit Gewinde versehen. Auf der Spitze kann ein Mitnehmer c befestigt werden. Die zum Aufspannen nötige zweite Spitze steckt wieder in einem dem in Fig. 140 dargestellten ähnlichen Reitstocke. Zum Drehen der Spindel dienen das auf ihr sitzende Schneckenrad d und die Schnecke e. Das Schneckenrad besteht aus zwei miteinander verschraubten Hälften, damit durch Verschieben dieser Hälften gegeneinander infolge Abnutzung eingetretener toter Gang wieder ausgeglichen werden kann. Die Schneckenwelle ist in langen Buchsen f gelagert, die in den beiden Seitenwänden g des kastenartigen Gehäuses befestigt sind. Das ganze Spindelgehäuse b kann um die Lagerbuchsen f gedreht und durch eine in kreisbogenförmigen Schlitzen von g gleitende Schraube h in schräger Lage fest-

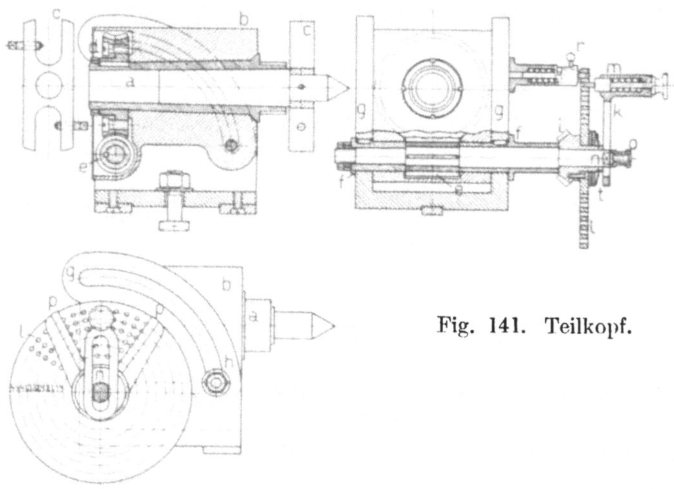

Fig. 141. Teilkopf.

geklemmt werden, ohne daß der Eingriff von Schnecke und Schneckenrad dadurch gestört wird. Die Schneckenwelle kann von Hand mittels der Teilkurbel k angetrieben werden oder von der Fräsmaschinenspindel aus selbsttätig unter Benutzung auswechselbarer Zahnräder (Wechselräder) und des Kegelrades i. Um die Spindel a wiederholt um denselben bestimmten Winkel drehen zu können, benutzt man eine Teilscheibe l. Diese sitzt lose drehbar auf der Schneckenwelle. Sie ist wie das Schneckenrad des eben beschriebenen Spitzenapparates mit einer großen Zahl auf konzentrischen Kreisen liegender Löcher versehen, und zwar enthält die in der Figur dargestellte Teilscheibe sechs Lochkreise mit 49, 41, 33, 29, 21 bzw. 19 Löchern. Meist gehören noch mehrere auswechselbare Teilscheiben mit anderen Lochteilungen zu einem Teilkopfe. Die zum Drehen der Schneckenwelle benutzte Teilkurbel k enthält in der Hülse m einen durch eine Spiralfeder nach außen gedrückten Stift, der in jedes der Teilscheibenlöcher eingesteckt werden kann. Zu dem Zwecke ist die Teilkurbel mit einem langen Schlitze auf dem beiderseits abgeflachten Kopfe n der Schneckenwelle zu verschieben und durch die Mutter o festzuklemmen, um den Stift auf jeden Lochkreisdurchmesser einstellen zu können. Ein am Gehäuse g angebrachter Riegel r dient dazu, die Teilscheibe in ihrer Lage festzustellen. Vor der Teilscheibe sind noch zwei durch eine Blattfeder t angepreßte verstellbare Zeiger p angebracht, um das wiederholte Drehen der Teilkurbel um den gleichen Winkel zu erleichtern. Die Wirkungsweise des Teilkopfes wird am besten an bestimmten Beispielen erläutert.

Beispiel 1: Es soll ein Stirnrad mit 66 Zähnen gefräst werden. Nach dem Fräsen einer Zahnlücke muß die das Stirnrad tragende Teilspindel a jedesmal um $^1/_{66}$ einer ganzen Umdrehung weitergedreht werden. Hat das Schneckenrad d nun 40 Zähne und ist die Schnecke eingängig, so muß die Schnecke e zu dem Zwecke $^{40}/_{66} = {}^{20}/_{33}$ Umdrehungen machen. Man stellt deshalb den Stift der Teilkurbel auf den Lochkreis mit 33 Löchern ein und dreht die Teilkurbel jedesmal so viel, daß der Stift 20 Löcher weiter rückt.

Um nun nicht jedesmal 20 Löcher abzählen zu müssen, stellt man die beiden Zeiger p so ein, daß sie auf dem Lochkreis mit 33 Löchern gerade 21 Löcher zwischen sich einschließen und läßt beispielsweise den linken Zeiger sich gegen den Teilstift legen; der rechte Zeiger berührt dann gerade die rechte Seite des 21. Loches. Nachdem nun der Teilstift aus dem ersten Loche herausgezogen und in das den rechten Zeiger berührende 21. Loch gesteckt, also 20 Löcher weiter gerückt ist, verschiebt man die beiden Zeiger gemeinsam so weit, daß wieder der linke sich gegen den Teilstift legt.

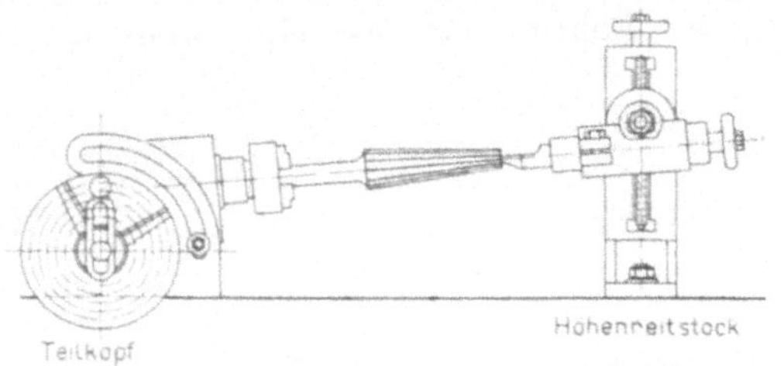

Fig. 142. Teilkopf und Höhenreitstock.

Beispiel 2: Es soll ein sechsseitiges Prisma (Schraubenkopf oder Mutter) gefräst werden. Nach dem Fräsen einer Fläche muß die Teilspindel a $^1/_6$ Umdrehung machen, die Schnecke e also $^{40}/_6 = 6^4/_6 = 6^2/_3$ Umdrehungen. Man muß dann einen Teilkreis mit durch 3 teilbarer Lochzahl wählen, also im vorliegenden Falle 33 oder 21. Man läßt nun die Schnecke zunächst 6 ganze Umdrehungen machen und dann noch $^2/_3 = {}^{22}/_{33} = {}^{14}/_{21}$, indem man in derselben Weise wie beim vorigen Beispiel entweder auf dem Teilkreise mit 33 Löchern 22 oder auf dem mit 21 Löchern 14 Löcher abzählt.

Beim Fräsen schraubenliniger Nuten in Spiralbohrern, Reibahlen u. dgl. muß die Spindel a während der Bearbeitung einer Nut fortwährend gedreht werden. Man schaltet deshalb zwischen die Fräsmaschinenspindel und das Kegelrad i die der Steigung der Nut entsprechenden Wechselräder ein und löst den Riegel r. Der Teilstift braucht dabei nicht ausgelöst zu werden, denn das Rad i sitzt lose auf der Schneckenwelle, ist jedoch mit der Teilscheibe fest verbunden und treibt über diese und die Teilkurbel die Schneckenwelle an. Ist eine Nut fertig bearbeitet, so tritt wieder nach Einrücken des Riegels r die Teilkurbel in Tätigkeit und dreht das Werkstück so weit, daß die nächste Nut in die richtige Lage kommt.

Zum Bearbeiten kegelförmiger Werkstücke wie Kegelräder, konische Reibahlen u. dgl. muß das Gehäuse b schräg eingestellt werden, damit der Grund der zu fräsenden Zahnlücke oder Nut genau wagerecht liegt. Die Reitstockspitze muß dazu auch in entsprechender Weise verstellbar sein. Man benutzt dann zweckmäßig den in Fig. 142 dargestellten Höhenreitstock, dessen Spitze, wie aus der Figur zu ersehen, in verschiedene Höhenlagen und unter verschiedene Neigungswinkel einstellbar ist.

5. Aufspanndorne.

Werkstücke, die bereits mit einer genau zylindrischen Bohrung versehen sind, befestigt man zur weiteren Bearbeitung zweckmäßig unter Zuhilfenahme von Dreh- oder Aufspanndornen, die in die zylindrische Bohrung so fest eingepreßt werden, daß sie das Werkstück während seiner Bearbeitung durch Reibung festhalten. Die Benutzung der Dorne ermöglicht es in einfacher Weise, zur vorhandenen Bohrung genau zentrische Flächen an den Werkstücken zu erzeugen. Da das vorgebohrte Werkstück selbst nicht zwischen Spitzen eingespannt werden kann, so richtet man die Dorne so ein, daß sie diese Befestigungsart ermöglichen. Die Dorne bestehen aus Stahl, ihre äußere Mantelfläche ist gehärtet und ganz schwach konisch geschliffen. Vielfach beträgt

Fig. 143. Dorn.

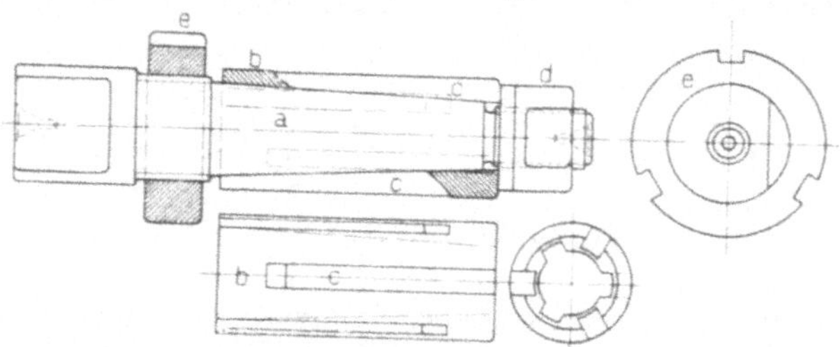

Fig. 144. Expansionsdorn.

die Konizität auf 100 mm Länge nur 0,08 bis 0,05 mm. An beiden Enden der Dorne sind bei a (Fig. 143) ebene Flächen angebracht, gegen die die Schraube des Drehherzes drückt. In beide Stirnflächen sind kegelförmige Löcher, Körner, für die Spitzen eingebohrt. Auf einen solchen Dorn sind nur Werkstücke von ein und derselben Bohrung aufzustecken. Man muß deshalb eine sehr große Zahl von Dornen vorrätig haben. Um dies zu vermeiden, verwendet man auch verstellbare Drehdorne oder Expansionsdorne, von denen Fig. 144 ein

Beispiel zeigt. Bei diesem ist auf einen inneren konischen Dorn a eine außen zylindrische federnde Buchse b aufgeschoben. Die Federung wird erreicht durch sechs gegeneinander versetzte, sich nicht über die ganze Länge der Buchse erstreckende schmale Schlitze c. Durch Anziehen der Mutter d wird die Buchse b so weit auf den Dorn a geschoben, daß sie sich genügend fest in die Bohrung des Werkstückes hineinpreßt. Die Mutter e dient zum Lösen des fest gespannten Werkstückes.

An Stelle der Dorne verwendet man auch Kegel, die in die Bohrung des Werkstückes eingepreßt werden. Dies geschieht bei dem in Fig. 145 dargestellten Rundhobelapparate, der bei Feilmaschinen benutzt wird, wenn man das rund zu hobelnde Werkstück nicht auf dem oben

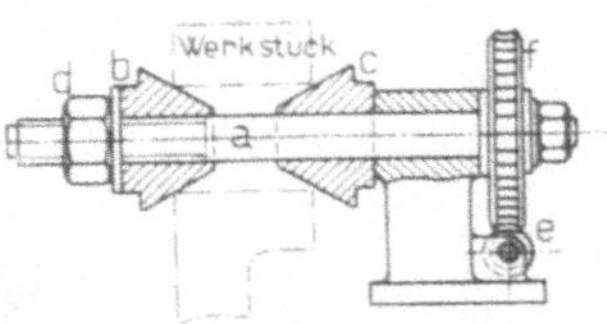

Fig. 145. Rundhobelapparat.

beschriebenen Spitzenapparat zwischen Spitzen einspannen kann, wie z. B. die Nabe eines Kurbelarmes. Auf die kurze Welle a sind zwei Kegel b und c gesteckt. Durch Anziehen der Mutter d wird der Kegel b auf der Welle verschoben und beide Kegel werden dadurch so fest in das Werkstück hineingepreßt, daß dieses durch Reibung festgehalten wird und an der Drehung teilnehmen muß. Nach jedem Schnitt des Werkzeuges muß die Welle a mit dem Werkstücke um einen der Spanbreite entsprechenden Winkel weiter gedreht werden. Dies geschieht durch die Schnecke e und das auf a sitzende Schneckenrad f. Auf der Schneckenwelle sitzt zu dem Zwecke ein Schaltwerk, das die Welle ruckweise dreht.

6. Elektromagnetische Aufspannfutter.

Nicht alle Werkstücke lassen sich durch die bisher besprochenen Aufspannvorrichtungen mit den Werkzeugmaschinen in einwandfreier Weise verbinden. Namentlich kleine, dünnwandige Stücke unterliegen der Gefahr des Verspannens, da es nicht möglich ist, sie genügend fest einzuspannen, ohne daß sie ein Verbiegen oder eine sonstige Formänderung erfahren. Für solche Werkstücke, soweit sie aus Eisen bestehen, eignen sich nun in vorzüglicher Weise elektromagnetische Aufspannfutter. Diese halten die kleinsten Werkstücke während der Bearbeitung genügend fest, ohne sie zu verspannen und ermöglichen ein bequemes und schnelles Aufspannen und Abnehmen der Werkstücke. Zur Erläuterung solcher

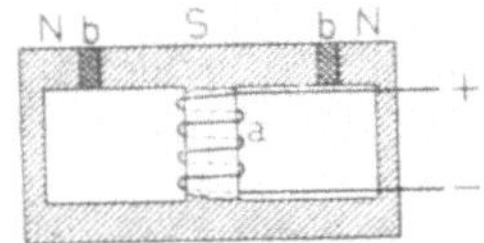

Fig. 146. Schema eines elektromagnetischen Futters.

Futter diene die schematische Darstellung in Fig. 146. Um den mittleren Teil a eines Eisenkörpers ist eine Kupferdrahtspule gewickelt. Wird durch diese ein elektrischer Strom geschickt, so wird das Eisen magnetisch und es bilden sich die magnetischen Pole S und N, die bei b durch ein unmagnetisches Metall gegeneinander isoliert sind. Legt man nun auf die ebene Oberfläche des Eisenkörpers ein eisernes Werkstück, so wird dies mit so großer Gewalt festgehalten, daß es sich bei der

Bearbeitung auf einer Werkzeugmaschine nicht verschiebt. Zum Lösen
des Werkstückes ist nur nötig, den elektrischen Strom auszuschalten.
Fig. 147 zeigt ein elektromagnetisches Futter auf dem Aufspanntische
einer Fräsmaschine, wie es zum Aufspannen eines dünnen Fahrrad-

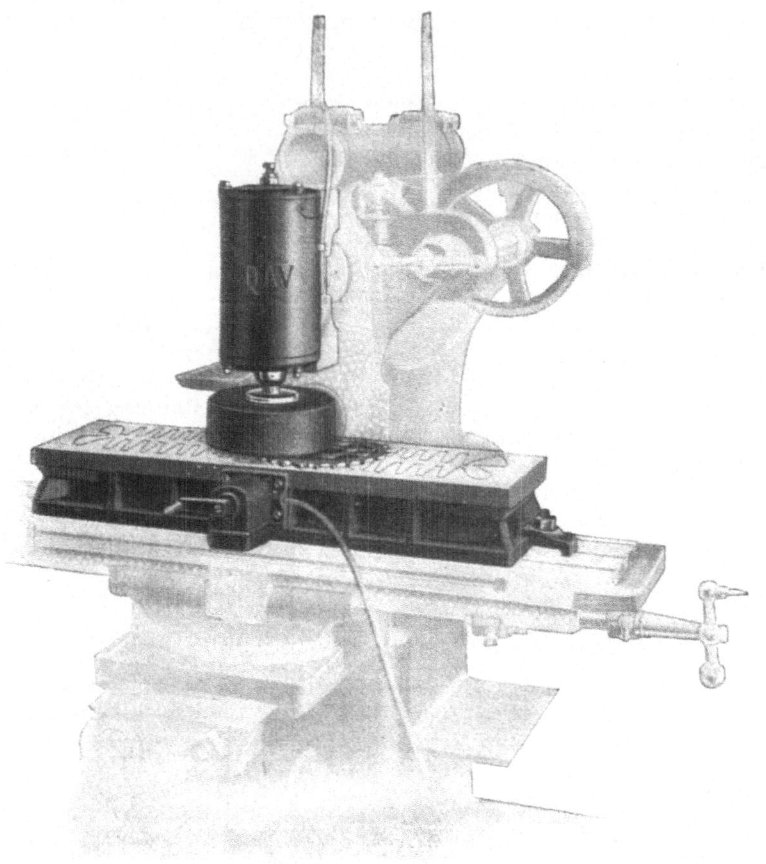

Fig. 147. Elektromagnetisches Futter auf einer Fräsmaschine.

kettenrädchens benutzt wird, das durch eine besondere Schleifvor-
richtung geschliffen wird. Auf Drehbänken verwendet man Futter
von der in Fig. 148 dargestellten Form. Der Strom wird durch einen
Schleifkontakt zugeführt.

Darf in den bearbeiteten Werkstücken keine Spur von Magnetismus
zurückbleiben, so muß man sie auf Entmagnetisierapparaten durch
mehrmaliges Umpolarisieren wieder unmagnetisch machen.

7. Besondere Aufspannvorrichtungen für Massenbearbeitung.

Der moderne Maschinenbau hat sich immer mehr dahin entwickelt,
daß sich die Maschinenfabriken auf die Herstellung einiger weniger
Maschinenarten in genau festgelegter Abstufung der Größenverhältnisse
beschränken und von einer Maschinengröße immer eine möglichst große
Anzahl gleichzeitig in Arbeit nehmen. Auf diese Weise können die
wirtschaftlichen Vorteile der Massenfabrikation, die man bei der
Nähmaschinen-, Fahrrad- und Waffenfabrikation kennen gelernt hatte,
auch bei der Herstellung anderer Maschinengattungen ausgenutzt

Fig. 148. Elektromagnetisches Futter auf einer Drehbank.

werden. Dies führte weiter dazu, viele Einzelteile der Maschinen zu
normalisieren, d. h. ihre Formen und Abmessungen so festzulegen,
daß ein solcher normalisierter Teil nicht nur zu einer einzigen Maschinen-
art verwendet werden kann, sondern zu möglichst vielen. Hierzu eignen
sich besonders Handräder, Keile, Kurbelgriffe, Bolzen usw. Hierdurch wurde es möglich, von den Vorteilen der Massenfabrikation
auch bei der Einzelherstellung von Maschinen weitgehenden Gebrauch
zu machen.

Die Massenfabrikation hat zur Konstruktion besonderer Aufspannvorrichtungen geführt, um die durch das Vorreißen, Aufspannen und
Ausrichten der Werkstücke verloren gehende Zeit möglichst einzu-
schränken. Wenn ein Werkstück in vielen hundert Exemplaren bearbeitet
werden soll, so lohnt es sich, statt der alten für möglichst vielartige
Werkstücke geeigneten Aufspannvorrichtungen eine teuere komplizierte

Vorrichtung anzufertigen, die nur für dies eine Werkstück geeignet, aber so eingerichtet ist, daß ein Vorreißen des Werkstückes unnötig wird und das Aufspannen und Abnehmen des Werkstückes in kürzester Zeit durch wenige Handgriffe erledigt werden kann. Auch lassen sich Aufspannvorrichtungen verwenden, die gleichzeitig eine größere Anzahl gleicher Werkstücke aufnehmen können. Solche Vorrichtungen bieten weiter den Vorteil, daß alle in ein und derselben Vorrichtung bearbeiteten

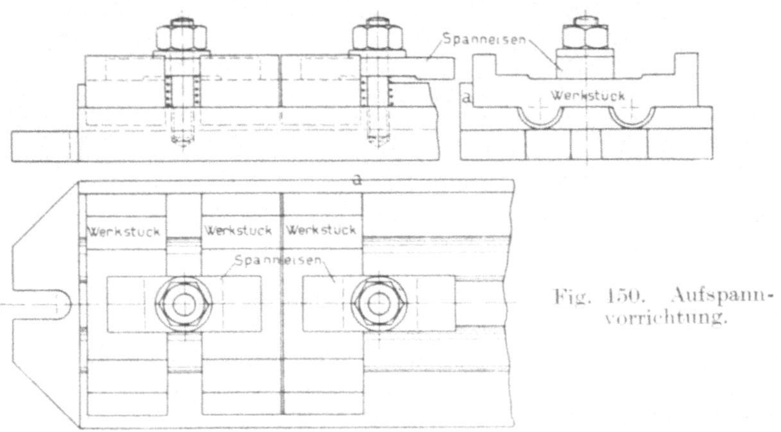

Werkstücke in ihren Abmessungen so genau übereinstimmen, daß sie ohne weiteres gegeneinander austauschbar sind.

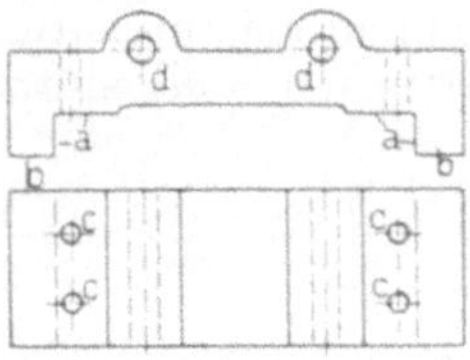

Die Vorrichtungen umschließen das Werkstück meistens kastenartig von mehreren Seiten, sie werden deshalb auch Kastenlehren genannt. Damit alle in eine Kastenlehre gespannten Werkstücke in genau dieselbe Lage kommen, werden sie gewöhnlich vorher schon an einer Seite genau bearbeitet und legen sich dann mit dieser bearbeiteten Fläche gegen einen ebenfalls genau bearbeiteten Anschlag in der Kastenlehre, in der sie dann durch Schrauben oder Keile festgeklemmt werden.

Fig. 149.   Werkstück.

Ein Vorreißen läßt sich am einfachsten vermeiden bei Werkstücken, in die Löcher gebohrt werden sollen. Es werden dann in die Wände

Fig. 150.   Aufspannvorrichtung.

der Kastenlehren oder Bohrlehren, wie sie jetzt heißen, gehärtete Stahlbüchsen eingesetzt, die die Bohrer so führen, daß die Löcher genau an die richtigen Stellen des in die Bohrlehre eingespannten Werkstückes kommen. Da alle Werkstücke in ein und derselben Bohrlehre genau die gleiche Lage haben, so werden sie auch alle genau an denselben Stellen gebohrt.

Die Einrichtung solcher Aufspannvorrichtungen für die Massenfabrikation soll im folgenden an einem Beispiele erläutert werden. In Fig. 149 ist ein Werkstück abgebildet, das bei a und b genau ebene Flächen erhalten soll und in das bei c und d Löcher zu bohren sind.

Fig. 150 zeigt zunächst die Aufspannvorrichtung zur Bearbeitung der ebenen Flächen. Sie ist zur Aufnahme einer größeren Anzahl Werkstücke eingerichtet, die schnell und leicht ein- und abgespannt werden können. Die Werkstücke legen sich gegen die Anschlagleiste a. Je zwei benachbarte werden durch Spanneisen und Schrauben festgeklemmt. Die Spanneisen werden durch Schraubenfedern getragen. Die ganze

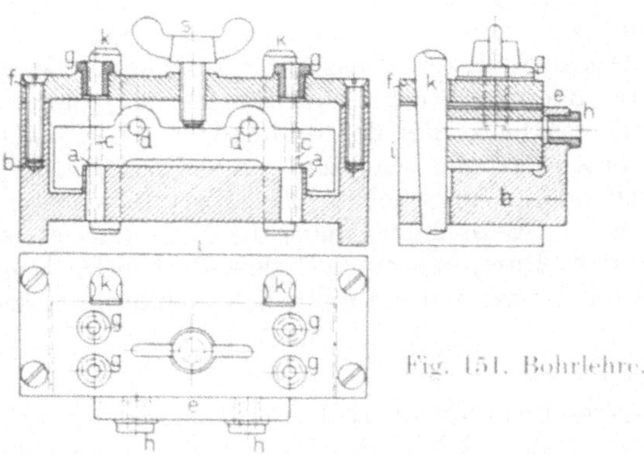

Fig. 151. Bohrlehre.

Aufspannvorrichtung mit den darin liegenden Werkstücken wird auf den Tisch einer Fräsmaschine befestigt und sämtliche eingespannten Werkstücke werden gleichzeitig bearbeitet. Zum Bohren der sechs Löcher wird das Werkstück in die Bohrlehre, Fig. 151, eingespannt. Diese besteht aus dem Kasten b mit der Seitenwand e und dem Deckel f. Das Werkstück legt sich mit den bearbeiteten Flächen a an die Grundplatte der Lehre, mit seinem Rücken gegen die Seitenwand e und wird durch die Flügelschraube s und die beiden Keile k festgespannt. Zum Bohren der Löcher c sind in den Deckel die vier Bohrbüchsen g eingesetzt, zum Bohren der Löcher d in die Seitenwand die beiden Büchsen h. Die Löcher c werden in der gezeichneten Lage des Bohrkastens gebohrt, beim Bohren der Löcher d wird der Bohrkasten auf die Fläche i gestellt.

C. Antriebvorrichtungen.

Der Antrieb der Werkzeugmaschinen erfolgt gewöhnlich von einer Transmissionswelle unter Vermittlung einer Vorgelegewelle oder von der Welle eines besonderen Motors. Diese Wellen übertragen ihre Bewegung auf die Hauptwelle der Werkzeugmaschine, von der dann weiter die Arbeitbewegung und die Schaltbewegung abgeleitet werden. Da die antreibenden Wellen immer eine Drehbewegung ausführen, so läßt sich von ihnen eine drehende Arbeitbewegung leichter ableiten als eine gradlinige. Bei der letzteren sind noch besondere Mechanismen erforderlich, um die Drehbewegung in eine gradlinige umzuwandeln.

1. Die Erzeugung der drehenden Arbeitbewegung.

a) Durch Stufenscheiben.

Zur Übertragung der Drehbewegung von einer Welle auf eine andere benutzt man bei geringen Wellenabständen Zahnräder, bei größeren Riemen-, Seil- oder Kettentriebe. Am häufigsten sind die Riementriebe.

Um die Werkzeugmaschinen wirtschaftlich arbeiten zu lassen und voll auszunutzen, sucht man die Arbeitbewegung mit der höchsten zulässigen Geschwindigkeit auszuführen. Diese Geschwindigkeit ist abhängig von dem zu bearbeitenden Materiale und von der Art der auszuführenden Arbeit. Bei der drehenden Arbeitbewegung ist außerdem noch besonders zu beachten, daß die Umfangsgeschwindigkeit des sich drehenden Werkstückes bzw. Werkzeuges mit seinem Durchmesser wächst. Bezeichnet man die Umfangsgeschwindigkeit mit v m/min [1]), den Durchmesser des sich drehenden Werkstückes bzw. Werkzeuges mit d mm und die minutliche Umdrehungszahl mit n, so ist

$$\text{V m/min} = \frac{\text{d mm}}{1000} \cdot \pi \cdot \text{n}$$

Die Umfangsgeschwindigkeit ändert sich also mit dem Durchmesser und der Umlaufzahl. Sollte nun für jeden Durchmesser die günstigste Umfangsgeschwindigkeit genau inne gehalten werden, so müßte man innerhalb zweier Grenzwerte die Werkzeugmaschinenwelle mit jeder beliebigen Umlaufzahl antreiben können. Dies ist nur möglich bei Verwendung von Reibrädern oder konischen Riemenscheiben. Da diese Antriebsarten aber erheblich praktische Mängel haben, so begnügt man sich meist mit einem sprunghaften Ändern der Umlaufzahlen und ordnet diese am besten nach einer geometrischen Reihe an, d. h. so, daß jede Drehzahl φ mal so groß ist wie die nächst niedrigere. Bei z verschiedenen Umlaufzahlen n_1 bis n_z ist also

$$n_2 = \varphi\, n_1, \quad n_3 = \varphi\, n_2 = \varphi^2\, n_1 \;\; \ldots \; \ldots \; n_z = \varphi^{z-1}\, n_1$$

Der Faktor φ ist dann $\varphi = \sqrt[z-1]{\dfrac{n_z}{n_1}}$ und liegt gewöhnlich zwischen 1,25 und 2.

Die Beziehungen zwischen minutlicher Umlaufzahl, Durchmesser und Umfangs-, d. h. Schnittgeschwindigkeit lassen sich sehr gut veranschaulichen durch das Schaubild in Fig. 152. Dieses ist auf folgende Weise entstanden. Setzt man in der Gleichung $v = \dfrac{d}{1000}\,\pi\, n$, $d = x$,

$v = y$ und nimmt für n einen konstanten Wert an, so daß $\dfrac{\pi \cdot n}{1000} = \text{const.}$

wird, so erhält die Gleichung die Form $\dfrac{y}{x} = \text{const.}$ und stellt eine Gerade dar, die durch den Koordinatenanfangspunkt geht. Trägt man diese Geraden nun für verschiedene nach einer geometrischen Reihe abgestuften Werte, z. B. $n_1 = 9$ bis $n_8 = 326$ auf, so erhält man das Schau-

---

[1]) Lies Meter in der Minute.

bild in Fig. 152, aus dem man z. B. ablesen kann, daß ein Werkstück von 90 mm Durchmesser, das sich mit einer Umfangsgeschwindigkeit von 20 m/min drehen soll, $n_5 = 70$ minutliche Umdrehungen machen muß. Bei der nächst höheren Umlaufzahl $n_6 = 117$, würde es eine Umfangsgeschwindigkeit von 33 m/min haben.

Darf bei der Bearbeitung eines Materiales eine bestimmte Schnittgeschwindigkeit, z. B. 30 m/min, nicht überschritten werden, so zeigt

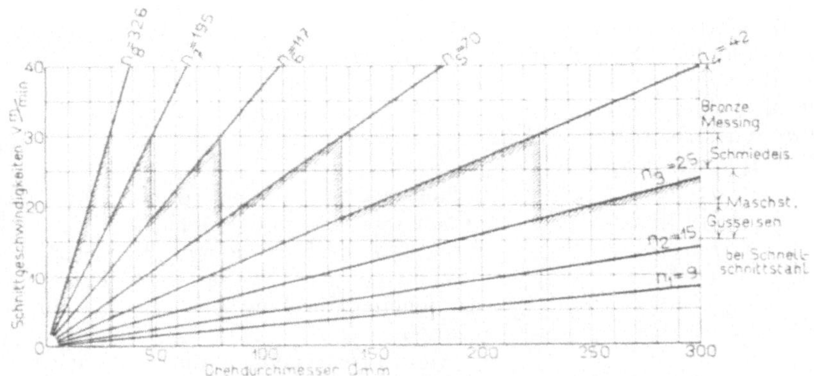

Fig. 152. Sägendiagramm.

das Schaubild, daß Werkstücke bis zu etwa 29 mm Durchmesser mit einer minutlichen Umlaufzahl $n_8 = 326$ bearbeitet werden müssen. Solche von 29 bis 48 mm Durchmesser mit $n_7 = 195$, von 48 bis 81 mm mit $n_6 = 117$, von 81 bis 137 mm mit $n_5 = 70$, von 137 bis 227 mm mit $n_4 = 42$ usw. Verdeutlicht man den dadurch festgelegten Linienzug durch Schraffierung, so erhält man ein sog. Sägendiagramm[1]). Wird ein solches Diagramm jeder Werkzeugmaschine beigefügt, so können die Arbeiter aus ihm für jedes Material und jeden Durchmesser leicht die erforderliche Umlaufzahl ablesen. Es empfiehlt sich auch noch, für die verschiedenen Materialien die Schnittgeschwindigkeiten im Diagramm festzulegen, so wie dies auf der rechten Seite der Figur für die Verwendung von Schnellschnittstahl angedeutet ist. Beim Riementriebe erreicht man die verschiedenen Geschwindigkeitstufen am einfachsten durch Verwendung des Stufenscheiben - Antriebes, dessen Wirkungsweise Fig. 153 veranschau-

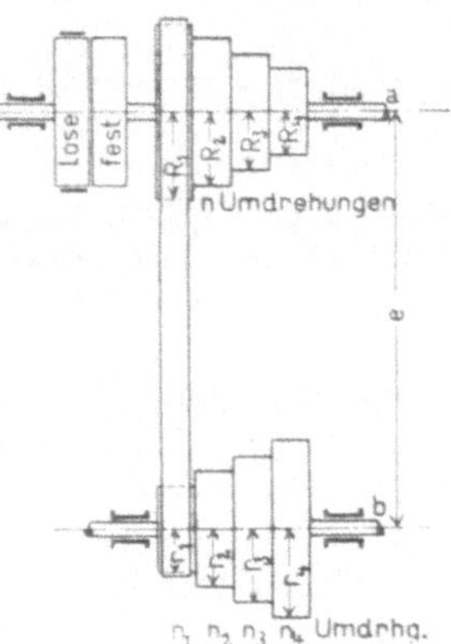

Fig. 153. Stufenscheiben-Antrieb.

licht. Die Welle a eines Deckenvorgeleges werde von der Transmissionswelle in Umdrehung versetzt und mache n minutliche Umdrehungen. Von ihr soll nun die Welle b einer Werkzeugmaschine

---

[1]) Siehe: Toussaint, Neuzeitliche Betriebsführung und Werkzeugmaschine.

mit beispielsweise vier verschiedenen Umdrehungszahlen angetrieben werden. Zu dem Zwecke hat man auf jeder der Wellen a und b eine Stufenscheibe mit vier Stufen befestigt und durch einen Riemen miteinander verbunden. Je nachdem, auf welche Stufe man dann den Riemen legt, sind dann die vier minutlichen Umdrehungszahlen

$$n_1 = n\,\frac{R_1}{r_1}, \quad n_2 = n\,\frac{R_2}{r_2}, \quad n_3 = n\,\frac{R_3}{r_3} \quad \text{und} \quad n_4 = n\,\frac{R_4}{r_4} \quad \text{möglich.}$$

Zur Veränderung der Umdrehungszahl braucht man nur den Riemen auf ein anderes Stufenpaar zu legen. Dies ist jedoch nur möglich, wenn die Riemenlänge immer dieselbe bleiben kann. Bei gekreuzten Riemen ist dies ohne weiteres der Fall, wenn die Summe der Halbmesser der zusammenarbeitenden Scheiben konstant ist, wenn also nach Fig. 153 $R_1 + r_1 = R_2 + r_2 = R_3 + r_3 = R_4 + r_4$ ist. Bei den viel häufiger vorkommenden offenen Riemen gilt dies jedoch nur, wenn die Achsenentfernung e mindestens 4—5 mal dem größten Scheibendurchmesser ist. Im anderen Falle sind die Scheibendurchmesser besonders zu berechnen.

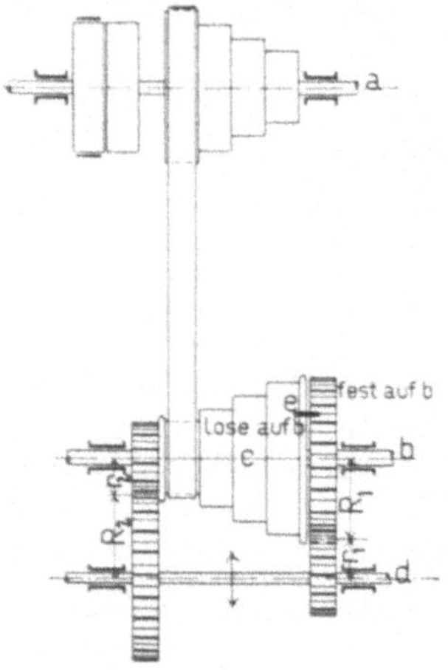

Die Stufenscheiben führt man gewöhnlich so aus, daß zwei zusammenarbeitende Scheiben vollkommen gleich sind und die Scheibendurchmesser nach einer arithmetischen Reihe abgestuft sind. Die Anzahl der verschiedenen möglichen Umdrehungszahlen ist gleich der Stufenzahl. Über fünf Stufen geht man aber nicht gern hinaus und kann daher beim gewöhnlichen Stufenscheiben-Antriebe nur mit höchstens fünf verschiedenen Schnittgeschwindigkeiten arbeiten. Dies genügt aber für die meisten Werkzeugmaschinen nicht. Man hat deshalb den Stufenscheibenantrieb so geändert, daß man die Reihe der verschiedenen Umdrehungszahlen vergrößern kann, ohne die Stufenzahl zu erhöhen. In einfacher Weise kann man dies erreichen, indem man die Vorgelegewelle a mit verschiedenen Umdrehungszahlen antreibbar macht. Man setzt auf sie zu dem Zwecke zwei Paar Fest- und Losscheiben von verschiedenen Durchmessern und benutzt zwei durch einen Riemenleiter verschiebbare Antriebriemen, von denen immer nur einer auf eine der beiden festen Scheiben geleitet wird. Je nachdem ob nun die kleinere oder die größere Scheibe benutzt wird, erhält man eine größere oder eine kleinere Umdrehungsgeschwindigkeit der Vorgelegewelle a. Von dieser kann man dann die Welle b so antreiben, daß acht verschiedene Geschwindigkeiten bei nur vier Stufen möglich sind. Durch Vermehrung der Fest- und Losscheibenpaare auf der Vorgelegewelle kann man die Zahl der verschiedenen Geschwindigkeiten beliebig erhöhen, doch macht man hiervon selten Gebrauch, da die ungünstige Raumbeanspruchung

Fig. 154.   Stufenscheiben-
Antrieb mit ausrückbaren
Zahnrädervorgelegen.

und die große Riemenzahl die Bedienung solcher Anordnungen unbequem machen.

Ein bequemeres Mittel zur Erreichung desselben Zweckes bieten die Stufenscheiben mit ausrückbaren Zahnrädervorgelegen, deren Wirkungsweise durch Fig. 154 erläutert wird. Es sei wieder a die Vorgelegewelle, b die Maschinenwelle. Auf b sitzt lose eine vierstufige Stufenscheibe c, mit der das kleine Zahnrad r_2 fest verbunden ist. Festgekeilt auf b ist das größere Zahnrad R_1. Neben der Welle b ist noch eine Zahnradvorgelegewelle d mit den beiden Zahnrädern R_2 und r_1 so gelagert, daß sie in den Pfeilrichtungen verschiebbar ist, wodurch die Räder R_2 und r_2 bzw. r_1 und R_1 miteinander in oder außer Eingriff gebracht werden können. Sind die Zahnräder ausgerückt, so kann man b von a aus mit vier verschiedenen minutlichen Umdrehungszahlen n_1 bis n_4 antreiben. Da die Stufenscheibe c sich aber lose um die Maschinenwelle b dreht, so ist ein Antrieb erst möglich, nachdem man durch eine bei c angebrachte Kupplungsvorrichtung Stufenscheibe c und Zahnrad R_1 fest miteinander verbunden hat. Will man weitere vier Umdrehungszahlen erhalten, so muß man diese Kupplung wieder lösen und das Zahnrädervorgelege einrücken. Dann wird die Maschinenwelle b nicht direkt von der Stufenscheibe c angetrieben, sondern auf dem Umwege über die Zahnräder $r_2 - R_2 - r_1 - R_1$. Dies ergibt die

vier minutlichen Umdrehungszahlen $\dfrac{r_2}{R_2} \cdot \dfrac{r_1}{R_1} \cdot n_1$ bis $\dfrac{r_2}{R_2} \cdot \dfrac{r_1}{R_1} \cdot n_4$. Man

kann also wieder mit vier Stufen acht verschiedene Geschwindigkeiten erzeugen. Wegen der zweimaligen Übersetzung ins Langsame sind die Umdrehungszahlen bei eingerücktem Zahnrädervorgelege kleiner als bei ausgerücktem.

Beispiel: Es ist der Stufenscheibenantrieb einer Drehbank von 150 mm Spitzenhöhe zu berechnen. Die kleinste der 8 verschiedenen Umlaufzahlen sei $n_1 = 9$, die größte $n_8 = 328$. (Siehe das Sägendiagramm Fig. 152.)

Der Faktor φ der geometrischen Reihe wird $\varphi = \sqrt[7]{\dfrac{328}{9}} = 1{,}67$.

Dann ergeben sich bei Anwendung eines doppelten Zahnrädervorgeleges folgende Umlaufzahlen.

$$\left.\begin{aligned} n_1 &= 9 \\ n_2 &= 15 \\ n_3 &= 25 \\ n_4 &= 42 \end{aligned}\right\} \text{mit Vorgelege,} \qquad \left.\begin{aligned} n_5 &= 70 \\ n_6 &= 117 \\ n_7 &= 195 \\ n_8 &= 356 \end{aligned}\right\} \text{ohne Vorgelege.}$$

Die beiden Stufenscheiben sollen gleich groß sein, die Durchmesser der einzelnen Stufen seien von dem größten anfangend mit d_1 bis d_4 bezeichnet. Entsprechend der Spitzenhöhe sei der größte Durchmesser $d_1 = 280$ mm, der kleinste $d_4 = 130$ mm angenommen. Sollen die Durchmesser nach einer arithmetischen Reihe geordnet sein, so

ist der Unterschied zweier benachbarter $\dfrac{d_1 - d_4}{3} = \dfrac{150}{3} = 50$ und

man erhält: $d_1 = 280$, $d_2 = 230$, $d_3 = 180$ und $d_4 = 130$ mm. Die

Umlaufzahl des Deckenvorgeleges wird dann $n = n_5 \cdot \dfrac{d_1}{d_4} = 70 \cdot \dfrac{280}{130} = 150$.

Das Rädervorgelege $\dfrac{r_1}{R_1}\,\dfrac{r_2}{R_2}$ soll die Umlaufzahl $n_5 = 70$ auf $n_1 = 9$ herabsetzen, es muß also sein:

$$\frac{r_1}{R_1}\frac{r_2}{R_2} = \frac{9}{70} = \frac{1}{7,78} = \frac{1}{3}\frac{1}{2,59}.$$

Der Modul der Zahnräder $\dfrac{r_1}{R_1}$ sei zu $M_1 = 4$, der der Räder $\dfrac{r_2}{R_2}$ zu $M_2 = 3$ angenommen. Der Teilkreisdurchmesser des Rades R_1 sei ungefähr $= d_1$; dann ergeben sich folgende Zähnezahlen: für R_1, $Z_1 = \dfrac{d_1}{4}$ $= \dfrac{280}{4} = 70$, für r_1, $z_1 = \dfrac{70}{3} = 23$.

Die Zähnezahlen der Räder $\dfrac{r_2}{R_2}$ berechnen sich aus den Bedingungen, daß das Übersetzungsverhältnis $= \dfrac{1}{2,59}$ sein soll und daß die Achsenentfernung der beiden Räderpaare dieselbe sein muß. Dies ergibt die Gleichungen:

$$\frac{z_2}{Z_2} = \frac{1}{2,59}$$

$$\frac{M_1}{2}\,(Z_1 + z_1) = \frac{M_2}{2}\,(Z_2 + z_2),$$

aus denen sich dann $Z_2 = 90$ und $z_2 = 34$ errechnet.

Als wirkliche Umlaufzahlen ergeben sich dann,

$$\left.\begin{array}{l} n_1 = 9 \\ n_2 = 15 \\ n_3 = 24 \\ n_4 = 40 \end{array}\right\} \text{mit Vorgelege,} \qquad \left.\begin{array}{l} n_5 = 70 \\ n_6 = 117 \\ n_7 = 192 \\ n_8 = 323 \end{array}\right\} \text{ohne Vorgelege.}$$

Der Antrieb durch Stufenscheiben mit ausrückbaren Zahnrädervorgelegen hat eine große Verbreitung im Werkzeugmaschinenbau gefunden. Fig. 155 zeigt z. B. seine Anwendung beim Antriebe einer Drehbankspindel und läßt erkennen, wie das Kuppeln der Stufenscheibe mit dem Zahnrade und das Ein- und Ausrücken der Zahnrädervorgelege praktisch ausgeführt werden.

Auf die Spindel a ist das große Zahnrad R_1 festgekeilt, die Stufenscheibe c dagegen lose aufgesteckt. Mit der Stufenscheibe ist das kleine Zahnrad r_2 fest verbunden. Es kann sich mit ihr lose um die Spindel a drehen. Wie aus der Figur zu ersehen, muß dabei für eine gute Schmierung gesorgt werden. Die Zahnräder R_2 und r_1 des Vorgeleges sitzen fest auf einer über die Welle e geschobenen röhrenförmigen Hülse oder Laufbuchse d. Das Rad r_1 ist mit dieser Hülse als ein Stück gegossen, R_2 ist darauf festgekeilt. Die Welle e ist an jedem Ende mit einem exzentrischen Zapfen f bzw. g versehen und kann durch den Handgriff h in ihren Lagern gedreht werden. Vermöge der exzentrischen Lagerung werden durch diese Drehung die Zahnräder R_2 und r_1 in oder außer Eingriff mit den Rädern r_2 bzw. R_1 gebracht. Ein Einsteckstift n sichert die Lage von e. Die Kupplung der Stufenscheibe mit dem Zahnrade R_1 geschieht durch einen Riegel i, der durch eine Feder in eine in der Stufenscheibe befestigte Hülse gedrückt wird. Zum Lösen

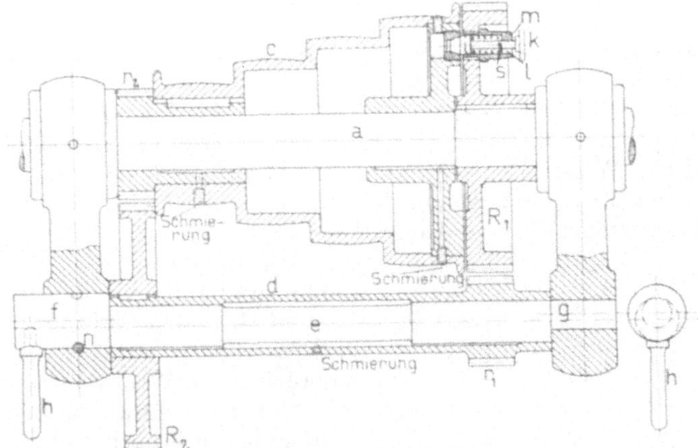

Fig. 155. Drehbankspindelstock.

der Kupplung dreht man den Knopf k zunächst so weit, daß man den Stift s durch den Schlitz l nach außen ziehen kann. Ist der Riegel herausgezogen, so dreht man k noch etwas weiter, bis sich s gegen die Fläche m

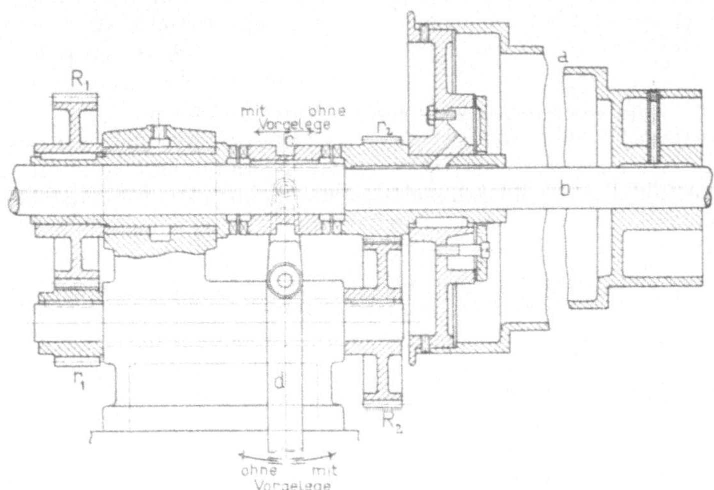

Fig. 156. Stufenscheibenantrieb für Bohrmaschinen.

legt. Zum Einrücken dreht man den Knopf k so weit, daß der Stift s vor dem Schlitze l liegt, und läßt ihn dann einfach los.

Die bisher beschriebenen Stufenscheibenantriebe mit ausrückbaren Zahnrädervorgelegen sind etwas unhandlich in der Bedienung. Zum

Ein- oder Ausrücken des Vorgeleges sind zwei Handgriffe erforderlich, das Verschieben der Zahnräder und das Kuppeln oder Entkuppeln der Stufenscheibe. Man hat sie deshalb so verbessert, daß hierzu nur ein einziger Handgriff, das Bedienen einer ausrückbaren Kupplung, nötig ist. Fig. 156 zeigt als Beispiel hierzu einen bei Bohrmaschinen vielfach angewandten Stufenscheibenantrieb. Die Stufenscheibe a und das mit ihr fest verbundene Zahnrad r_2 sitzen lose auf der Welle b, ebenfalls das auf einer langen Büchse befestigte Rad R_1. Die Kupplungshälfte c einer ausrückbaren Klauenkupplung ist mittels Nut und Feder auf der Welle b verschiebbar und kann durch den Hebel d entweder mit der an r_2 oder der an der Büchse von R_1 angebrachten zugehörigen Kupplungshälfte in Eingriff gebracht werden. Ist sie nach r_2 eingerückt, so arbeitet der Antrieb ohne Vorgelege, die Zahnräder R_2, r_1 und R_1 laufen dann leer mit. Ist sie nach R_1 eingerückt, so tritt das Vorgelege in Wirksamkeit.

Um das Mitlaufen der Zahnräder bei ausgeschaltetem Vorgelege zu vermeiden, hat man die Einrichtung getroffen, daß der Hebel d auch die Vorgelegewelle mit den Rädern R_2 und r_1 in axialer Richtung verschiebt und die Zahnräder außer Eingriff bringt, wenn er die Kupplung nach r_2 einrückt.

Statt der Klauenkupplung verwendet man auch stoßfreie Reibungskupplungen.

Die Einführung des Schnellschnittstahles ergab die Notwendigkeit, die Zahl der Geschwindigkeitsstufen erheblich zu erhöhen, damit sich auf ein und derselben Werkzeugmaschine sowohl die groben Schrupparbeiten mit größeren Geschwindigkeiten als auch die feineren Schlichtarbeiten mit geringen Geschwindigkeiten ausführen ließen. Man vermehrt deshalb die Zahl der Zahnrädervorgelege.

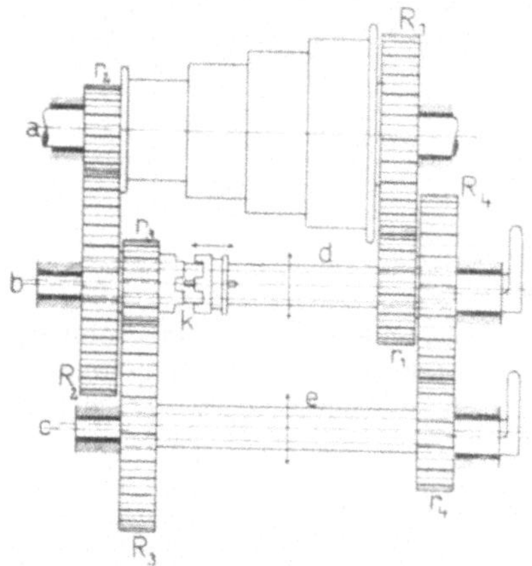

Fig. 157.   Stufenscheibenantrieb mit vierfachem Rädervorgelege.

Bei schweren Schnelldrehbänken finden sich Antriebvorrichtungen nach Art der in Fig. 157 dargestellten mit vierfachem Rädervorgelege. Hier sind neben der Hauptwelle a zwei exzentrisch gelagerte Vorgelegewellen b und c angeordnet, über die die Laufbuchsen d und e geschoben sind. Auf der Buchse d sitzen die Zahnräder r_1 und R_4 fest. Die miteinander verbundenen Räder R_2 und r_3 sind lose darauf geschoben, können aber durch eine ausrückbare Kupplung k fest mit ihr vereinigt werden. Auf der Büchse e sind die Räder R_3 und r_4 befestigt. Die Welle a kann dann mit folgenden drei Gruppen minutlicher Umdrehungszahlen angetrieben werden.

Als Vorgelege ausgerückt:

$$n_1 \text{ bis } n_4.$$

Vorgelege auf b eingerückt, k eingerückt:

$$\frac{r_2}{R_2}\cdot\frac{r_1}{R_1}\cdot n_1 \text{ bis } \frac{r_2}{R_2}\cdot\frac{r_1}{R_1}\cdot n_4.$$

Alle Vorgelege eingerückt, k ausgerückt:

$$\frac{r_2}{R_2}\cdot\frac{r_3}{R_3}\cdot\frac{r_4}{R_4}\cdot\frac{r_1}{R_1}\cdot n_1 \text{ bis } \frac{r_2}{R_2}\cdot\frac{r_3}{R_3}\cdot\frac{r_4}{R_4}\cdot\frac{r_1}{R_1}\cdot n_4.$$

Bei kleineren Schnelldrehbänken führt man diesen Antrieb wohl so aus, daß man das Rad r_4 gleich in das Rad r_1 eingreifen läßt, R_4 fällt dann fort.

b) Durch konische Scheiben.

Mit dem Antriebe durch Stufenscheiben sind verschiedene Nachteile verbunden, die man durch andere Antriebvorrichtungen zu vermeiden gesucht hat. Die kleinste Scheibe wird oft nur auf einem sehr geringen Teile ihres Umfanges vom Riemen umspannt, dadurch liegt die Gefahr des Gleitens vor. Man hat deshalb auch namentlich nach Einführung des Schnellschnittstahles die Durchmesser und Breiten der Riemenscheiben erheblich vergrößert. Das Umlegen des Riemens von einer Stufe auf eine andere ist unbequem und zeitraubend. Um es zu erleichtern, hat man zwar besondere Riemenumleger konstruiert, aber diese vermeiden doch nicht vollständig das Eingreifen von Hand. Ein größerer Übelstand des Stufenscheibenantriebes ist der, daß sich bei ihm die Geschwindigkeiten zwischen den größten und kleinsten Werten nur sprungweise ändern lassen. Es ist also nicht immer möglich, genau die

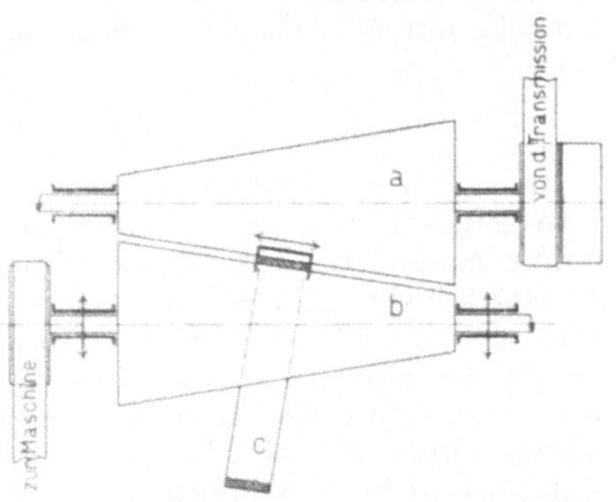

Fig. 158. Konisches Reibungsvorgelege.

günstigste Schnittgeschwindigkeit zu erzeugen. Eine stetige Änderung der Geschwindigkeit ließe sich erreichen, wenn man die beiden Stufenscheiben durch Scheiben in der Gestalt von Kegelstumpfen ersetzte und über diese den Antriebriemen legte. Diese Ausführungsform kommt jedoch bei Werkzeugmaschinen kaum vor, da bei ihr der Riemen immer genau geführt werden müßte und sich schnell abnutzen würde.

Man benutzt deshalb zum Antriebe von Werkzeugmaschinen die konischen Scheiben in anderer Ausführungsform, wie die folgenden beiden Beispiele zeigen.

Fig. 158 stellt ein konisches Reibungsvorgelege dar. Dies besteht aus den zwei konischen Trommeln a und b, von denen die untere b der oberen a genähert oder von ihr entfernt werden kann. Zwischen beiden Trommeln läuft der Lederring c, der die Bewegungsübertragung von a nach b durch Reibung vermittelt, wenn b gegen a gedrückt wird.

Hört dies Andrücken auf, so kann man den Lederring c verschieben und damit die Umdrehungszahl von b innerhalb der gegebenen Grenzen beliebig ändern.

Bei der in Fig. 159 dargestellten Antriebvorrichtung erreicht man eine stetige Geschwindigkeitsänderung durch Verschieben je zweier konischer Scheiben auf ihrer Welle und durch Benutzung eines Keil- riemens. In der gezeichneten Stellung der Scheiben wird die Welle b von a mit der kleinsten Geschwindig- keit angetrieben. Entfernt man die Scheiben auf b voneinander unter gleichzeitiger Näherung der Scheiben auf a, so wird die Bewegung von b stetig schneller. Als Keilriemen ver- wendet man einen starken Riemen von trapezförmigem Querschnitt oder einen Riemen gewöhnlicher Stärke,

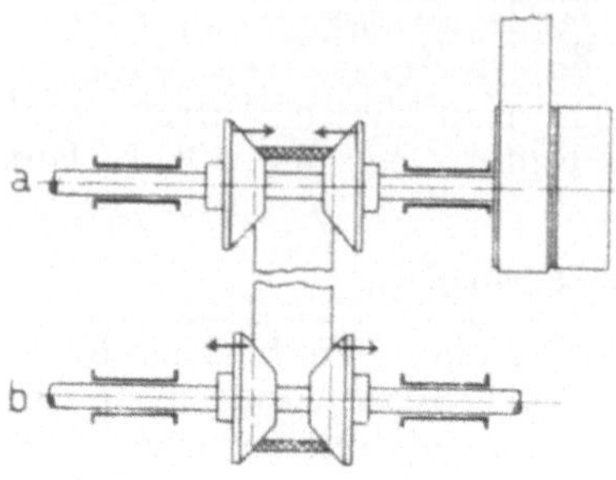

Fig. 159. Keilriementrieb.

der mit Holzleisten von trapezförmigem Querschnitte besetzt ist. Antriebe mit konischen Scheiben werden jedoch nur selten angewandt.

c) Durch Stufenräder.

Die oben erwähnten Nachteile der Stufenscheibenantriebe haben dazu geführt, bei neueren, namentlich bei schweren mit Schnellschnitt- stahl arbeitenden Werkzeugmaschinen zur Erzeugung der verschiedenen Arbeitgeschwindigkeiten statt der Stufenscheiben Zahnräder mit stufen- weise sich ändernden Durchmessern zu verwenden. Man erhält dadurch die Stufenräderantriebe oder Einscheibenantriebe. Bei ihnen sitzt auf der Antriebwelle der Werkzeugmaschine nur eine einzige Riemen- scheibe, über die ein Riemen mit gleichbleibender Geschwindigkeit läuft, der nicht verschoben zu werden braucht. Von der Antriebwelle aus wird dann die Arbeitwelle der Maschine mit verschiedenen Geschwindigkeiten angetrieben unter Vermittlung einer Anzahl Zahn- räder, die untereinander oder mit ihren Achsen so gekuppelt werden können, wie es das der verlangten Umlaufzahl entsprechende Über- setzungsverhältnis erfordert. Zu dem Zwecke können sie entweder durch axiales oder radiales Verschieben in oder außer Eingriff gebracht werden, oder sie sind dauernd im Eingriff, sitzen aber lose auf ihren Achsen und können mit diesen durch ein- und ausrückbare Kupp- lungen so verbunden werden, daß das verlangte Übersetzungsverhältnis erreicht wird. Das Verschieben der Zahnräder sowie das Ein- und Aus- rücken der Kupplungen geschieht meist in einfacher Weise durch Umlegen von Hebeln. Die den verschiedenen Geschwindigkeiten ent- sprechenden Stellungen dieser Hebel sind vielfach auf kleinen am Maschinengestell befestigten Tafeln angegeben. Das Bedienen der Stufenräderantriebe ist daher einfacher und weniger zeitraubend wie das der Stufenscheibenantriebe. Die Zahl der verschiedenen möglichen Geschwindigkeiten kann auch wieder wie bei Stufenscheibenantrieben

durch ausrückbare Zahnrädervorgelege vervielfacht werden. Die Stufenräderantriebe haben eine sehr weitgehende Verbreitung im Werkzeugmaschinenbau gefunden. Ihre konstruktive Durchbildung weist eine
so große Mannigfaltigkeit auf, daß hier von einer ausführlichen Behand-
lung abgesehen werden muß. Es soll deshalb nur an wenigen Beispielen
das Wesen dieser Antriebart erläutert werden.

Als erstes Beispiel diene das in Fig. 160 in einfacher Weise dargestellte Nortongetriebe. Die Welle a wird vom Deckenvorgelege mittels
der Antriebscheibe b gedreht. Von a aus soll nun die Welle c einer
Werkzeugmaschine mit beispielsweise acht verschiedenen Geschwindigkeiten angetrieben werden. Zu dem Zwecke sitzen auf c acht Stirnräder R_1 bis R_8 mit stufenweise sich verjüngenden Durchmessern. Mit
jedem dieser Räder kann nun das sich mit a drehende Antriebrad r_1
unter Vermittlung des Zwischenrades r_2 in Eingriff gebracht werden.

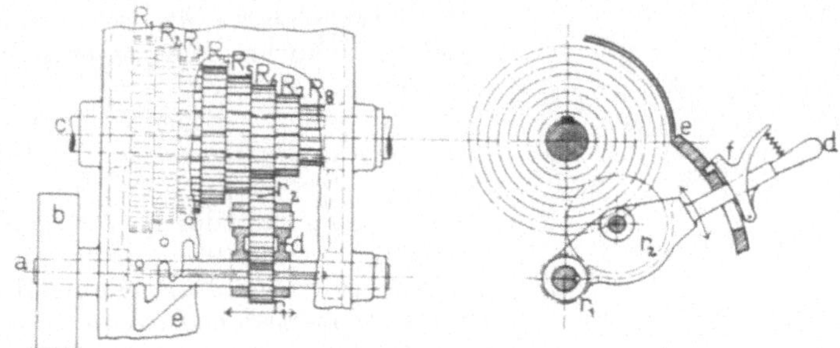

Fig. 160. Nortongetriebe.

Hierzu ist r_1 auf der Welle a verschiebbar und r_2 in dem dieses Verschieben vermittelnden um a schwenkbaren Hebel d gelagert. Es ergeben
sich dann zwischen a und c die acht Übersetzungen $\frac{r_1}{R_1}$ bis $\frac{r_1}{R_8}$. Zur
Sicherung der Lage des Hebels d ist die das ganze Getriebe überdeckende
Platte e mit Einkerbungen versehen, in die sich der Hebel d legt, und
hinter diesen Einkerbungen mit Löchern für eine am Hebel befestigte
Klinke f. An jeder Einkerbung ist die der betreffenden Hebelstellung
entsprechende minutliche Umdrehungszahl der Welle c angegeben.
Um von einem Übersetzungsverhältnis zu einem andern überzugehen,
löst man die Klinke f, legt den Hebel d zurück, verschiebt ihn in dem
Schlitze der Platte e bis vor die der gewünschten Übersetzung entsprechende Einkerbung, rückt ihn in diese ein und läßt die Klinke f
wieder einschnappen. Alles dieses kann man mit einem einzigen Handgriffe ausführen. Da die Feststellung des Hebels d mit Rücksicht auf
den großen Zahndruck keine große Sicherheit bietet, so wird das Nortongetriebe zur Erzeugung der Hauptbewegung seltener angewandt als
zur Erzeugung der Schaltung.

Fig. 161 zeigt das Stufenrädervorgelege Ideal von Wagner in Reutlingen. Von der Welle a aus soll die Welle b mit zehn verschiedenen
Geschwindigkeiten angetrieben werden, die dann weiter durch die

5*

Riemenscheibe c auf eine Werkzeugmaschinenwelle übertragen werden. Auf jeder der Wellen a und b sitzen zehn gleichmäßig abgestufte Stirnräder, von denen immer je zwei einander gegenüberliegende, durch Vermittlung eines auf einer schrägen Zwischenwelle d verschiebbaren Rades e miteinander in Eingriff gebracht werden können. Das Zwischenrad e sitzt auf einer schräg durchbohrten Lagerbüchse, die durch einen unten gabelartig gestalteten Hebel f auf der Welle d verschoben werden kann. Zur Sicherung seiner Lage rückt man den Hebel f in Einkerbungen der Leiste g, die auf dem das Getriebe überdeckenden Gehäuse befestigt ist.

Zum Ein- und Ausrücken des Zwischenrades e ist die Zwischenwelle d in zwei senkrecht geführten Zapfen i befestigt, die durch den Handhebel h, die auf einer gemeinsamen Welle sitzenden Hebel k und l sowie durch die Schubstangen m und n gehoben und gesenkt werden können.

Als weiteres Beispiel eines Stufenrädergetriebes diene das in Fig. 162 schematisch dargestellte. Auf der Welle a sitzt wieder die einzige Antriebriemenscheibe R. Von a aus soll nun die Welle b, beispielsweise eine Drehbankspindel mit 16 verschiedenen Geschwindigkeiten angetrieben werden. Dies wird erreicht durch 14 verschieden große Zahnräder und vier Kupplungen und zwar können dies Reibungskupplungen oder wie in der Figur angenommen, Klauenkupplungen sein. Auf der Welle a sitzen die beiden Räder r_1 und r_6 lose, sie können aber abwechselnd mit ihr durch die Kupplung k_1 fest verbunden werden. Auf der Zwischenwelle c sind die Räder r_2, r_4, r_7 und r_9 befestigt. Eine Laufbuchse e dagegen ist lose aufgesteckt und trägt die fest mit ihr verbundenen Räder r_{12} und r_{13}. Auf der Welle b schließlich steckt lose die Laufbuchse d. Auf dieser sitzen wieder lose drehbar die Räder r_3, r_5, r_8 und r_{10}, sie können aber durch die Kupplungen k_2 oder k_3 fest mit ihr vereinigt werden. Das Rad r_{11} sitzt fest auf der Buchse d, das Rad r_{14} lose auf der Welle b. Durch die Kupplung k_4 kann entweder die Laufbuchse d oder das Rad r_{14} fest mit der Welle b vereinigt werden, um diese anzutreiben. Die Räder r_{11} bis r_{14} bilden ein Vorgelege von derselben Wirkung wie die mit den Stufenscheiben vereinigten Rädervorgelege. D. h. durch Benutzung dieses Vorgeleges kann man die Zahl der mit den übrigen Zahnrädern erreichbaren verschiedenen Geschwindigkeiten verdoppeln.

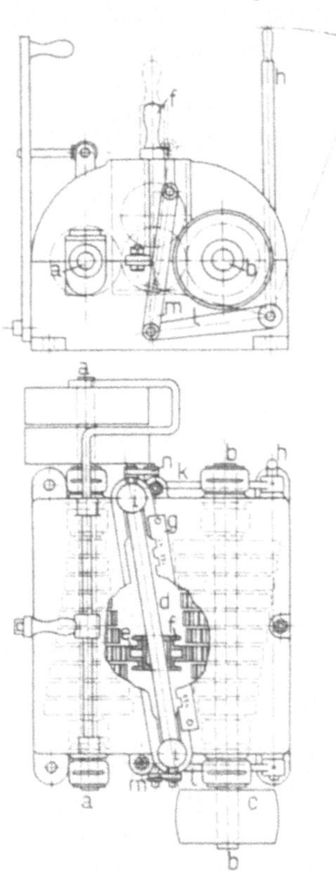

Fig. 161.   Stufenrädervorgelege
Ideal.

Aus dem in Fig. 163 dargestellten Schaltplane ist leicht zu erkennen, wie die verschiedenen Zahnräder miteinander in Eingriff stehen und wie die verschiedenen Kupplungen eingerückt werden, um folgende 16 Übersetzungen zu erzeugen:

Ohne Vorgelege

Übersetzungen:	Bedienung der Kupplungen:
1. $\dfrac{r_1}{r_2} \cdot \dfrac{r_2}{r_3} = \dfrac{r_1}{r_3}$	k_1 in r_1, k_2 in r_3, k_4 in d einrücken
2. $\dfrac{r_1}{r_2} \cdot \dfrac{r_4}{r_5}$	k_1 in r_1, k_2 in r_5, k_4 in d einrücken

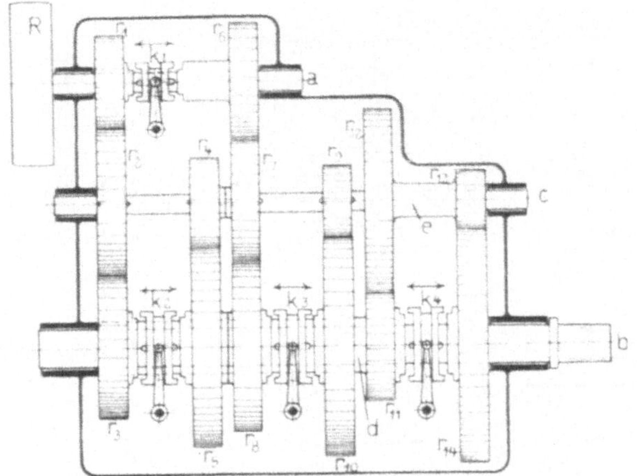

Fig. 162. Stufenräderantrieb mit 16 Geschwindigkeiten.

3. $\dfrac{r_1}{r_2} \cdot \dfrac{r_7}{r_8}$	k_1 in r_1, k_3 in r_8, k_4 in d einrücken
4. $\dfrac{r_1}{r_2} \cdot \dfrac{r_9}{r_{10}}$	k_1 in r_1, k_3 in r_{10}, k_4 in d einrücken
5. $\dfrac{r_6}{r_7} \cdot \dfrac{r_2}{r_3}$	k_1 in r_6, k_2 in r_3, k_4 in d einrücken
6. $\dfrac{r_6}{r_7} \cdot \dfrac{r_4}{r_5}$	k_1 in r_6, k_2 in r_5, k_4 in d einrücken
7. $\dfrac{r_6}{r_7} \cdot \dfrac{r_7}{r_8} = \dfrac{r_6}{r_8}$	k_1 in r_6, k_3 in r_8, k_4 in d einrücken
8. $\dfrac{r_6}{r_7} \cdot \dfrac{r_9}{r_{10}}$	k_1 in r_6, k_3 in r_{10}, k_4 in d einrücken

Mit Vorgelege

9. $\dfrac{r_1}{r_3} \cdot \dfrac{r_{11}}{r_{12}} \cdot \dfrac{r_{13}}{r_{14}}$	k_1 in r_1, k_2 in r_3, k_4 in r_{14} einrücken

10. $\dfrac{r_1}{r_2} \cdot \dfrac{r_4}{r_5} \cdot \dfrac{r_{11}}{r_{12}} \cdot \dfrac{r_{13}}{r_{14}}$ k_1 in r_1, k_2 in r_5, k_4 in r_{14} einrücken

11. $\dfrac{r_1}{r_2} \cdot \dfrac{r_7}{r_8} \cdot \dfrac{r_{11}}{r_{12}} \cdot \dfrac{r_{13}}{r_{14}}$ k_1 in r_1, k_3 in r_8, k_4 in r_{14} einrücken

12. $\dfrac{r_1}{r_2} \cdot \dfrac{r_9}{r_{10}} \cdot \dfrac{r_{11}}{r_{12}} \cdot \dfrac{r_{13}}{r_{14}}$ k_1 in r_1, k_3 in r_{10}, k_4 in r_{14} einrücken

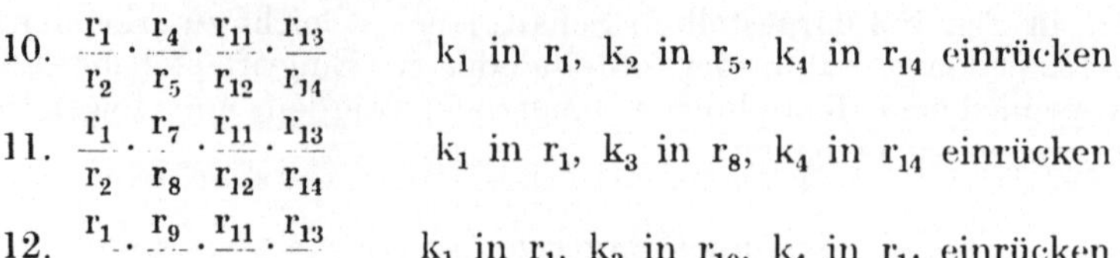

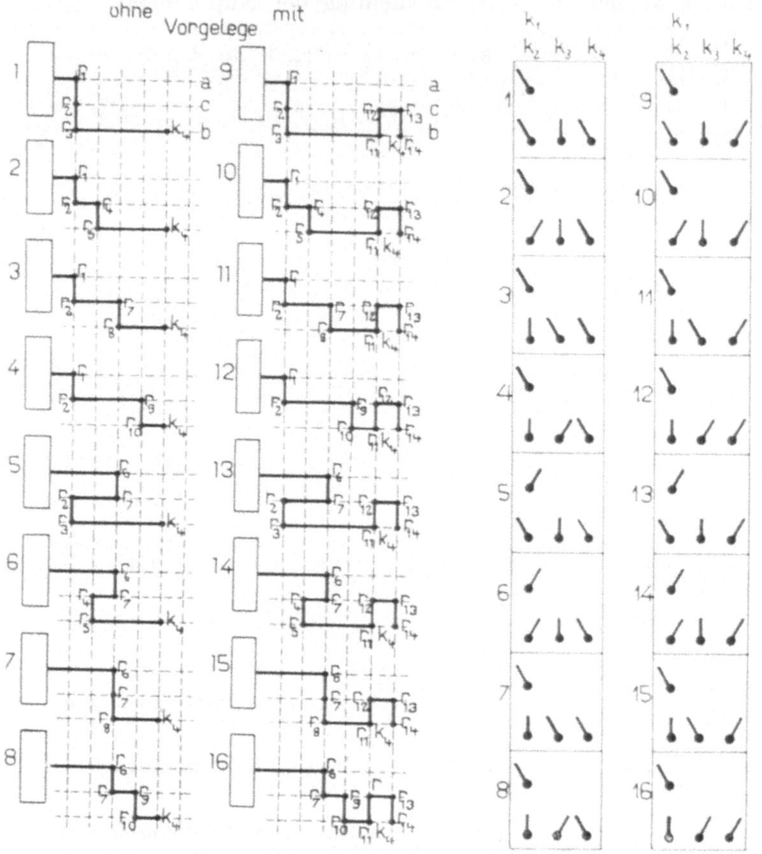

Fig. 163. Schaltplan zu Fig. 162.

13. $\dfrac{r_6}{r_7} \cdot \dfrac{r_2}{r_3} \cdot \dfrac{r_{11}}{r_{12}} \cdot \dfrac{r_{13}}{r_{14}}$ k_1 in r_6, k_2 in r_3, k_4 in r_{14} einrücken

14. $\dfrac{r_6}{r_7} \cdot \dfrac{r_4}{r_5} \cdot \dfrac{r_{11}}{r_{12}} \cdot \dfrac{r_{13}}{r_{14}}$ k_1 in r_6, k_2 in r_5, k_4 in r_{14} einrücken

15. $\dfrac{r_6}{r_8} \cdot \dfrac{r_{11}}{r_{12}} \cdot \dfrac{r_{13}}{r_{14}}$ k_1 in r_6, k_3 in r_8, k_4 in r_{14} einrücken

16. $\dfrac{r_6}{r_7} \cdot \dfrac{r_9}{r_{10}} \cdot \dfrac{r_{11}}{r_{12}} \cdot \dfrac{r_{13}}{r_{14}}$ k_1 in r_6, k_3 in r_{10}, k_4 in r_{14} einrücken.

Solche Stufenräderantriebe sind, um den Arbeiter vor Verletzungen und das Getriebe vor Unreinigkeiten zu schützen, immer sorgfältig eingekapselt und durch Schutzhauben überdeckt. Die Bedienungshebel der Kupplungen sitzen außerhalb des Schutzgehäuses. Ihre Stellungen für die verschiedenen Übersetzungen sind meist auf kleinen Metalltafeln angegeben, etwa in der durch Fig. 163 veranschaulichten Weise.

Als Beispiel für die wirkliche Ausführung eines Stufenrädergetriebes diene der in Fig. 164 bis 166 dargestellte Spindelkasten der Schnelldrehbank von Heidenreich und Harbeck, Hamburg. Das Getriebe ermöglicht 16 verschiedene Umlaufzahlen. Das Umschalten der Geschwindigkeiten erfolgt durch Ein- und Ausrücken von Reibungskupplungen. In der schematischen Darstellung des Getriebes, Fig. 165, sind die Reibungskupplungen in einfacher Weise dargestellt, ihre wirkliche Ausführung als Spreizkupplung ist aus der Fig. 166 zu ersehen. Die Buchstabenbezeichnungen in den Figuren 164 und 165 sind dieselben.

Der Antrieb erfolgt vom Triebwerk oder vom Motor aus auf die Riemenscheibe R. Diese sitzt lose auf der Welle a, kann aber durch eine Reibungskupplung k_1 fest mit ihr verbunden werden. Ein besonderes Vorgelege ist deshalb nicht nötig. Von der Welle a aus wird dann die hohle in Ringschmierlagern gelagerte Drehspindel b angetrieben unter Benutzung der Zwischenwellen c und d. Die Welle d gehört zu einem aus den Rädern r_{11}, r_{12}, r_{13} und r_{14} gebildeten doppelten Rädervorgelege. Die 16 verschiedenen Übersetzungen zwischen den Wellen a und b sind am besten aus der schematischen Figur 165 zu erkennen. Auf der Welle a sitzen fest die beiden Zahnräder r_1 und r_7, die mit den lose auf der Welle c sitzenden Rädern r_2 und r_8 dauernd in Eingriff sind. r_2 und r_8 können nun abwechselnd mit der Welle c fest verbunden werden durch eine Reibungskupplung k_2. Auf der Welle c sitzen ferner noch lose das Rad r_3 und die durch eine lose über die Welle geschobene Hülse e miteinander verbundenen Räder r_5 und r_9. Durch eine Kupplung k_3 können entweder das Rad r_3 oder das Räderpaar r_5 r_9 mit der Welle c fest verbunden werden. Auf die Spindel b ist zunächst lose aufgeschoben die Hülse f. Diese trägt an einem Ende das Rad r_{11}, am andern eine Kupplungshälfte, in die die Kupplung k_5 eingerückt werden kann zum festen Verbinden der Hülse f mit der Spindel b. Die Kupplung k_5 kann nach der andern Seite in das Rad r_{14} eingerückt werden, wenn das doppelte Rädervorgelege r_{11}, r_{12}, r_{13}, r_{14} benutzt werden soll. Auf der Hülse f sitzen nun wieder lose das Rad r_{10} und die durch die Hülse g verbundenen Räder r_4 und r_6. Die Kupplung k_4 ermöglicht ein festes Verbinden dieser mit der Hülse f. Das Stirnrad s leitet die Bewegung von der Spindel b aus weiter zum Schaltgetriebe unter Vermittlung eines Kegelräderwendegetriebes K (vgl. Fig. 186) zum Wechsel der Schaltrichtung.

Das ganze Getriebe ist in ein gußeisernes Gehäuse mit verschiedenen abnehmbaren Deckeln eingekapselt, aus denen nur die Bedienungshebel für die Kupplungen herausragen. Die bei diesem Getriebe verwendeten Spreizkupplungen sind durch Fig. 166 veranschaulicht. Die zu kuppelnden Zahnräder z_1 und z_2 sind als lose drehbare Ringe ausgebildet, die je nach Bedarf mit der Welle w fest verbunden werden können. Zu dem Zweck sitzen die beiden Kupplungssitze c und d fest auf der Welle und zwischen sie und die Zahnräder sind die geschlitzten

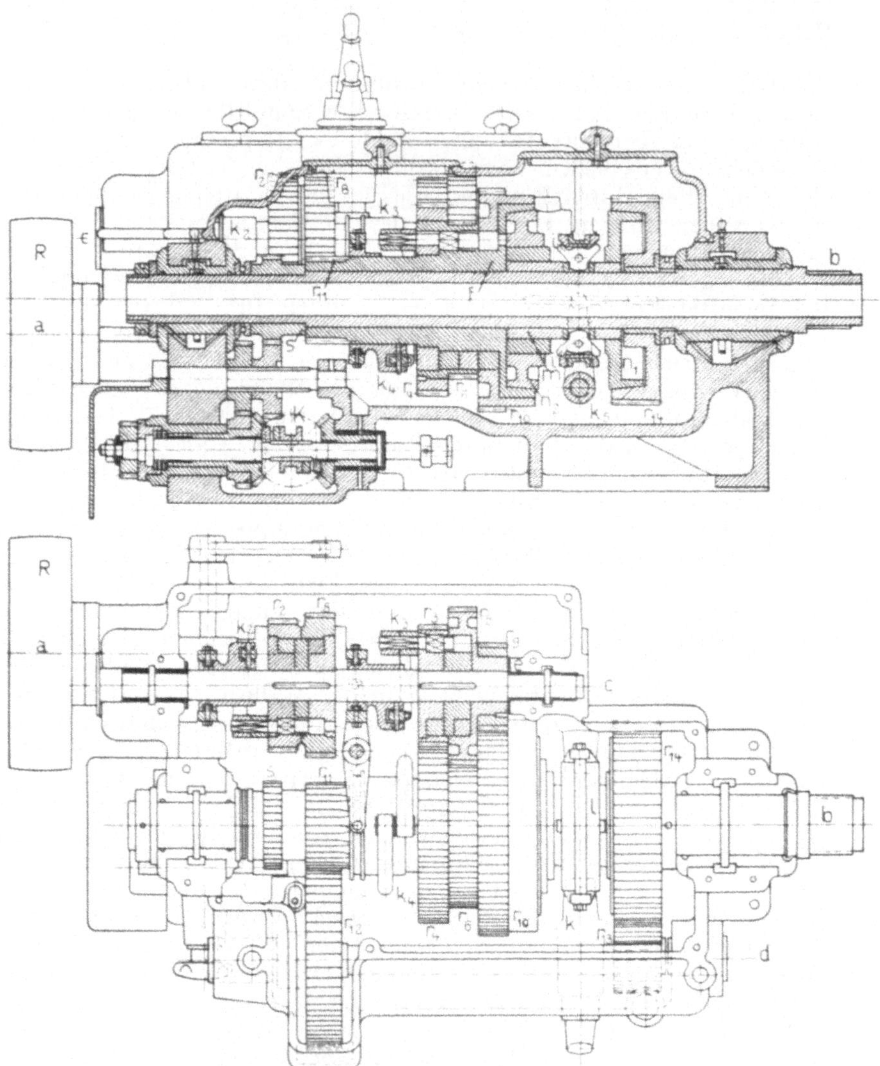

Fig. 164. Spindelkasten der Schnelldrehbank von Heidenreich und Harbeck.

Ringe e und f eingelegt, die durch Auseinandersprezen so fest gegen die Innenwand der Zahnräder gepreßt werden können, daß sie als Reibungskupplung wirken und die Räder z_1 und z_2 fest mit den umlaufenden Kupplungssitzen c und d verbinden. Das Spreizen der Ringe erfolgt durch Drehen des in den Kupplungssitzen gelagerten Bolzens g. Dieser hat bei h und i zwei auf entgegengesetzten Seiten liegende Abflachungen, die beim Drehen des Bolzens nach rechts oder links entweder den einen oder den andern Spreizring auseinander spreizen und das zugehörige

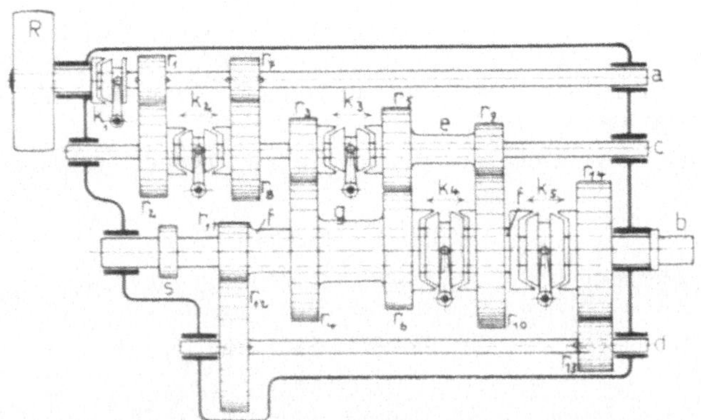

Fig. 165. Schematische Darstellung des Antriebes.

Zahnrad kuppeln. Das Drehen des Bolzens g geschieht durch Verschieben der Muffe m auf der Welle. In der Muffe ist eine kleine Rolle r gelagert, gegen die sich die beiden auf einem Vierkant des Bolzens g sitzenden Arme p und q mit Nasen n legen. Durch Verschieben der

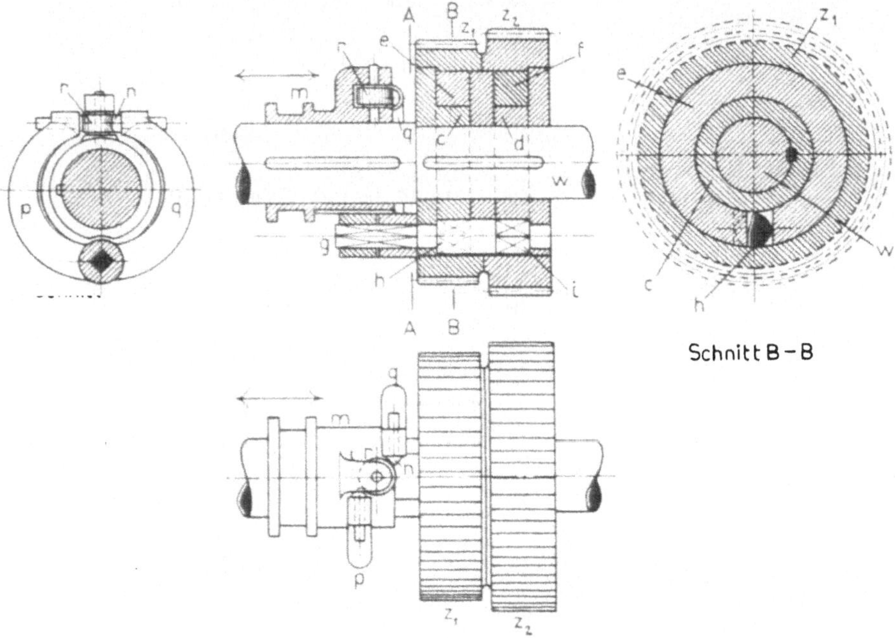

Fig. 166. Spreizkupplung.

Muffe in den angegebenen Pfeilrichtungen wird hierdurch der Bolzen g rechts oder links herum gedreht und dadurch entweder das Rad z_1 oder z_2 gekuppelt.

Die Kupplung k_5 (Fig. 164) zwischen der Hülse f und dem Rade r_{11} ist von anderer Art. Bei ihr werden durch Verschieben des Ringes l die beiden Hebel i gedreht. Diese greifen mit einer Nase in die Muffe m, verschieben diese auf der Spindel b und rücken dadurch die fest mit der Muffe m verbundenen Kupplungskegel n_1 und n_2 entweder in die Hülse f oder das Rad r_{14}.

Bei dem beschriebenen Getriebe sind folgende 16 Übersetzungen möglich:

Ohne Vorgelege

	Übersetzungen:	Bedienung der Kupplungen:
1.	$\dfrac{r_1}{r_2} \cdot \dfrac{r_3}{r_4}$	k_2 in r_2, k_3 in r_3, k_5 in f
2.	$\dfrac{r_1}{r_2} \cdot \dfrac{r_5}{r_6}$	k_2 in r_2, k_3 in r_5, k_5 in f
3.	$\dfrac{r_7}{r_8} \cdot \dfrac{r_3}{r_4}$	k_2 in r_8, k_3 in r_3, k_5 in f
4.	$\dfrac{r_7}{r_8} \cdot \dfrac{r_5}{r_6}$	k_2 in r_8, k_3 in r_5, k_5 in f
5.	$\dfrac{r_1}{r_2} \cdot \dfrac{r_9}{r_{10}}$	k_2 in r_2, k_3 in r_5, k_4 in r_{10}, k_5 in f
6.	$\dfrac{r_7}{r_8} \cdot \dfrac{r_9}{r_{10}}$	k_2 in r_8, k_3 in r_5, k_4 in r_{10}, k_5 in f
7.	$\dfrac{r_1}{r_2} \cdot \dfrac{r_3}{r_4} \cdot \dfrac{r_6}{r_5} \cdot \dfrac{r_9}{r_{10}}$	k_2 in r_2, k_3 in r_3, k_4 in r_{10}, k_5 in f
8.	$\dfrac{r_7}{r_8} \cdot \dfrac{r_3}{r_4} \cdot \dfrac{r_6}{r_8} \cdot \dfrac{r_9}{r_{10}}$	k_2 in r_8, k_3 in r_3, k_4 in r_{10}, k_5 in f

Mit Vorgelege

	Übersetzungen:	Bedienung der Kupplungen:
9.	$\dfrac{r_1}{r_2} \cdot \dfrac{r_3}{r_4} \cdot \dfrac{r_{11}}{r_{12}} \cdot \dfrac{r_{13}}{r_{14}}$	k_2 in r_2, k_3 in r_3, k_5 in r_{14}
10.	$\dfrac{r_1}{r_2} \cdot \dfrac{r_5}{r_6} \cdot \dfrac{r_{11}}{r_{12}} \cdot \dfrac{r_{13}}{r_{14}}$	k_2 in r_2, k_3 in r_5, k_5 in r_{11}
11.	$\dfrac{r_7}{r_8} \cdot \dfrac{r_3}{r_4} \cdot \dfrac{r_{11}}{r_{12}} \cdot \dfrac{r_{13}}{r_{14}}$	k_2 in r_8, k_3 in r_3, k_5 in r_{14}
12.	$\dfrac{r_7}{r_8} \cdot \dfrac{r_5}{r_6} \cdot \dfrac{r_{11}}{r_{12}} \cdot \dfrac{r_{13}}{r_{14}}$	k_2 in r_8, k_3 in r_5, k_5 in r_{14}
13.	$\dfrac{r_1}{r_2} \cdot \dfrac{r_9}{r_{10}} \cdot \dfrac{r_{11}}{r_{12}} \cdot \dfrac{r_{13}}{r_{14}}$	k_2 in r_2, k_3 in r_5, k_4 in r_{10}, k_5 in r_{14}
14.	$\dfrac{r_7}{r_8} \cdot \dfrac{r_9}{r_{10}} \cdot \dfrac{r_{11}}{r_{12}} \cdot \dfrac{r_{13}}{r_{14}}$	k_2 in r_8, k_3 in r_5, k_4 in r_{10}, k_5 in r_{14}

15. $\dfrac{r_1}{r_2} \cdot \dfrac{r_3}{r_4} \cdot \dfrac{r_6}{r_5} \cdot \dfrac{r_9}{r_{10}} \cdot \dfrac{r_{11}}{r_{12}} \cdot \dfrac{r_{13}}{r_{14}}$ \quad k_2 in r_2, k_3 in r_3, k_4 in r_{10}, k_5 in r_{14}

16. $\dfrac{r_7}{r_8} \cdot \dfrac{r_3}{r_4} \cdot \dfrac{r_6}{r_5} \cdot \dfrac{r_9}{r_{10}} \cdot \dfrac{r_{11}}{r_{12}} \cdot \dfrac{r_{13}}{r_{14}}$ \quad k_2 in r_8, k_3 in r_3, k_4 in r_{10}, k_5 in r_{14}

2. Die Erzeugung der gradlinigen Arbeitbewegung.

Die gradlinige Arbeitbewegung der Werkzeugmaschinen wird immer von einer sich drehenden Welle abgeleitet, es müssen deshalb Antriebvorrichtungen benutzt werden, die die Drehbewegung in eine gradlinige umwandeln können. Hierfür kommen in Betracht Kurbelgetriebe, Zahnrad und Zahnstange, Schraube und Mutter. Um als Antriebvorrichtung für Werkzeugmaschinen mit gradliniger Arbeitbewegung verwendbar zu sein, müssen diese Getriebe folgenden Anforderungen genügen: Zunächst müssen sie eine Umkehrung der Bewegungsrichtung ermöglichen, da die gradlinige Arbeitbewegung nicht ununterbrochen nach derselben Richtung erfolgen kann. Ferner müssen sie die Bewegung nach der einen Richtung hin langsam erfolgen lassen, nach der entgegengesetzten dagegen schneller, da das Werkstück meist nur während der einen Hälfte eines Doppelhubes bearbeitet wird, während der andern aber leerläuft, und man die verlorene Zeit des Leerlaufes möglichst abzukürzen sucht. Schließlich müssen sie noch ein Verändern der gradlinig zurückgelegten Wegeslängen ermöglichen, um sich der Länge der zu bearbeitenden Flächen anzupassen.

a) Durch Kurbelgetriebe.

Das gewöhnliche Kurbelgetriebe erfüllt die erste und dritte der oben genannten Anforderungen in einfacher Weise. Wie aus Fig. 167 zu ersehen ist, kann man einen Schlitten a dadurch gradlinig hin und her bewegen, daß man ihn mittels einer Schubstange b mit dem Kurbelzapfen c einer sich drehenden Kurbelscheibe gelenkig verbindet. Die Umkehr der Bewegungsrichtung am Ende des Hubes erfolgt dabei ganz von selbst. Die Größe des Hubes kann leicht dadurch verändert werden, daß man den Kurbelzapfen in einer radialen Nut der Kurbelscheibe verstellbar und damit die Größe des Kurbelradius r veränderlich macht. Mit r ändert sich auch die Länge des Hubes s = 2 r. Diesem einfachen Kurbeltriebe haften aber so erhebliche Mängel an, daß er zum Antriebe von Werkzeugmaschinen kaum verwendet wird. Zunächst erfolgt die gradlinige Bewegung sehr ungleichmäßig. Der Kurbelzapfen bewegt sich zwar gleichmäßig mit der Umfangsgeschwindigkeit c, durch Zerlegen dieser erhält man, wie aus der Fig. 167 zu ersehen ist, für einen beliebigen Punkt die Schubstangengeschwindigkeit v_1 und durch Zerlegen dieser die Schlittengeschwindigkeit v. Trägt man für verschiedene Kurbelstellungen diese Schlittengeschwindigkeiten v auf, so erhält man die in der Figur gezeichnete Kurve. Diese zeigt, daß die Schlittengeschwindigkeit in der Totpunktstellung gleich 0 ist, nach der Mittelstellung zu stark wächst und dann bis zur andern Totpunktstellung

bis auf 0 abnimmt. Dies würde ein ungleichmäßiges Bearbeiten des
Werkstückes zur Folge haben. Ein anderer Übelstand ist der, daß
die Geschwindigkeiten für den Hingang, den Arbeitshub, und für den
leeren Rückgang gleich sind. Diese Übelstände kann man beseitigen
durch Verbindung des Kurbelgetriebes mit einem Vorgelege elliptischer
Zahnräder. Von diesem Mittel macht man jedoch der schwierigen

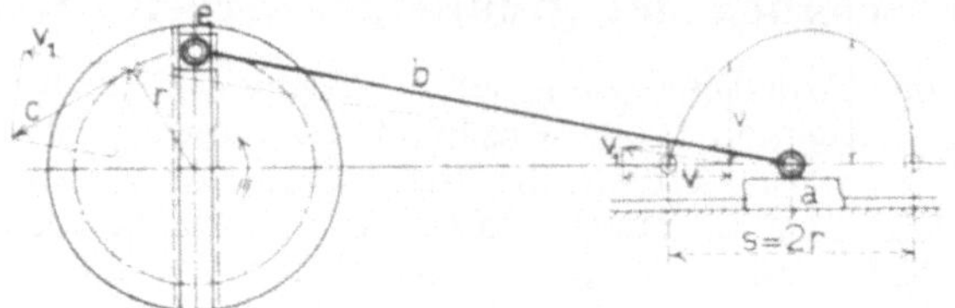

Fig. 167. Kurbeltrieb.

Herstellung der Zahnräder wegen so gut wie gar keinen Gebrauch.
Ein besseres und häufiger angewandtes Mittel ist die Verwendung von
Kurbelschleifen, die in zwei Ausführungsformen als Antriebvorrichtung
für Werkzeugmaschinen in Gebrauch sind, als schwingende und als
umlaufende Kurbelschleife.

   a) **Die schwingende (oszillierende) Kurbelschleife** oder
Kulisse ist in Fig. 168 schematisch dargestellt. Der Schlitten a soll

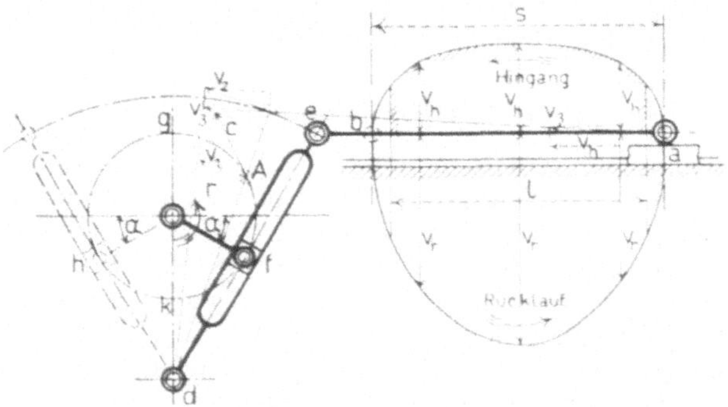

Fig. 168. Schwingende Kurbelschleife. (Schema.)

in einer Führung gradlinig hin und her bewegt werden, aber so, daß
er den Weg s von der rechten Totpunktstellung aus nach links langsam
zurücklegt und dann denselben Weg von der linken Totpunktstellung
aus nach rechts schneller. Zu dem Zwecke greift an a eine Schubstange b,
deren anderes Ende den Zapfen e einer um den Drehpunkt d hin und
her schwingenden Kulisse e d umfaßt. Der Antrieb der Kulisse erfolgt
durch den gleichmäßig umlaufenden Kurbelzapfen f, indem dieser
einen ihn umschließenden Gleitklotz oder Stein in einem langen Schlitze
der Kulisse verschiebt. Um nun den Zapfen e und damit den Schlitten a
von der rechten Totlage in die linke zu bringen, muß bei der angegebenen Drehrichtung der Kurbelzapfen f den großen Kreisbogen f g h

durchlaufen; um e aber von der linken Totlage wieder in die rechte zu bringen, jedoch nur den kleinen Bogen h k f. Da der Kurbelzapfen d sich nun ganz gleichmäßig im Kreise bewegt, so wird er zum Zurücklegen des größeren Bogens f g h mehr Zeit gebrauchen als zum Zurücklegen des kleineren h k f. Der Zapfen e wird also von rechts nach links langsamer schwingen als von links nach rechts. Somit wird auch der Schlitten a seinen Hub s von rechts nach links langsam, von links nach rechts schneller zurücklegen. Die Geschwindigkeitsverhältnisse werden durch das in der Figur dargestellte Diagramm veranschaulicht. Dies ist auf folgende Weise entstanden. Für eine beliebige Kurbelzapfenstellung A erhält man durch Zerlegen der Umfangsgeschwindigkeit c

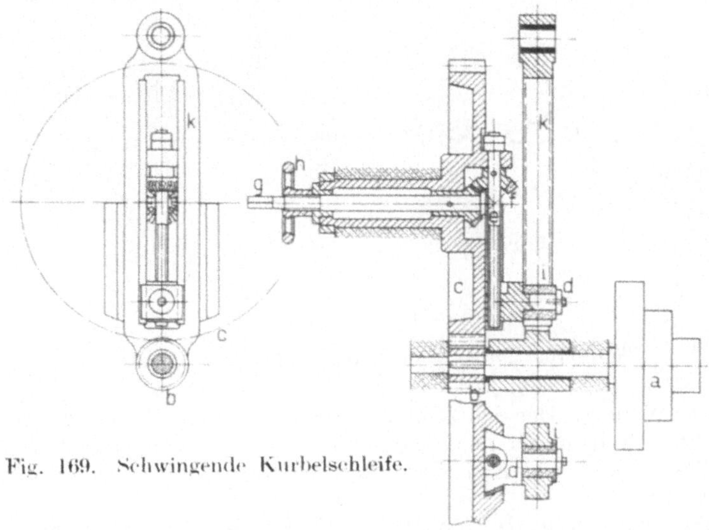

Fig. 169. Schwingende Kurbelschleife.

die Kulissengeschwindigkeit v_1 für den Punkt A. Der Zapfen e hat dann in demselben Augenblicke die Geschwindigkeit v_2. Durch Zerlegen dieser erhält man die Schubstangengeschwindigkeit v_3 und aus dieser wieder die Schlittengeschwindigkeit v_h für den Hingang. Trägt man nun für verschiedene Kurbelstellungen die Werte von v_h als Ordinaten auf, so erhält man die obere Kurve. In derselben Weise kann man die Rücklaufgeschwindigkeiten v_r finden und erhält dadurch die untere Kurve.

Bei den Werkzeugmaschinen mit gradliniger Arbeitbewegung ist nun der Hub s des Werkstückes oder des Werkzeuges immer größer als die Länge l der zu bearbeitenden Fläche, damit der Stahl ordentlich auslaufen kann und zwischen je zwei Hüben Zeit für die Schaltung bleibt. Für die Bearbeitung kommt also von der oberen Kurve nur das durch Schraffierung gekennzeichnete Stück in Frage. Dies zeigt, daß die Ungleichmäßigkeiten der Geschwindigkeit nicht so ungünstig sind wie beim gewöhnlichen Kurbeltriebe.

Für den Hingang durchläuft der Kurbelzapfen f den Winkel $180^0 + 2a$, für den Rücklauf den Winkel $180^0 - 2a$. Die für den Hingang und für den Rücklauf aufgewandten Zeiten verhalten sich demnach wie

$$\frac{180^0 + 2\,a}{180^0 - 2\,a}.$$

Fig. 169 zeigt die praktische Ausführung einer schwingenden Kurbelschleife. Von der Stufenscheibe a aus wird durch den Triebling b das als Kurbelscheibe ausgebildete Zahnrad c gedreht. Um die Größe der Schwingung ändern zu können, ist der Kurbelzapfen d durch die Schraube e verstellbar, die durch die Kegelräder f von der Welle g angetrieben wird. Das als Mutter ausgebildete Handrad h dient zum Fest-

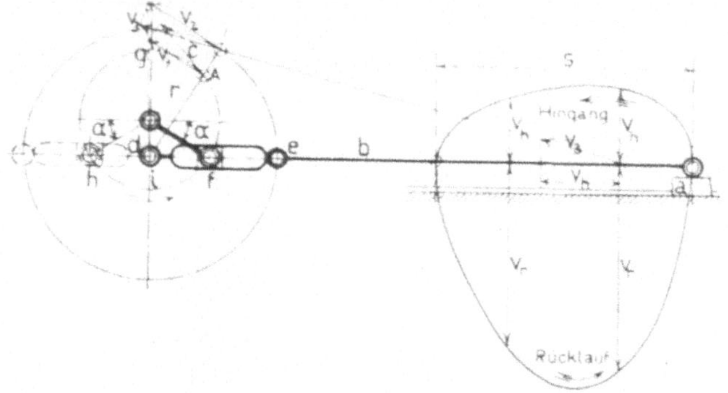

Fig. 170. Umlaufende Kurbelschleife. (Schema.)

stellen der Welle g. Der den Zapfen d umfassende Gleitklotz oder Stein i verschiebt sich beim Drehen des Zahnrades c in dem langen Schlitze der Kulisse k und schwingt diese dadurch um die Stufenscheibenwelle hin und her.

β) Die umlaufende (rotierende) Kurbelschleife. Fig. 170. Bei dieser schwingt die Kulisse nicht hin und her, sondern sie dreht sich um eine zur Drehachse des Kurbelzapfens exzentrisch liegende Achse d. Ihr Antrieb erfolgt in derselben Weise wie bei der schwingenden Schleife durch einen gleichmäßig umlaufenden Kurbelzapfen f. Dieser Zapfen muß wieder, um den Zapfen e und damit den Schlitten a aus der einen Totlage in die andere zu bringen, einmal den großen Bogen f g h durchlaufen, das andere Mal den kleineren h i f. Hierdurch wird wieder erreicht, daß sich a von rechts nach links langsamer bewegt als von links nach rechts. Die für den Hingang und für den Rücklauf aufgewandten Zeiten verhalten sich wieder wie $\dfrac{180^0 + 2\,a}{180^0 - 2\,a}.$

In derselben Weise wie bei der schwingenden Kurbelschleife läßt sich auch wieder das Geschwindigkeitsdiagramm aufzeichnen.

Die praktische Ausführung einer umlaufenden Kurbelschleife zeigt Fig. 171. Der Antrieb erfolgt durch das wieder als Kurbelscheibe ausgebildete Zahnrad c, das sich auf dem außen zylindrischen Körper e um die Mittelachse a dreht. Der Kurbelzapfen d verschiebt dabei einen

Stein i in einem auf der Rückseite des Kurbelarmes k angebrachten radialen Schlitze und dreht dadurch k um die Mittelachse b seines in den Körper e exzentrisch hineingesteckten Zapfens f. Auf der Vorder-

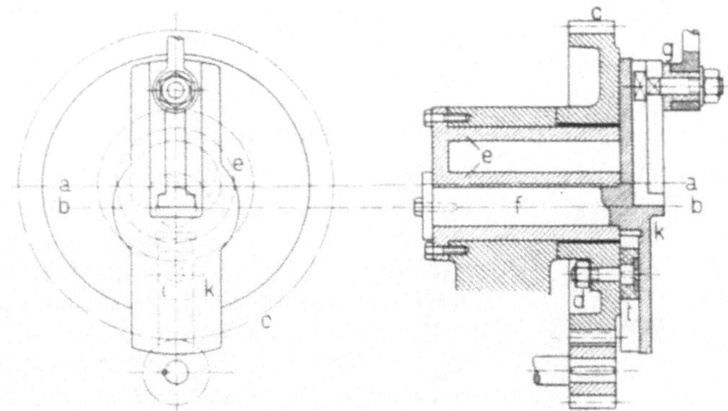

Fig. 171. Umlaufende Kurbelschleife.

seite von k ist ein zweiter radialer Schlitz, in dem sich der Antriebs-zapfen g für den Schlitten verstellen läßt.

Schwingende und umlaufende Kurbelschleife hat man auch zu einem Getriebe vereinigt, indem man den umlaufenden Kurbelzapfen einer schwingenden Kurbelschleife durch den einer umlaufenden Kurbel-schleife antreibt.

b) Durch Zahnrad und Zahnstange.

Von einem sich drehenden Zahnrade kann man in einfacher Weise eine gradlinige Bewegung ableiten, indem man an dem gradlinig zu bewegenden Schlitten eine Zahnstange be-festigt, in die das Zahnrad eingreift, wie dies Fig. 172 veranschaulicht. Je nach der Dreh-richtung des Zahnrades wird sich der Schlitten dann gradlinig nach rechts oder links ver-schieben. Zur Änderung der Bewegungsrich-tung sowie zur Erzielung eines schnellen Rück-laufes und zur Änderung der Wegeslänge müssen dann aber noch besondere Einrich-

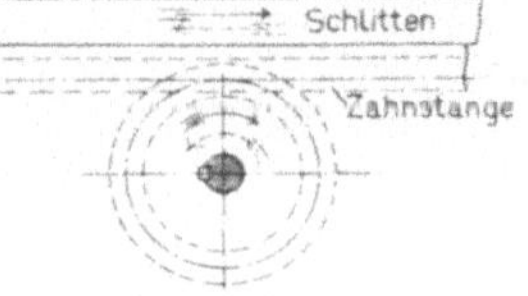

Fig. 172. Zahnrad mit Zahnstange.

tungen getroffen werden, die weiter unten besprochen werden sollen.

An Stelle eines Stirnrades verwendet man auch wohl eine Schnecke. Diese muß dann unter ihrem Steigungswinkel zur gradlinigen Bewegungs-

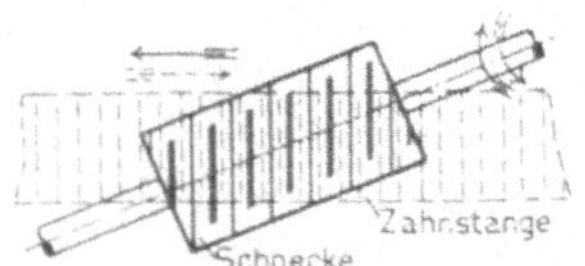

Fig. 173. Schnecke und Zahnstange.

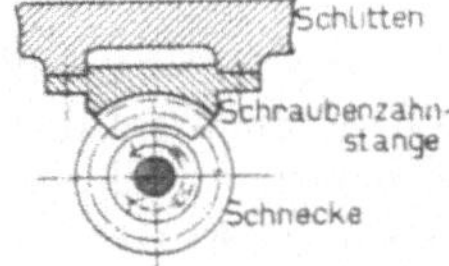

Fig. 174. Schnecke und Schraubenzahnstange.

richtung geneigt sein (Fig. 173) oder die Zähne der Zahnstange müssen unter dem Steigungswinkel schräg gestellt sein. Um günstigere Eingriff- und Reibungsverhältnisse zu erzielen, führt man die Zahnstange dann auch als Schraubenzahnstange aus (Fig. 174), deren Zähne sich denen der Schnecke genau anschmiegen, Die Achse der Schnecke kann dann der Zahnstange parallel sein.

c) Durch Schraube und Mutter.

Bei dieser Antriebvorrichtung befestigt man an dem gradlinig zu bewegenden Schlitten eine an der Drehung verhinderte Mutter und

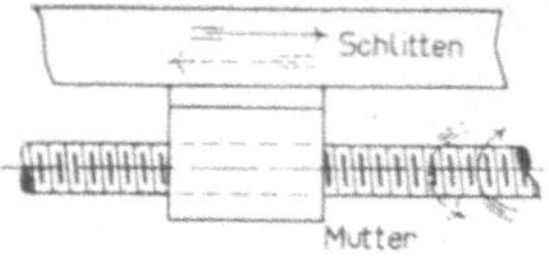

Fig. 175. Schraube und Mutter.

verschiebt diese und damit den Schlitten durch Drehen einer an der gradlinigen Verschiebung verhinderte Schraubenspindel, wie Fig. 175 veranschaulicht. Es kommt jedoch auch vor, daß man die Schraubenspindel an dem Schlitten befestigt und an der Drehung verhindert und die gradlinige Verschiebung durch Drehen der unverschiebbar gelagerten Mutter bewirkt. Durch Ändern der Drehrichtung der Schraube oder der Mutter ändert man dann auch die Richtung der gradlinigen Bewegung.

d) Wendegetriebe.

Bei der Erzeugung der gradlinigen Bewegung durch Zahnrad und Zahnstange sowie durch Schraube und Mutter muß, wie bereits erwähnt, durch besondere Umsteuerungen eine Änderung der Bewegungsrichtung

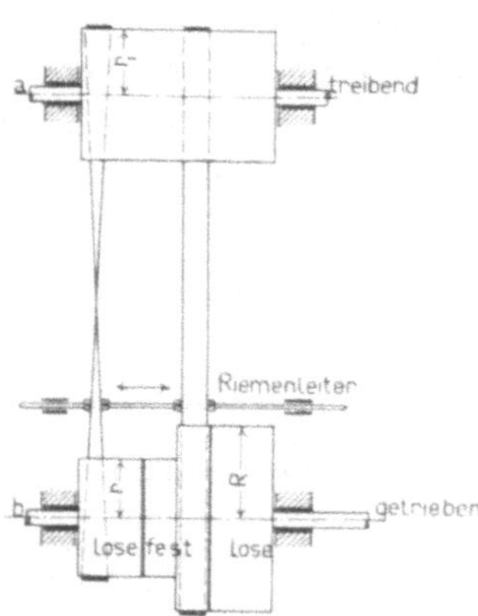

Fig. 176. Riemenwendegetriebe.

am Ende jedes Hubes herbeigeführt werden. Die hierzu dienenden Wendegetriebe sind zugleich meist so eingerichtet, daß sie einen schnellen Rücklauf erzeugen, wie die folgenden Beispiele zeigen.

Fig. 176 zeigt ein Riemenwendegetriebe. Von der Welle a aus soll die Welle b gedreht werden, die dann die Bewegung durch eins der oben besprochenen Mittel in eine gradlinig hin und her gehende umwandelt. Zur Änderung der Bewegungsrichtung werden zwei Riemen, ein offener und ein gekreuzter, verwendet, von denen immer nur einer über die feste Antriebscheibe laufen darf. Am Ende jedes Hubes müssen daher die Riemen durch einen Riemenleiter verschoben werden, und zwar muß der eine Riemen die feste Scheibe erst verlassen haben, ehe der andere darauf geführt wird. Werden die Riemen, wie gezeichnet, beide gleichzeitig verschoben, so müssen die beiden Losscheiben mindestens doppelt so breit sein wie der Riemen. Das erfordert eine Riemenscheibe auf der Welle a von mindestens sechsfacher Riemenbreite. Diese unbequemen und platzraubenden Riemenscheibenbreiten lassen sich aber,

wie weiter unten gezeigt wird, leicht vermeiden, wenn man durch
besondere Riemenleiter die beiden Riemen nicht gleichzeitig, sondern
nacheinander verschiebt. Die Riemenleiter werden gewöhnlich, wie
später noch gezeigt wird, von dem gradlinig bewegten Schlitten der
Werkzeugmaschine betätigt, indem am Schlitten zwei Anschläge angebracht sind, von denen jedesmal einer am Ende des Hubes einen Hebel-
mechanismus in Bewegung setzt, der dann den Riemenleiter verschiebt.
Durch Verstellen der Anschläge kann man die Größe des Hubes leicht
ändern. Um einen schnellen Rücklauf zu erreichen, verwendet man
in Fig. 176 auf der angetriebenen Welle b zwei verschieden große feste

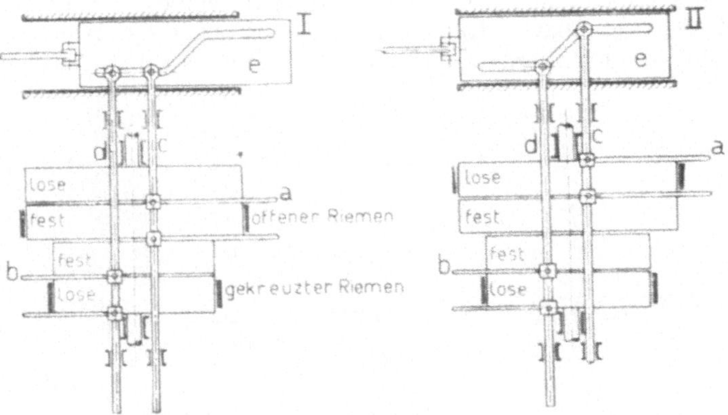

Fig. 177. Riemenwendegetriebe mit aufeinander folgender Riemenverschiebung.

Riemenscheiben. Macht die treibende Welle z. B. n minutliche Umdrehungen, so macht die getriebene für den Hingang $n_h = n \cdot \dfrac{r_1}{R}$, für

den Rücklauf $n_r = n \cdot \dfrac{r_1}{r}$ minutliche Umdrehungen. Für den Rücklauf
wird gewöhnlich der gekreuzte Riemen benutzt.

Von den Vorrichtungen, die es ermöglichen, die beiden Riemen
nacheinander zu verschieben, um mit kleineren Scheibenbreiten aus-
zukommen, soll hier nur ein Beispiel beschrieben werden, da die vielen
verschiedenen Konstruktionen alle auf demselben Prinzip beruhen.

Wie Fig. 177 zeigt, werden die beiden Riemen durch die Riemen-
gabeln a und b verschoben, die an den Stangen c und d sitzen. Diese
Stangen tragen an einem Ende kleine Stahlrollen, die in den ⌐‾
förmig verlaufenden Schlitz der Schieberplatte e greifen. In der Stellung I
läuft der offene Riemen über seine feste Scheibe, der gekreuzte über
seine Losscheibe. Durch Verschieben des Schiebers nach links in die
Stellung II wird der offene Riemen mittels des schrägen Teiles des
Schlitzes von der festen Scheibe auf die Losscheibe geschoben, während
der gekreuzte noch auf seiner Losscheibe liegen bleibt. Erst wenn der
offene Riemen seine feste Scheibe vollständig verlassen hat, wird durch
weiteres Linksbewegen des Schiebers der gekreuzte Riemen auf seine
feste Scheibe geleitet. Beim Zurückbewegen des Schiebers nach rechts

wird erst der gekreuzte Riemen wieder auf seine Losscheibe geleitet
und dann erst der offene auf seine feste Scheibe. (Siehe auch Fig. 214.)

Statt des Plattenschiebers verwendet man auch drehbare Scheiben
oder Trommeln mit entsprechenden Schlitzen oder Nuten.

Da die Riemen durch das Verschieben stark leiden, so läßt man sie
in ihrer Lage, setzt aber die beiden Riemenscheiben für den offenen
und den gekreuzten Riemen lose auf die Welle und ordnet zwischen
ihnen eine Kupplung an, die abwechselnd die eine oder die andere Scheibe
fest mit der Welle verbindet. In Fig. 178 ist ein solches häufig bei Feilmaschinen angewandtes Riemenwendegetriebe mit Reibungskupplung dargestellt. Die beiden Riemenscheiben für den offenen
und für den gekreuzten Riemen sitzen lose auf ihrer Welle a. Jede
von ihnen ist im Innern mit einem Hohlkegel versehen und bildet so

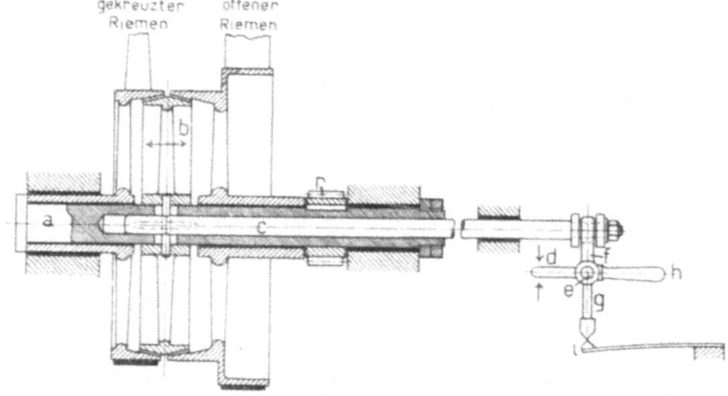

Fig. 178. Riemenwendegetriebe mit Reibungskupplung.

die eine Hälfte einer Reibungskupplung. Die andere Hälfte ist der
auf der Welle a verschiebbare Doppelkegel b, der abwechselnd in die
eine oder in die andere Riemenscheibe eingerückt werden kann. Das
Einrücken geschieht mittels der Stange c, die durch einen Stift mit b
fest verbunden und in einer langen Bohrung von a verschiebbar ist.
Das Verschieben erfolgt von dem hin und her bewegten Schlitten der
Werkzeugmaschine. An diesem sind zwei verstellbare Anschläge angebracht, von denen gegen Ende jedes Hubes einer gegen den auf der
senkrechten Welle e sitzenden Hebel d stößt und ihn herumlegt. Dadurch
wird mittels eines am anderen Ende von e sitzenden Hebels f die Stange c
hin und her geschoben. h ist ein Handhebel zum Betätigen der Steuerung
von Hand. Zur Sicherung der Kupplung in ihren beiden eingerückten
Stellungen dient der mit dem Hebel d verbundene Bolzen g. Dieser
drängt bei jeder Schwingung des Hebels ein an einer Blattfeder sitzendes
Dreikantstück i zunächst zurück und bewegt sich an ihm vorbei, sowie
aber seine Schneide die des Dreikantes freigibt, schwingt die Blattfeder zurück und verriegelt die Stellung des Hebels. Je nachdem nun
der Kupplungskegel b nach rechts oder nach links eingerückt ist, wird
der offene Riemen oder der gekreuzte zum Antriebe der Welle a benutzt.

Das die Bewegung weiter übertragende Zahnrad r_1 kann also am Ende jedes Hubes seine Drehrichtung ändern. Da die Kupplungshälfte b nur wenige Millimeter verschoben zu werden braucht, so erfolgt die Umsteuerung schnell und stoßfrei.

Statt der Reibungskupplungen verwendet man auch elektromagnetische Kupplungen, von denen Fig. 179 ein Beispiel zeigt. Die beiden Riemenscheiben für den offenen und den gekreuzten Riemen sitzen wieder lose auf der anzutreibenden Welle, auf der die mittlere Scheibe a festgekeilt ist. Mittels der beiden Ringe b und d sowie der Mitnehmerstifte c kann die Scheibe a nun abwechselnd mit der Riemenscheibe für den offenen und den gekreuzten Riemen gekuppelt werden und zwar elektromagnetisch auf folgende Weise. In den eisernen Riemen-

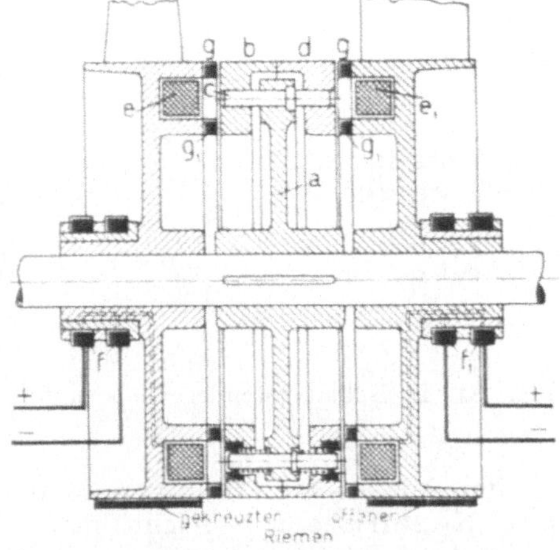

Fig. 179. Riemenwendegetriebe mit elektro-
magnetischer Kupplung.

scheiben liegen die beiden Magnetspulen e und e_1, durch die man mittels der Schleifringe f und f_1 zugeführten Strom schicken kann. Schickt man den Strom nun abwechselnd durch e und e_1, so wird abwechselnd die Scheibe des gekreuzten Riemens mit b oder die des offenen mit e und damit mit a magnetisch gekuppelt. Das Lösen der Kupplung wird durch Spiralfedern erleichtert. Die an die Riemenscheiben geschraubten Ringe g und g_1 sind aus weichem Schmiedeeisen und werden nach Abnutzung erneuert. Das Umsteuern des Stromes geschieht von dem hin- und hergehenden Schlitten jedesmal am Hubende.

Fig. 180 zeigt ein Dreischeibenwendegetriebe mit Stirnrädern. Die Dreischeiben-

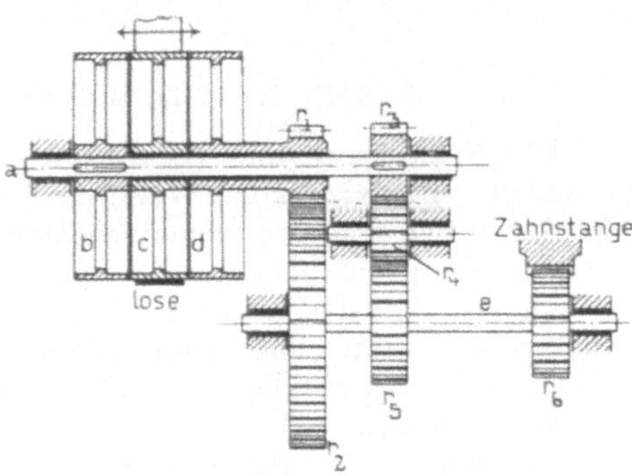

Fig. 180. Dreischeibenwendegetriebe mit
Stirnrädern.

wendegetriebe haben nur einen einzigen offenen Riemen, der von einer mittleren Losscheibe abwechselnd nach links oder nach rechts auf eine feste Scheibe geschoben werden muß. Es sind drei gleich große Riemenscheiben vorhanden, von diesen sitzt die Scheibe b fest auf der Welle a, die Scheibe c ist eine Losscheibe und die Scheibe d sitzt fest auf einer das Stirnrad r_1 tragenden Laufbuchse, die sich lose auf a dreht. Von den Riemenscheiben aus kann nun die Welle e in zwei entgegengesetzten Richtungen und mit zwei verschiedenen Geschwindigkeiten gedreht werden. Leitet man den Riemen auf die Scheibe d, so erfolgt der Antrieb der Welle e durch die Stirnräder r_1 und r_2. Führt man dagegen den Riemen von d über die Losscheibe c

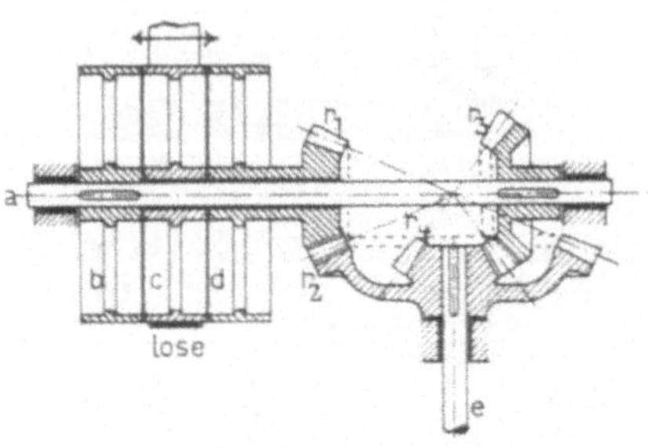

Fig. 181. Dreischeibenwendegetriebe mit Kegelrädern.

hinweg auf die Scheibe b, so erfolgt der Antrieb von e durch die Stirnräder r_3, r_4 und r_5. Durch Einschalten des Zwischenrades r_4 ändert sich die Drehrichtung. Außerdem sind die Zahnradübersetzungen so berechnet, daß beim Antriebe von d aus die Welle e sich langsamer dreht als beim Antriebe von b aus. Das auf e sitzende Zahnrad r_6 kann also die Zahnstange beim Hingange langsam, beim Rücklaufe schneller bewegen.

Bei dem in Fig. 181 dargestellten **Dreischeibenwendegetriebe mit Kegelrädern** erreicht man die Änderung der Drehrichtung dadurch, daß man entweder das Rad r_1 auf der linken Seite oder das Rad r_3 auf der rechten Seite des auf der Welle e sitzenden Kegelrades zum Antriebe benutzt. Zur Erzielung eines schnelleren Rücklaufes ist das auf e sitzende Kegelrad mit zwei verschieden großen Zahnkränzen r_2 und r_4 ausgerüstet. Für den langsamen Hingang leitet man wieder den Antriebriemen auf die Scheibe d, für den schnellen Rücklauf auf die Scheibe b.

3. Die Erzeugung der Schaltbewegung.

Die Schaltbewegung (Schaltung oder Vorschub) kann, wie bereits erwähnt, entweder vom Werkstücke oder vom Werkzeuge ausgeführt werden. Bei den Werkzeugmaschinen mit drehender Arbeitbewegung erfolgt sie gewöhnlich ununterbrochen während der ganzen Arbeitbewegung. Bei den Maschinen mit gradliniger Arbeitbewegung dagegen ruckweise unmittelbar nach Beendigung des leeren Rücklaufes des Werkstücks. Der die Schaltbewegung ausführende Teil legt meist einen gradlinigen, seltener einen kreis- oder kurvenförmigen Weg zurück. Zur Erzeugung der gradlinigen Schaltung dienen dieselben Mechanismen wie zur Erzeugung der gradlinigen Arbeitbewegung, namentlich Zahnrad und Zahnstange und Schraube und Mutter, zur Erzeugung der kreisförmigen meist Schneckentriebe. Der Antrieb dieser Mechanismen kann von Hand oder durch die Maschine selbsttätig geschehen. Der Vorschub von Hand wird selten und nur bei kurzer Dauer der Schaltung angewandt. Der selbsttätige Antrieb erfolgt gewöhnlich von der Hauptwelle der Werkzeugmaschine, nur selten direkt vom Vorgelege. Vielfach sind die Werkzeugmaschinen mit selbsttätigen Abstellvorrichtungen versehen, die den Antrieb der Schaltbewegung unterbrechen, sobald das Werkzeug seinen vorgeschriebenen Weg zurückgelegt hat.

a) Ununterbrochene Schaltung oder Dauerschaltung.

Zum Antriebe der Schaltmechanismen dienen Riemen- oder Kettentriebe, Reibungsräder und Zahnräder. Riemen- und Reibungsräderantriebe bieten den Vorteil, daß ein Gleiten der Riemen oder der Reibungsräder eintritt, sobald das Schneidwerkzeug einen übermäßig großen Widerstand findet. Darin liegt eine Sicherheit gegen den Bruch irgendwelcher Teile der Werkzeugmaschine. Ketten- und Zahnräderantriebe dagegen sind zwangläufig und schließen ein solches Gleiten aus, ermöglichen aber einen genauen und gleichmäßigen Vorschub. Zahnradantrieb des Vorschubes wird deshalb z. B. beim Gewindeschneiden auf Drehbänken benutzt. Die Antriebe müssen so eingerichtet sein, daß ein Ändern der Geschwindigkeit und der Richtung der Schaltbewegung möglich ist. Die Geschwindigkeitsänderung erfolgt bei Riemenantrieben gewöhnlich durch Stufenscheiben.

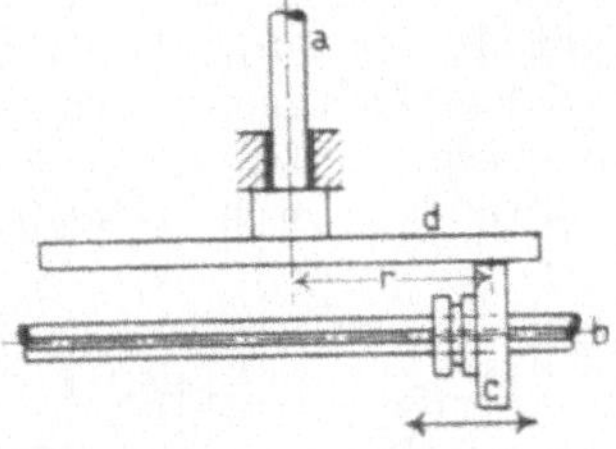

Fig. 182. Reibungsräder.

Die Zahl der verschiedenen Geschwindigkeiten ist dann gleich der der Stufen. Um ein sprungweises Ändern der Geschwindigkeiten zu vermeiden, verwendet man auch wohl konische Scheiben. Bei Kettenantrieb kann man die Geschwindigkeit nur durch auswechselbare Kettenräder verschiedener Größe ändern. Bei Reibungsrädern erfolgt

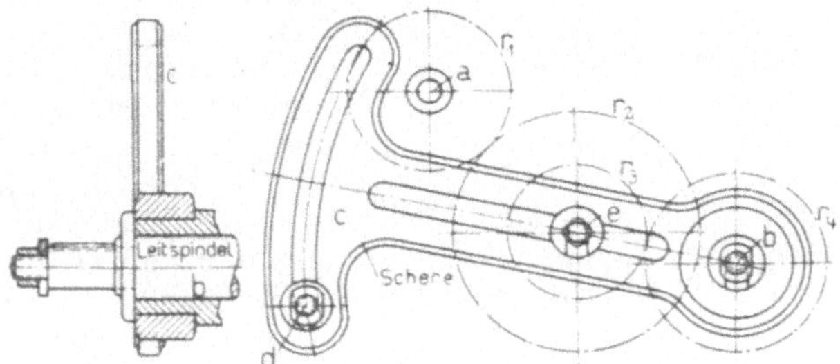

Fig. 183. Schere mit Wechselrädern.

die Geschwindigkeitsänderung durch Verschieben der Räder. In Fig. 182 wird z. B. die Schaltwelle b von der Welle a aus um so langsamer angetrieben, je näher die Reibrolle c nach der Mitte der Reibscheibe d geschoben wird, da der wirksame Antriebradius r hierdurch immer kleiner wird.

Bei Zahnräderantrieben erfolgt die Geschwindigkeitsänderung durch Verwendung sog. Wechselräder oder durch Stufenräder. Die Wirkungsweise der Wechselräder wird durch Fig. 183 erläutert, und zwar stellt die Figur eine Einrichtung dar, die bei Drehbänken zum Erzeugen der verschiedenen Vorschubgeschwindigkeiten beim Gewindeschneiden benutzt wird. Von der Welle a aus soll die Schaltwelle b, die Leitspindel, mit verschiedenen Geschwindigkeiten angetrieben werden, zu dem

Zwecke werden zwischen a und b je nach der verlangten Schaltgeschwindigkeit verschieden große Zahnräder eingeschaltet. Diese auswechselbaren Räder oder Wechselräder müssen alle dieselbe Teilung haben, also Satzräder sein. Die zwischen dem auf a sitzenden Rade r_1 und dem auf b sitzenden Rade r_4 einzuschaltenden Stirnräder sind an einer um b drehbaren Platte c, Stelleisen oder Schere genannt, befestigt, und zwar werden sie auf einen in einem langen Schlitze des Stelleisens verschiebbaren Bolzen e gesteckt, damit sie mit den Rädern r_1 und r_4 zum richtigen Eingriff gebracht werden können. Das Stelleisen ist mittels der durch einen bogenförmigen Schlitz greifenden Schraube d in der reichtigen Lage am Maschinengestell festzustellen. Das Auswechseln der Räder erfordert jedoch immer einen erheblichen Zeitaufwand; diesen Übelstand vermeiden die Stufenräderantriebe.

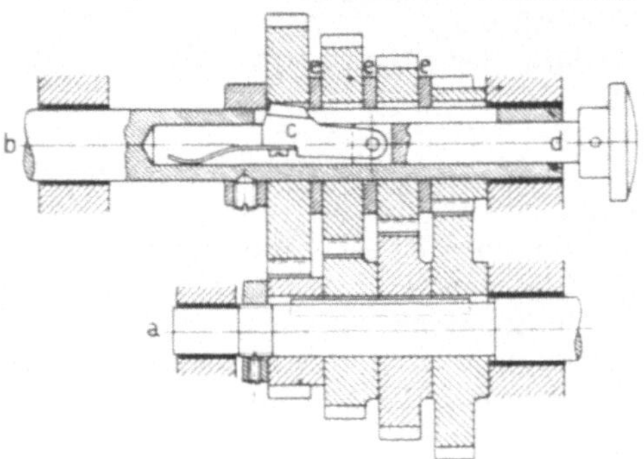

Fig. 184.   Ziehkeil.

Sie sind in derselben Weise durchgebildet, wie dies bei der Erzeugung der drehenden Arbeitbewegung besprochen ist. Namentlich das in Fig. 160 dargestellte Nortongetriebe wird häufig verwandt.

Ein schnelles und bequemes Wechseln der Übersetzung gestatten die Stufenräderantriebe mit Ziehkeil, von denen Fig. 184 ein Beispiel zeigt. Auf der Antriebwelle a sowie auf der Schaltwelle b sitzen vier miteinander in Eingriff stehende Stufenräder. Auf der Welle a sind die Räder festgekeilt, auf der Welle b dagegen sitzen sie lose, doch kann jedes von ihnen durch einen in einer Bohrung von b durch die Stange d verschiebbaren Keil c, einen Ziehkeil, mit b gekuppelt werden, dadurch, daß der Ziehkeil durch eine Feder in die Keilnut des betreffenden Rades gedrückt wird. Das Ausrücken des Keiles geschieht durch die zwischen je zwei der auf b sitzenden Räder gelegten ungenuteten Ringe e, die den Keil beim Anziehen der Stange d zurückdrängen. Beim Weiterziehen von d springt der Ziehkeil wieder vor und legt sich zunächst gegen die Innenwand der Nabe des nächsten Zahnrades, bis dieses sich soweit gedreht hat, daß er in dessen Nut einschnappen kann.

Zum Umkehren der Schaltrichtung bei Zahnradantrieben dienen Wendegetriebe. Sehr verbreitet ist das in Fig. 185 dargestellte Wendeherz. Hier soll von dem Stirnrade r_1 das den Antrieb weiter fortleitende Rad r_4 so angetrieben werden können, daß es sich entweder rechts oder links herum dreht. Zu dem Zwecke sind mit r_4 die beiden Räder r_2 und r_3 in einem herzförmigen Gehäuse a untergebracht, das sich um die Achse von r_1 schwenken läßt. Wie aus der Figur zu ersehen ist, stehen r_4 und r_2 sowie r_2 und r_3 miteinander in Eingriff, nicht aber r_3 und r_4.

Durch Schwenken des herzförmigen Gehäuses um die Achse von r_4 kann nun aber entweder r_2 oder r_3 mit dem Antriebrade r_1 in Eingriff gebracht werden. Ist r_2 mit r_1 in Eingriff, so drehen sich alle Räder in der Richtung der ausgezogenen Pfeile. Ist dagegen r_3 mit r_1 in Eingriff, so ergeben sich die durch die gestrichelten Pfeile angedeuteten Drehrichtungen. Das Schwenken des Rädergehäuses geschieht mittels der mit einem Handgriff versehenen Stange b, die sich mit einem Stifte in einer der drei Einkerbungen am Maschinengestell so feststellen läßt, daß entweder r_2 oder r_3 oder keines von beiden mit r_1 in Eingriff ist.

Ein anderes Wendegetriebe ist das in Fig. 186 dargestellte Kegel-räderwendegetriebe. Auf der Welle a sitzen lose die beiden Kegel-räder r_1 und r_2. Beide greifen in ein um den Bolzen b drehbares Kegel-

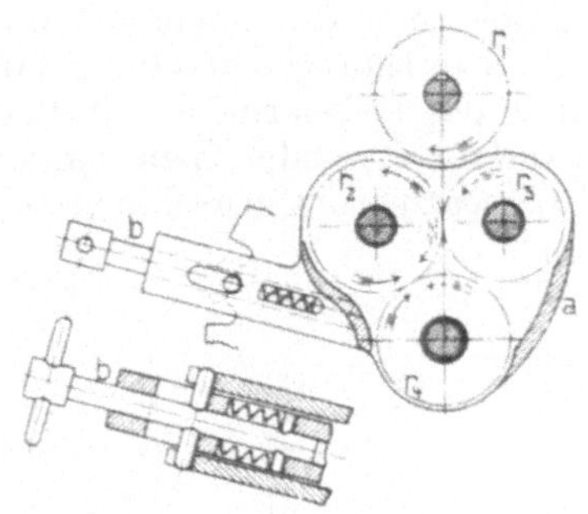

Fig. 185. Wendeherz.

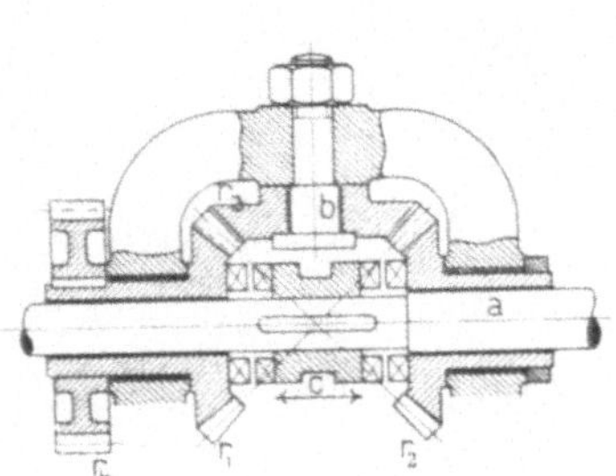

Fig. 186. Kegelrädergetriebe.

rad r_3. Durch eine verschiebbare Kupplungshülse c kann entweder r_1 oder r_2 mit der Welle a festgekuppelt werden. Auf der Nabe von r_1 ist nun das den Antrieb vermittelnde Stirnrad r_1 festgekeilt. Wird nun c nach r_1 eingerückt, so erfolgt der Antrieb von r_1 aus direkt und die Welle a dreht sich in demselben Sinne wie r_1. Wird dagegen c nach r_2 eingerückt, so erfolgt der Antrieb von r_1 aus erst über die Kegelräder r_1 und r_3 nach r_2. Das eingeschaltete Zwischenrad r_3 ändert dabei die Drehrichtung von a.

b) Unterbrochene Schaltung oder Augenblickschaltung.

Soll die Schaltbewegung ruckweise erfolgen, so benutzt man dazu meist ein auf der Schaltwelle befestigtes Schaltrad, das durch eine Schaltklinke betätigt wird, wie dies Fig. 187 veranschaulicht. Auf der Schaltwelle a sitzt fest das an seinem Umfange verzahnte Schalt-rad b. Um die Welle a schwingt lose ein durch die Schubstange c betätigter Winkelhebel c d. An dem Arme d ist die Schaltklinke f dreh-bar befestigt, die mit einer Zunge zwischen die Zähne des Schaltrades greift. Diese Zunge sowie die Zahnflanken sind nun so gestaltet, daß sich die Zunge beim Schwingen des Hebels nach rechts aus der Zahn-lücke heraushebt und lose über die Zähne hingleitet, beim Schwingen des Hebels nach links dagegen sich fest gegen einen Zahn legt und das Schaltrad vor sich herschiebt, so daß es sich dreht. Wenn die Schalt-klinke über dem Schaltrade angeordnet ist, so wird ein sicheres Einfallen in die Zahnlücken ohne weiteres durch ihr eigenes Gewicht bewirkt. In jeder anderen Lage sind dazu aber besondere Hilfsmittel nötig. In Fig. 187 ist zu dem Zweck der Drehzapfen der Klinke mit drei Abflachungen versehen; gegen eine von diesen wird im Innern der Klinke federnd ein kleiner Kolben gedrückt, der die beim Rückschwingen des Winkelhebels aus der Zahnlücke herausgehobene Klinke immer wieder in diese zurückdrängt. Ein Ändern der Drehrichtung der Schaltwelle wird einfach dadurch erreicht, daß man die Klinke aus der Stellung I in die Stellung II herumklappt, dann dreht sich das Schaltrad in der Richtung des gestrichelten Pfeiles. In der Mittelstellung III findet gar kein Schalten statt. Die Größe der Schaltung ändert man durch Verstellen des Zapfens der Schubstange in einem länglichen Schlitze des Hebelarms c. Statt der Zahnschaltwerke verwendet man namentlich bei Holzbearbeitungsmaschinen auch

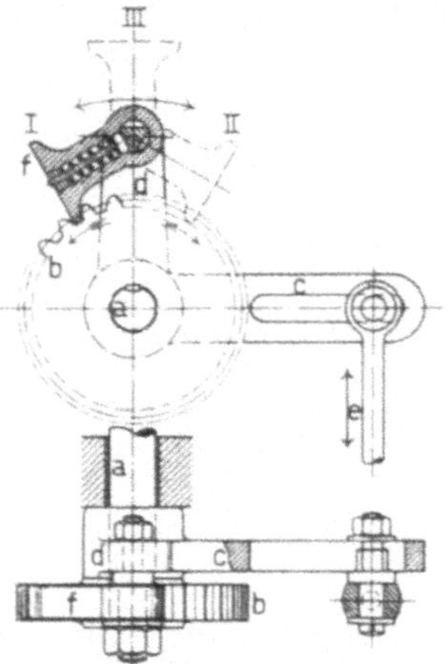

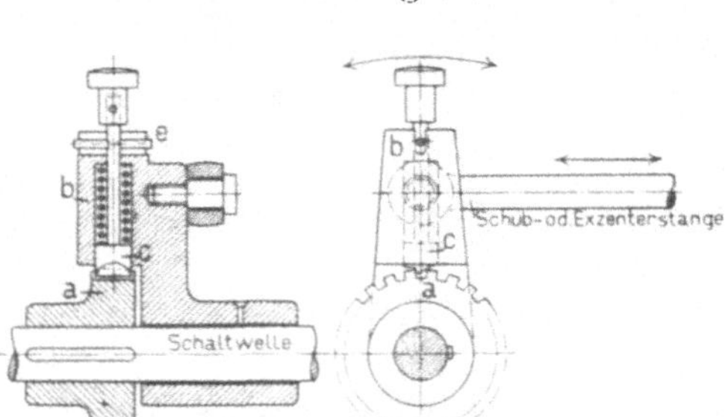

Fig. 187. Schaltwerk für Augenblickschaltung.

Fig. 188. Schaltwerk.

Klemmschaltwerke, bei denen das Schaltrad am Umfange nicht mit Zähnen versehen ist, sondern mit einer keilförmigen Nut, in der sich eine Schaltklinke durch Reibung festklemmt. Ein anderes Schaltwerk zeigt Fig. 188. Hier wird das Schaltrad a durch einen Riegel c gedreht, der in einer Bohrung des um die Schaltwelle schwindenden Hebels b steckt und durch eine Feder immer nach außen gedrängt wird. Der Riegel ist unten an einer Seite so abgeschrägt, daß er in der gezeichneten Stellung beim Schwingen des Hebels b nach rechts über die Zähne des Schaltrades hingleitet, ohne dieses zu drehen. Beim Schwingen nach links dagegen nimmt er das Rad mit. Zieht man den Riegel hoch und dreht ihn um 90°, so legt sich der Stift c quer über die obere Stirnfläche des Hebels b und die Schaltung ist ausgerückt. Nach weiterem Drehen um 90° legt sich der Stift wieder in einen Schlitz von b und die Schaltung erfolgt in umgekehrter Richtung als vorher.

An Stelle der Schalträder mit außen liegender Klinke treten neuerdings häufig Schaltdosen, von denen Fig. 189 ein Beispiel zeigt. Auf die Schaltwelle a ist eine Büchse b gesteckt und durch Nut und Feder mit ihr verbunden. Auf b steckt lose drehbar das Stirnrad c. Dieses

wird, wie weiter unten gezeigt wird, durch eine auf und ab schwingende
Zahnstange so angetrieben, daß es keine volle Umdrehung ausführt,
sondern nur hin und her schwingt. Außer der äußeren Verzahnung
trägt das Zahnrad noch eine innere Schaltverzahnung, in die eine durch
den Zapfen c mit b verbundene doppelte Schaltklinke d greift. Hierdurch wird b und damit die Schaltwelle a von c ruckweise gedreht.
Durch den Handgriff f kann die Schaltklinke in die gestrichelt gezeichnete
Lage gebracht werden, um die Drehrichtung umzukehren. Eine außen

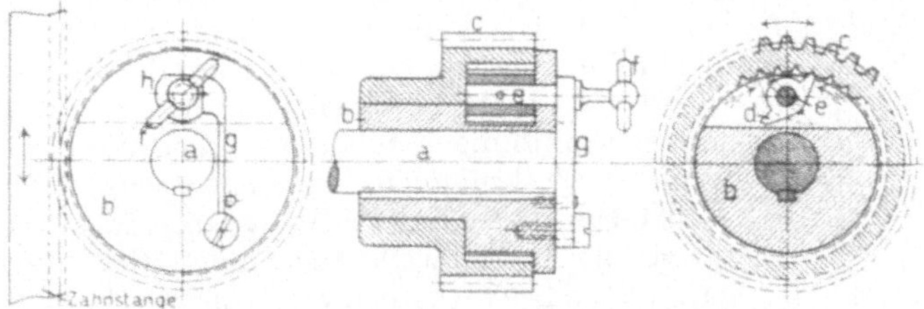

Fig. 189. Schaltdose.

an b angebrachte Feder g, die sich gegen eine der beiden Abflachungen
des mit dem Zapfen c verbundenen Stückes h legt, sichert die Lage
der Klinke und ihren Eingriff in die Schaltzähne. Die Schaltklinke
kann auch wieder in eine Mittelstellung gebracht werden, um die Schaltung
auszurücken.

Der Antrieb der Schaltwerke für ruckweise Schaltung erfolgt gewöhnlich von der Hauptantriebwelle der Werkzeugmaschine durch Kurbel-

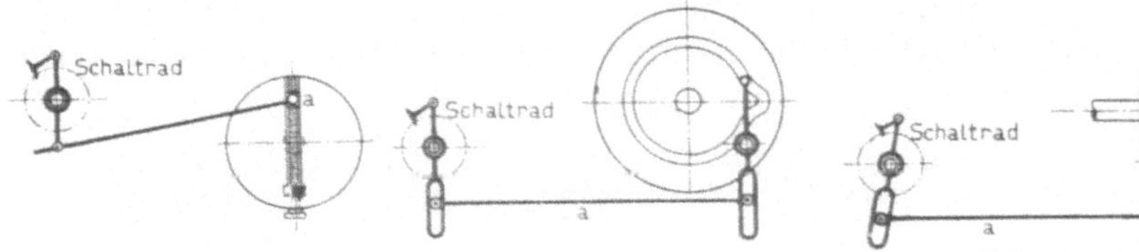

Fig. 190. Schaltwerk mit   Fig. 191. Schaltwerk mit   Fig. 192. Schaltwerk mit
Kurbelzapfenantrieb.   Kurvennutantrieb.   Kurvennutantrieb.

zapfen oder Kurvennuten. Beim Kurbelzapfenantriebe, Fig. 190, ist
der Kurbelzapfen a gewöhnlich in einer Nut der Kurbelscheibe verstellbar, um dadurch die Größe der Schaltung ändern zu können. An Stelle
der Kurbelscheibe kann auch ein Exzenter mit verstellbarer Exzentrizität
treten. Beim Kurvennutantriebe ist die Kurvennut entweder auf der
Stirnfläche einer Kreisscheibe angeordnet, Fig. 191, oder auf der Mantelfläche eines Zylinders, Fig. 192. In die Kurvennut greift eine am Ende
eines das Schaltwerk betätigenden Hebels sitzende Rolle, die durch
den Verlauf der Nut den Hebel im richtigen Augenblicke aus seiner
Ruhelage seitlich ablenkt. Die Größe der Schaltung wird durch Verstellen der Stange a bewirkt. Die Hebel sind zu dem Zwecke mit langen
Schlitzen versehen. Schaltwerke mit Kurvennuten haben den Vorteil,

daß sie während einer Umdrehung der Schaltwelle nur einen kurzen
Augenblick in Tätigkeit treten, während der übrigen Zeit aber stillstehen. Sie eignen sich deshalb besonders für Maschinen mit gradliniger
Arbeitbewegung, bei denen die Schaltung am Ende des Leerlaufhubes
erfolgt und vor Beginn des Arbeitshubes beendet sein muß. Der Antrieb
der Schaltdosen erfolgt, wie bereits erwähnt, gewöhnlich durch eine
auf und ab schwingende Zahnstange, Fig. 193. Die Zahnstange Z wird

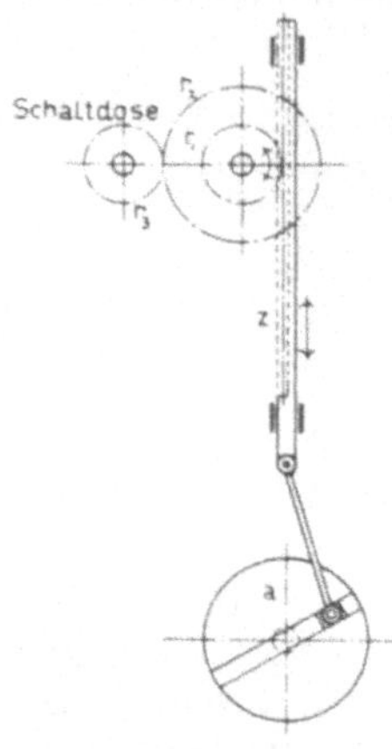

von einer Kurbelscheibe a auf und ab bewegt; sie
greift in ein Zahnrad r_1 und schwingt dieses hin und
her. Auf der Welle von r_1 sitzt noch das Rad r_2,
das in die äußere Verzahnung r_3 der Schaltdose greift.

Die eben beschriebenen Antriebvorrichtungen
sind bei gradliniger Arbeitbewegung nur brauchbar,
wenn die Werkzeugmaschinen mit Kurbelantrieb ausgerüstet sind und deshalb die das Schaltwerk be-
tätigende Antriebwelle für jeden Hin- und Rückgang des das Werkstück oder das Werkzeug tragenden Schlittens genau eine Umdrehung macht, also
auch nur eine Schaltung veranlaßt. Beim Antriebe
durch Zahnrad und Zahnstange oder durch Schraube
und Mutter macht aber die Antriebwelle für den
Hingang immer mehrere Umdrehungen in der einen
Richtung, für den Rücklauf mehrere Umdrehungen

Fig. 193. Antrieb der   in der entgegengesetzten Richtung. Soll sie also
Schaltdose.   auch das Schaltwerk betätigen, so muß man dafür
sorgen, daß hierzu nur ein Teil einer Umdrehung
zur Wirkung kommt. Man benutzt dazu besondere Reibungskupplungen, sog. Momentkupplungen. von denen Fig. 194 ein Beispiel
zeigt. Auf der abwechselnd rechts und links umlaufenden Welle a sitzt

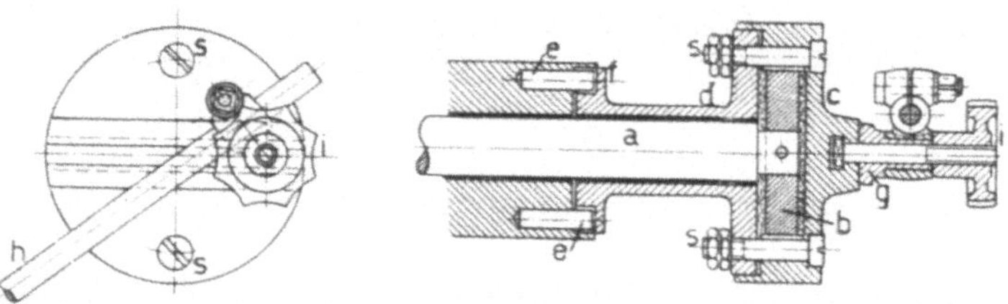

Fig. 194.   Momentkupplung.

eine Schraube b, die sich mit a fortwährend dreht. Gegen die Scheibe b
werden nun von außen durch die Schrauben s die beiden Scheiben c
und d gepreßt. Um die Reibung zu vergrößern, sind sie auf der der
Scheibe b zugekehrten Seite mit Lederscheiben versehen. Sie werden
infolgedessen von b durch Reibung mitgenommen, aber nur so lange,
bis sie durch die am Maschinengestell befestigten Anschläge e auf-
gehalten werden. Diese Anschläge greifen zu dem Zwecke in eine in
der mit d fest verbundenen Scheibe f ausgesparte Nut, deren Länge
so bemessen ist, daß die Scheiben c und d bei jedem Hubwechsel nur

eine kleine Schwingung ausführen und dann stillstehen. Die Scheibe c ist als Kurbelscheibe mit verstellbarem Kurbelzapfen g ausgebildet und betätigt durch die Stange h das Schaltwerk. Die Mutter i dient zum Feststellen des Kurbelzapfens.

D. Führungen.

Ein genaues und sauberes Bearbeiten der Werkstücke auf den Werkzeugmaschinen ist nur möglich, wenn die die Werkstücke bzw. Werkzeuge tragenden Teile ihre Bewegungen in genau vorgeschriebenen Bahnen ausführen. Die Werkzeugmaschinen müssen deshalb Vorrichtungen haben, die ein Abweichen der bewegten Teile von ihren vorgeschriebenen Wegen verhindern. Man nennt solche Vorrichtungen Führungen. Diese müssen so eingerichtet sein, daß die unvermeidlichen Abnutzungen durch Nachstellen ausgeglichen werden können, damit die Genauigkeit dauernd erhalten bleibt. Bei den normalen Werkzeugmaschinen führen die bewegten Teile fast ausnahmslos nur gradlinige oder kreisförmige Bewegungen aus. Man unterscheidet deshalb Führungen für gerade Wege und solche für kreisförmige Wege.

1. Führungen für gerade Wege.

Man gestaltet die Führungen so, daß die Bewegungen der Teile gegeneinander an einem Stabe von rundem, rechteckigem oder dreieckigem Querschnitt erfolgt. Die Führungen am runden Stabe lassen sich einfach herstellen, das geführte Stück muß aber gehindert werden, eine nicht gewünschte Drehbewegung um die Längsachse des Führungsstabes auszuführen. Dies geschieht durch Einlegen einer Feder, Fig. 195.

 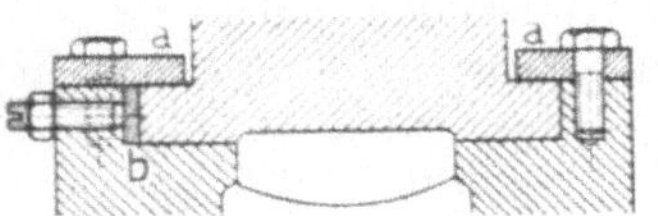 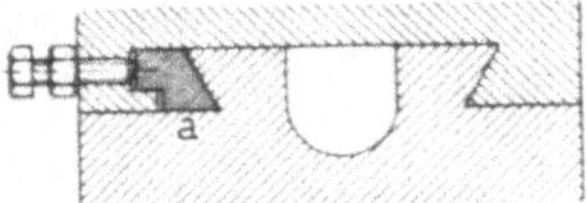

Fig. 195. Führung am runden Stabe.

Fig. 196. Führung am rechteckigen Stabe.

Fig. 197. Führung am dreieckigen Stabe.

Die Nachstellbarkeit ist sehr unvollkommen, meist begnügt man sich damit, wie Fig. 195 zeigt, den einen Teil zu schlitzen und durch Anziehen einer Schraube die Abnutzung auszugleichen. Führungen am runden Stabe verwendet man deshalb nur für Teile, die keiner großen Abnutzung unterworfen sind.

Führungen am rechteckigen Stabe, von denen Fig. 196 ein Beispiel zeigt, kommen häufiger vor. Bei ihnen ist eine Drehung unmöglich. Die Abnutzung wird ausgeglichen durch Nachstellen der Leisten a und b.

Am verbreitetsten sind die Führungen am dreieckigen Stabe, deren Wesen Fig. 197 erläutert. Hier ist zum Nachstellen nur eine Leiste a

nötig. Bei den sog. Schweinsrückenführungen, Fig. 198 und 199, ist
keine Nachstelleiste erforderlich, da das geführte Stück sich durch
sein eigenes Gewicht nachstellt. Bei der in Fig. 198 dargestellten Führung

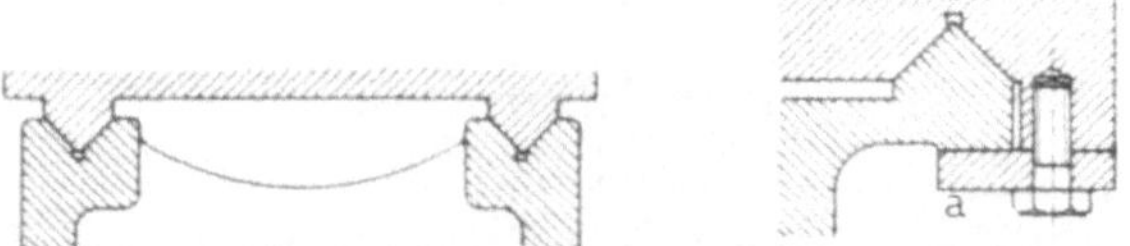

Fig. 198 u. 199. Schweinsrückenführungen.

hält sich das Schmiermittel besser in der keilförmigen Rinne, jedoch
bleiben auch Späne und andere Verunreinigungen darin liegen. Bei
Fig. 199 ist dies unmöglich. Ist ein Abheben des bewegten Teiles zu
befürchten, so muß man dies verhindern durch eine Leiste a (Fig. 199).

2. Führungen für kreisförmige Wege.

Teile, die eine Drehbewegung ausführen sollen, verbindet man am
besten mit einer sich drehenden Spindel. Diese muß dann sehr sorg-

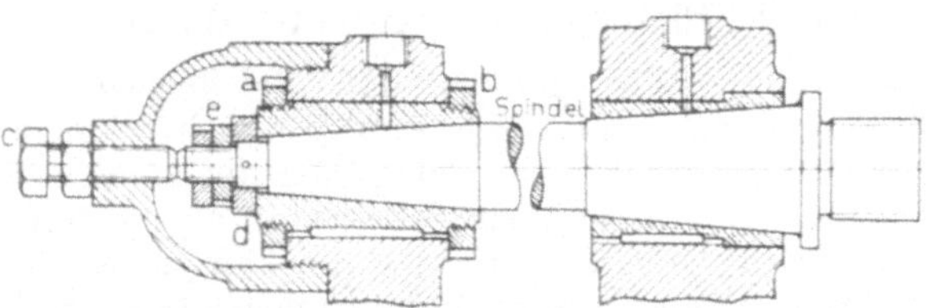

Fig. 200. Spindellagerung mit kegelförmigen Zapfen.

fältig gelagert sein. Die Lagerschalen müssen aus möglichst widerstandsfähigem Material, z. B. Phosphorbronze, bestehen und die Laufzapfen der Spindel sind meist gehärtet
und geschliffen. Eine Abnutzung muß
durch Nachstellvorrichtungen ausgeglichen werden können. Zu dem Zweck
sind die Zapfen der Spindel in Fig. 200
kegelförmig gemacht und stecken in
kegelförmig ausgebohrten Lagern.
Hierbei erfolgt nach Abnutzung der
Lager ein Nachstellen der Laufzapfen
durch Verschieben der Spindel nach
links. Um die Verschiedenheit der

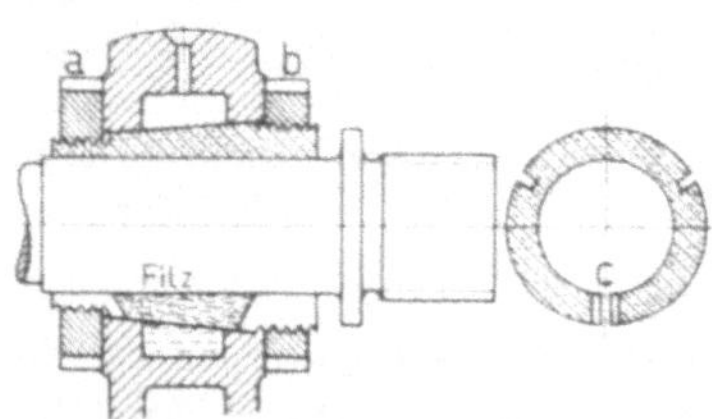

Fig. 201. Spindellagerung mit
zylindrischen Zapfen.

Abnutzung beider Lagerschalen ausgleichen zu können, ist die linke
Lagerschale durch die beiden Muttern a und b verschiebbar. Der
nach links gerichtete Druck der Spindel wird durch die Schraube c
aufgenommen, der nach rechts gerichtete durch den auf dem Spindelende befestigten Ring d, der durch Mutter und Gegenmutter fest gegen
die Lagerschale gepreßt wird. Beliebter als die kegelförmigen Zapfen

sind zylindrische, da sie sich bequemer nachstellen lassen und nicht so leicht warm laufen. Zum Nachstellen hat man die Lagerschale außen kegelförmig gemacht (Fig. 201) und preßt sie durch zwei Muttern a und b in die kegelförmige Bohrung des Maschinengestells. Sie schmiegt sich dabei innig an den Zapfen an, da sie bei c geschlitzt und an zwei oder drei anderen Stellen eingekerbt ist. Den Schlitz erweitert man meist in der Mitte und legt ein Filzstück ein, das das Schmieröl aufsaugt und dem Zapfen zuführt.

E. Werkzeugmaschinen mit gradliniger Arbeitbewegung.

In dieser Gruppe sollen die Feilmaschinen, Stoßmaschinen, Tischhobelmaschinen, Blechkantenhobelmaschinen und Räumnadelziehmaschinen behandelt werden. Bei allen mit Ausnahme der Tischhobelmaschine macht das Werkzeug die gradlinige Arbeitbewegung, bei der Tischhobelmaschine dagegen das Werkstück. Der Antrieb erfolgt fast immer mit beschleunigtem Leerlaufhube, damit die durch den leeren Rücklauf verloren gehende Zeit möglichst kurz gehalten wird. Hierzu dienen die früher besprochenen Antriebe. Die Schaltbewegung wird bei einigen Maschinen vom Werkstück, bei andern vom Werkzeuge ausgeführt, sie erfolgt immer ruckweise durch die ebenfalls besprochenen Schaltwerke.

1. Feilmaschinen.

Die Feilmaschinen, Shapingmaschinen, Querhobelmaschinen oder Stößelhobelmaschinen arbeiten gewöhnlich so, daß das Werkzeug die gradlinige Arbeitbewegung ausführt, und das Werkstück die Schaltbewegung. Es kommt jedoch auch vor, daß das Werkzeug beide Bewegungen macht. Der Antrieb erfolgt durch schwingende oder drehende Kurbelschleifen oder durch Zahnrad und Zahnstange mit Wendegetriebe.

Die Gesamtanordnung einer Feilmaschine mit schwingender Kurbelschleife zeigt Fig. 202. Der Hauptteil der Maschine ist der in einer wagerechten Führung hin- und hergleitende Stößel mit dem Support. Sein Antrieb erfolgt von der Stufenscheibe a aus durch die Zahnräder r_1 und r_2 und die um die Stufenscheibenwelle schwingende Kulisse b und ist bereits an der Hand der Fig. 169 genauer beschrieben. Die Kulisse b überträgt ihre Bewegung auf den Stößel durch die Lenkerstange c und die Mutter d. Die letztere ist in einem Schlitze des Stößels durch die Schraubenspindel e verschiebbar und durch die Griffmutter f feststellbar, damit der Stößel seine Lage der des Werkstückes genau anpassen kann.

Vorn am Stößelkopfe ist der Support drehbar befestigt. Die Befestigungsschrauben gleiten zu dem Zwecke mit ihren Köpfen in einer am Stößelkopfe angebrachten Kreisnut von T-förmigem Querschnitte. Die Drehscheibe oder Lyra g läßt sich demnach auch unter einem beliebigen Winkel schräg einstellen. An einer Führung der Drehscheibe ist durch die Schraubenspindel i der Schlitten h verschiebbar. Dieser trägt den schräg einstellbaren Klappenträger k mit der Klappe l. In l

ist schließlich der den Stahl tragende Werkzeughalter m befestigt.
Die Klappe l ist im Klappenträger durch einen Bolzen befestigt, um
den sie in der angegebenen Pfeilrichtung schwingen kann. Dies ist
nötig, damit sich der Stahl beim Rücklauf vom Werkstücke abheben
kann und nur lose ohne große Reibung darüber hingleitet.

Die zu bearbeitenden Werkstücke werden auf dem mit zwei zueinander senkrechten Aufspannflächen versehenen Tische aufgespannt
und führen die Schaltbewegung aus. Zu dem Zwecke ist der Tisch
am Querschlitten befestigt und kann sich mit diesem an einer wagerechten Führung des Gestellschlittens verschieben. Der Gestellschlitten

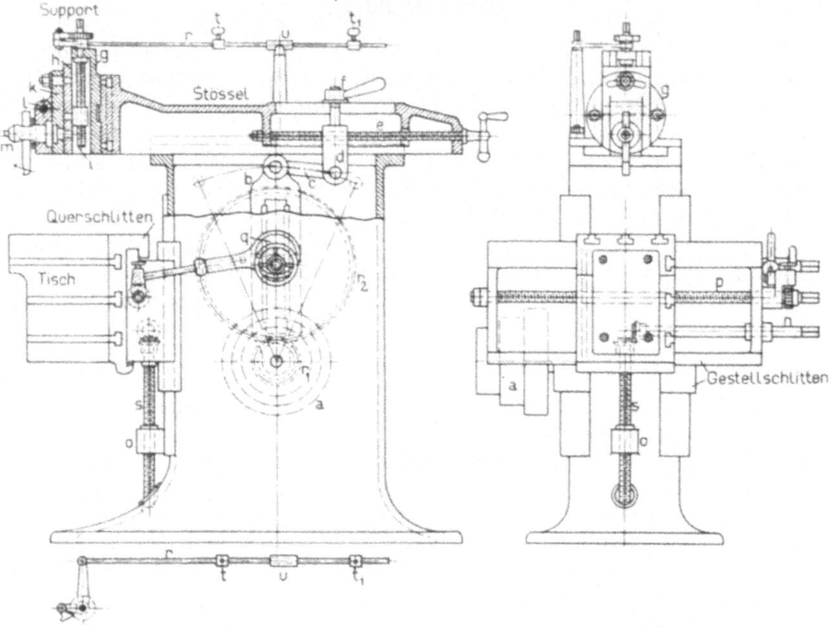

Fig. 202. Feilmaschine mit Antrieb durch schwingende Kurbelschleife.

ist an einer senkrechten Führung auf verschiedene Höhenlagen einzustellen durch eine von der Welle n aus durch Kegelräder gedrehte
Schraube s, die sich durch eine am Gestell befestigte Mutter o hindurch-
schraubt.

Um das Bearbeiten schräger Flächen zu ermöglichen, sind manche
Feilmaschinen mit dem in Fig. 127 dargestellten verstellbaren Aufspanntische versehen.

Die wagerechte Schaltung des Querschlittens mit dem Tische erfolgt
in Fig. 202 selbsttätig durch ein auf der hohlen Welle des Zahnrades r_2
befestigtes Exzenter q, dieses dreht mittels des in Fig. 187 dargestellten
Schaltwerkes ruckweise die Schraubenspindel p, die eine am Querschlitten befestigte Mutter verschiebt. Manche Feilmaschinen sind
auch so eingerichtet, daß eine senkrechte Schaltung erfolgen kann.

Diese wird dann aber nicht vom Werkstücke, sondern vom Werkzeuge ausgeführt. Zu dem Zwecke sitzt dann, wie aus Fig. 202 zu ersehen ist, noch ein Schaltwerk auf der in der Drehscheibe gelagerten Schraube i, die eine am Schlitten h befestigte Mutter verschiebt. Zur Betätigung des Schaltwerkes dient die Stange r, die sich mit dem Stößel so lange hin oder zurück bewegt, bis einer der verstellbaren Anschläge t oder t_1 gegen die Büchse u stößt. Dann bleibt die Stange stehen und betätigt dadurch das sich mit dem Stößel weiter bewegende Schaltwerk auf der Schraube i.

Werkstücke, die zum Aufspannen auf den Tisch zu groß sind, befestigt man wohl direkt am Querschlitten, nachdem man den Tisch vorher abgenommen hat. Besonders große sperrige Werkstücke, die schlecht die Schaltbewegung ausführen können, bearbeitet man vielfach auf Feilmaschinen, bei denen der Aufspanntisch mit dem Werkstücke still steht und der Stößel Arbeit- und Schaltbewegung ausführt. Solche Maschinen haben als Antriebvorrichtung meist eine umlaufende

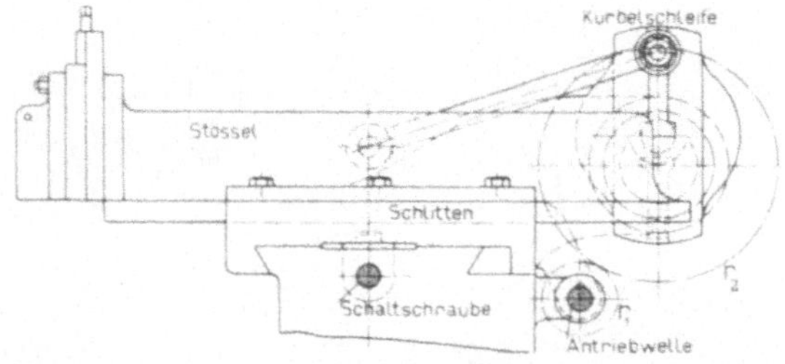

Fig. 203. Feilmaschinenantrieb durch umlaufende Kurbelschleife.

Kurbelschleife, wie sie in Fig. 171 beschrieben ist. Fig. 203 zeigt den Antrieb einer solchen Feilmaschine. Die Antriebwelle wird durch Stufenscheiben gedreht und überträgt die Bewegung durch die Zahnräder r_1 und r_2 auf die umlaufende Kurbelschleife, die durch eine Schubstange den Stößel in einer wagerechten Führung des Schlittens hin und her bewegt. Der Schlitten mit dem Stößel macht auch die Schaltbewegung. Er wird längs des Maschinengestelles durch eine Schaltschraube verschoben, die in bekannter Weise durch ein Schaltwerk von der Antriebwelle aus ruckweise gedreht wird. Die Kurbelschleife sowie die Zahnräder r_1 und r_2 müssen mit dem Schlitten mitwandern, um den Stößel in jeder Lage antreiben zu können. Sie sind deshalb auch am Schlitten befestigt und die Antriebwelle ist auf ihrer ganzen Länge genutet, damit das Rad r_1 sich auf ihr verschieben und in jeder Lage an ihrer Drehung teilnehmen kann.

Bei neueren Feilmaschinen findet man auch umlaufende und schwingende Kurbelschleife zu einem Antriebmechanismus vereinigt, indem der mit einem Gleitstücke in einem Schlitze der schwingenden Kurbelschleife auf- und abgleitende Zapfen von einer umlaufenden Kurbelschleife gedreht wird. Die Antriebstufenscheiben sind auch schon vielfach durch Stufenräder mit Einscheibenantrieb ersetzt.

Die Kurbelmechanismen sind nur für kleinere und mittlere Feilmaschinen gut geeignet, deren Hub nicht über 500 mm hinausgeht. Für größere Maschinen verwendet man besser Zahnstangenantriebe. Hierbei muß natürlich, wie bereits erwähnt, durch Wendegetriebe für einen Wechsel der Bewegungsrichtung am Ende jedes Hubes gesorgt werden. Man bedient sich dazu gewöhnlich des in Fig. 178 dargestellten Wendegetriebes mit Reibungskupplung in Vereinigung mit einem offenen und einem gekreuzten Riementriebe. Fig. 204 zeigt die Gesamtanordnung einer Feilmaschine mit Zahnstangenantrieb (Ludw. Loewe, Berlin), in Fig. 205 ist der Zahnstangenantrieb in größerem Maßstabe herausgezeichnet. Der Stößel trägt auf einer unteren Seite zwei Zahnstangen, in die die beiden Stirnräder r_4 greifen. Diese werden von dem Rade r_1 aus unter Vermittlung der Räder r_2 und r_3 angetrieben (vgl. auch Fig. 178). Am Stößel sind die beiden verstellbaren Anschläge a befestigt, die in der früher erläuterten Weise (Fig. 178) die Umsteuerung bewirken,

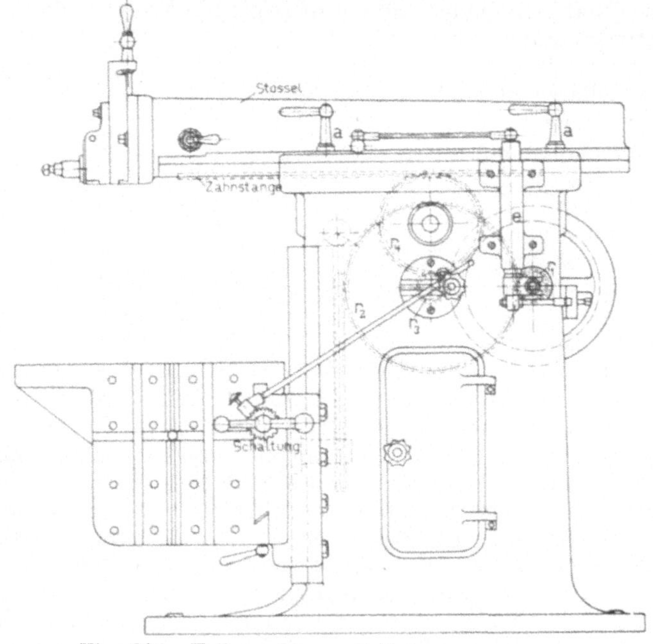

Fig. 204. Feilmaschine mit Zahnstangenantrieb.

indem sie eine senkrechte Welle e drehen und dadurch die Reibungskupplung entweder nach der Riemenscheibe des offenen oder der des gekreuzten Riemens einrücken. Von der Welle des Zahnrades r_2 aus wird die Schaltung betätigt unter Benutzung der früher in Fig. 194 dargestellten Momentkupplung.

Eine besondere Art der Feilmaschinen sind die Kegelräderhobelmaschinen [1]) zum genauen Bearbeiten der Zähne von Kegelrädern. Sie arbeiten mit einem Stahle von so geringer Stärke, daß er in die engen Zahnlücken hineinpaßt. Dieser Stahl macht die hin- und hergehende Arbeitbewegung. Die Schaltbewegung ist eine etwas verwickelte, sie muß so erfolgen, daß durch den hin- und hergehenden

---

[1]) Siehe Barth, Die Grundlagen der Zahnradbearbeitung.

Stahl die richtig gekrümmte Zahnflanke erzeugt wird. Sie setzt sich aus zwei Bewegungen zusammen, die entweder beide vom Werkzeug ausgeführt werden, während das Werkstück still liegt, oder beide vom

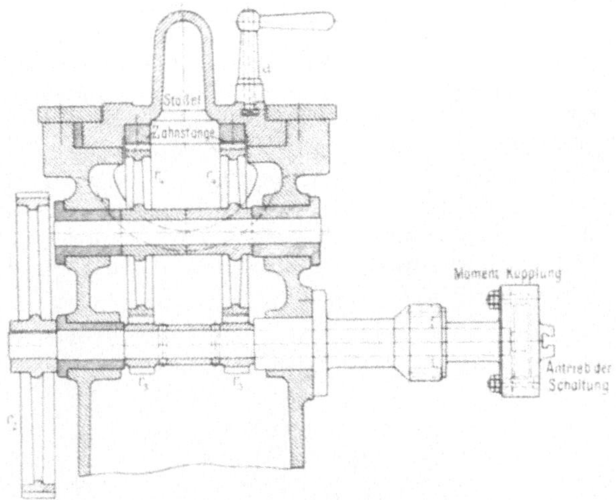

Fig. 205. Zahnstangenantrieb.

Werkstück, während der Stahl nur die hin- und hergehende Arbeitbewegung ausführt.

Das erste Verfahren wird durch die schematische Fig. 206 erläutert. Das zu bearbeitende Kegelrad ist auf den Dorn a gesteckt, der nach

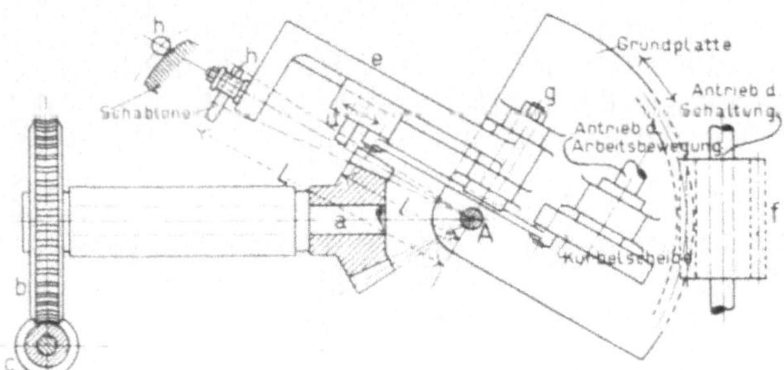

Fig. 206. Schema einer Kegelradhobelmaschine mit Schablone.

Fertigstellung einer Zahnflanke jedesmal um einen der Teilung entsprechenden Betrag gedreht wird. Dies geschieht mittels des Schneckenrades b und der Schnecke c, die durch eine beim Teilkopf (Fig. 141) beschriebene Teilvorrichtung gedreht werden kann. Der den Stahl tragende Werkzeugschlitten d wird von einer Kurbelscheibe aus durch eine Schubstange am Führungsarme e hin- und herbewegt. Die Bewegungsrichtung der Schneidkante des Stahles muß bei jedem Schnitte durch die Spitze A des zu bearbeitenden Kegelrades gehen. Der Vorschub erfolgt deshalb zunächst durch Drehen der die Antriebvorrichtung und den Führungsarm e tragenden Grundplatte um eine durch die Kegelspitze A gehende senkrechte Drehachse. Diese Drehung erfolgt mittels der Schnecke f, die von einem Schaltwerke nach jedem Schnitte des Stahles ruckweise gedreht wird. Damit nun die Zahnflanke die richtige Krümmung erhält, muß noch eine zweite Schaltung hinzukommen. Der Führungsarm e kann zu dem Zwecke um einen wagerechten Bolzen g schwingen und ist mit einer Führungsrolle h versehen, die während der Schaltung um A zwangläufig an einer festen Schablone entlang geführt wird und dadurch den Führungsarm e in der richtigen Weise um g dreht. Die Schablone muß so bemessen sein, daß die von der Mitte der Führungsrolle h zurückgelegte Kurve zu der größten Zahnkurve in demselben Verhältnisse steht wie die Entfernung L zu l.

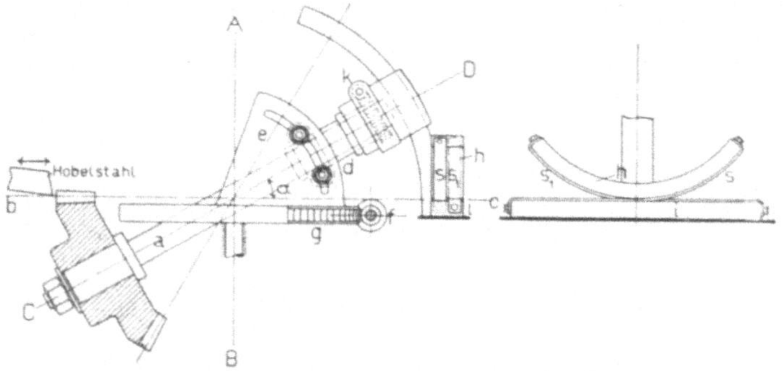

Fig. 207. Schema der Bilgram-Maschine.

Das zweite Verfahren ist das bei der Bilgram-Maschine (J. E. Reinecker, Chemnitz) angewandte. Es werde durch die schematische Fig. 207 veranschaulicht. Das zu bearbeitende Kegelrad ist auf der Spindel a befestigt, die unter dem Teilkegelwinkel α gegen die Wagerechte geneigt ist, so daß die Mantellinie b c des Teilkegels wagerecht liegt. Die Spindel ist in einer Büchse d gelagert, die durch in bogenförmigen Schlitzen zweier seitlicher Wangen e gleitende Schrauben auf den verlangten Winkel α eingestellt werden kann. Die Wangen e sitzen auf einer Drehscheibe, die mittels der Schnecke f und des Schneckenradsegments g um die senkrechte Achse A B gedreht werden kann. Mit der Spindel a ist dann noch ein auswechselbarer Rollbogen h verbunden, der einen Kegelschnitt senkrecht zur Linie b c, also einen Teil einer Ellipse darstellt. Über diesen Rollbogen laufen zwei Stahlbänder s und s_1, die mit einem Ende am Rollbogen, mit dem andern an der Platte i des Maschinengestells befestigt sind. Wird nun die Schnecke f von einem Schaltwerke aus gedreht, so führt die Spindel a mit dem zu bearbeitenden Kegelrade zwangläufig zwei Bewegungen aus. Sie dreht sich um die senkrechte Achse A B und gleichzeitig um ihre eigene Achse C D, da der Rollbogen h durch die Stahlbänder s und s_1 auf der Platte i abgewälzt wird. Hierdurch wird erreicht, daß der nur die gradlinige Arbeitbewegung ausführende Hobelstahl richtig gestaltete Zahnflanken bearbeitet. Der Schneckentrieb k wird von einer Teilvorrichtung betätigt und ermöglicht das Bearbeiten sämtlicher Zähne. Der Rollbogen müßte für jeden Teilkegelwinkel ein anderer sein, man begnügt sich aber praktisch mit Rollbogen in Abstufungen von fünf zu fünf Grad. Fig. 208 zeigt eine nach diesem Verfahren arbeitende Kegelrad-Hobelmaschine von J. E. Reinecker, Chemnitz.

Die Feilmaschinen dienen hauptsächlich zum Bearbeiten kleinerer Flächen, da man ihren Hub nicht über 800 mm hinaus steigert. Bei größeren Hüben würde sich der Stößel zu weit aus seiner Führung

Fig. 208. Bilgram-Kegelradhobelmaschine.

hinausbewegen, durch den nach oben gerichteten Stahldruck stark auf Biegung beansprucht werden und auch die Führungsflächen ungünstig beeinflussen. Die Genauigkeit der Arbeit würde hierunter sehr leiden. Die Verbreitung der Fräsmaschine hat das Verwendungsgebiet der Feilmaschine erheblich eingeschränkt, jedoch liefert die Feilmaschine bei Bearbeitung ebener Flächen gewöhnlich genauere Arbeit als die Fräsmaschine, da größere Werkstücke sich infolge der starken Erwärmung beim Fräsen leicht verziehen. Wo es auf große Genauigkeit ankommt, z. B. bei Führungsflächen, fräst man jetzt zunächst die Flächen vor und schlichtet sie auf der Feil- oder der Hobelmaschine. Größere Werkstücke werden direkt auf den Anspannflächen des Tisches mittels Spanneisen und Schrauben oder durch Frösche und Spannbacken befestigt, kleinere in einem auf dem Tische befestigten Parallelschraub-

7*

stock. Es lassen sich auf der Feilmaschine wagerechte, senkrechte, schräge und runde Flächen bearbeiten. Die Bearbeitung genau wagerechter Flächen ist durch die genau wagerechten Führungen des Stößels und des Tisches gewährleistet. Bei der Bearbeitung senkrechter Flächen liegt das Werkstück vielfach still und der Stahl führt die Schaltbewegung aus, indem sich der Werkzeugschlitten an der senkrechten Führung der Drehscheibe verschiebt. Der Stahl muß dabei etwas schräg eingestellt werden. Dies ermöglicht der Klappenträger k. Zum genauen Bearbeiten der senkrechten Flächen vorgefräster T-förmiger Aufspannnuten bedient man sich des in Fig. 22 und 23 dargestellten Nutenstahles, zum Hobeln von Keilnuten in engen Bohrungen des in Fig. 24 abgebildeten Werkzeuges. Bei der Bearbeitung schräg geneigter Flächen

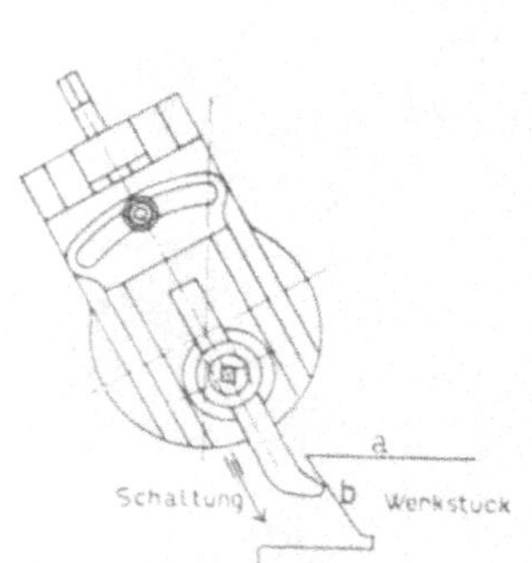

Fig. 209. Hobeln schräger Flächen.

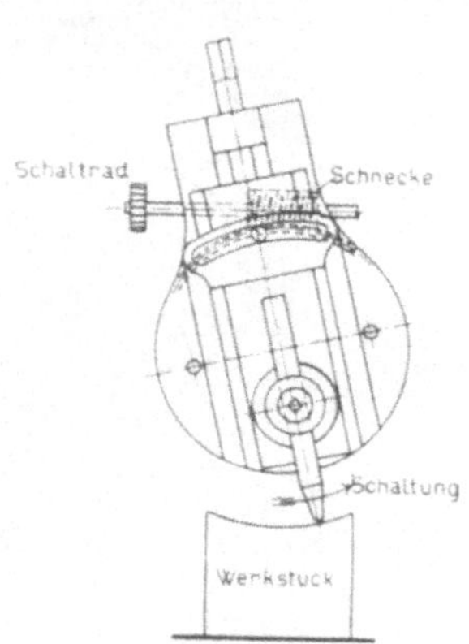

Fig. 210. Hobeln runder Flächen.

wird entweder der Stahl oder das Werkstück schräg eingestellt. Das erste Verfahren wird durch Fig. 209 veranschaulicht. Nachdem an dem Werkstücke die wagerechte Fläche a bearbeitet ist, wird die Lyra am Stößelkopf so gedreht, daß der Stahl die Fläche b mit der richtigen Neigung bearbeiten kann. Das Schrägstellen des Werkstückes kann auf verschiedene Weise erfolgen. Kleinere Werkstücke spannt man in einen Universalschraubstock (Fig. 124), größere auf verstellbare Aufspannwinkel (Fig. 126) oder verstellbare Aufspanntische (Fig. 127). Zur Bearbeitung zylindrischer Außenflächen benutzt man den Spitzenapparat (Fig. 138) oder den Rundhobelapparat (Fig. 145). Auch Hohlzylinderflächen können auf der Feilmaschine bearbeitet werden, wie Fig. 210 veranschaulicht. Hier ist der Support so eingerichtet, daß er durch Schnecke und Schneckenrad nach jedem Schnitte um ein der Spanbreite entsprechendes Maß um eine wagerechte Achse gedreht wird. Das ruckweise Drehen der Schnecke erfolgt selbsttätig durch ein Schaltwerk.

2. Stoßmaschinen.

Die Stoßmaschinen haben in ihrer Arbeitweise große Ähnlichkeit mit den Feilmaschinen, sie unterscheiden sich aber von diesen durch ihre Bauart. Während bei den Feilmaschinen der Stößel sich wagerecht hin und her bewegt, bewegt er sich bei den Stoßmaschinen senkrecht auf und ab. Die Antriebvorrichtungen beider Maschinen sind

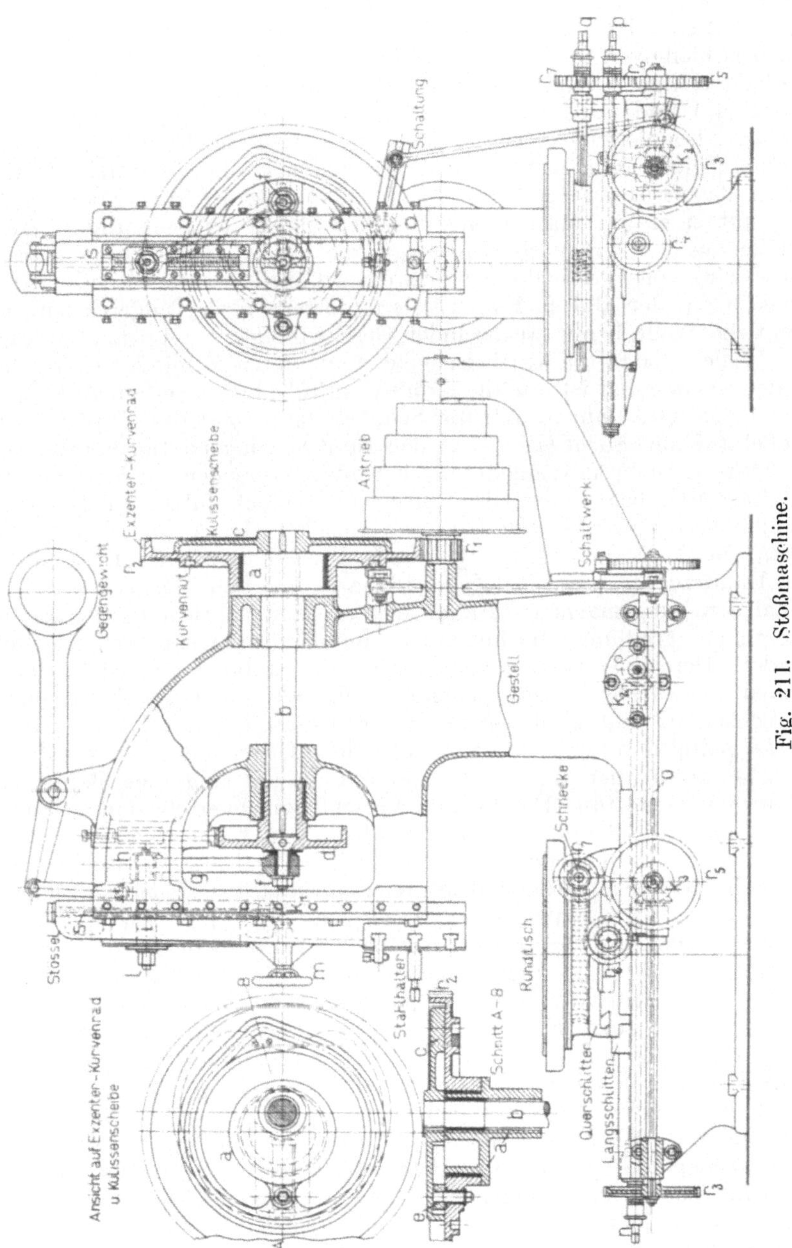

Fig. 211. Stoßmaschine.

dieselben. Des kurzen Hubes wegen kommen bei kleinen und mittleren Stoßmaschinen meist Kurbelgetriebe zur Verwendung und zwar schwingende oder umlaufende Kurbelschleifen oder eine Vereinigung beider. Bei schwereren dagegen Schrauben- oder seltener Zahnstangen-Antrieb.

Fig. 211 zeigt eine Stoßmaschine mit Antrieb durch umlaufende Kurbelschleife von O. Froriep in Rheydt. In einer senkrechten Führung des hakenartigen Gestelles bewegt sich der unten den Stahlhalter tragende Stößel auf und ab. Sein Gewicht ist durch ein Gegengewicht ausgeglichen. Der Antrieb der umlaufenden Kurbelschleife erfolgt von den Stufenscheiben aus, auf deren Welle vielfach ein Schwungrad sitzt, durch das Stirnrad r_1. Dieses treibt das Exzenterkurvenrad r_2, das sich auf einer am Maschinengestell befestigten Hülse a dreht. In a ist die Welle b exzentrisch gelagert, die die Kulissenscheibe c trägt. Diese wird von r_2 aus durch ein in einer Führungsnut gleitendes Gleitstück e in der durch Fig. 170 erläuterten Weise angetrieben und dreht die Welle b mit wechselnder Geschwindigkeit. Am andern Ende der Welle b sitzt die Kurbelscheibe d, in deren Schlitze der Kurbelzapfen f verstellbar ist, um die Größe des Stößelhubes ändern zu können. Von f aus wird dann durch die Schubstange g und den Zapfen h der Stößel auf und ab bewegt. Um den Stößel genügend tief herabsenken zu können, ist er mit einem langen Schlitze versehen, in dem sich ein am Zapfen h befestigtes, als Mutter für die Schraube s ausgebildetes Gleitstück i verschieben und durch Anziehen der Mutter l feststellen läßt. Die Verschiebung erfolgt durch Drehen der Schraube s mittels des Handrades m und des Kegelradpaares k_1. Das Werkstück soll die Schaltbewegung machen; es kann in zwei sich rechtwinklig kreuzenden Richtungen gradlinig verschoben oder um eine senkrechte Achse gedreht werden. Der das Werkstück tragende Teil der Stoßmaschine ist folgendermaßen ausgebildet. Sein oberster Teil, der runde Tisch, trägt ein Schneckenrad und kann mittels einer Schnecke um seine senkrechte Achse gedreht werden. Er ruht auf einem Querschlitten, der auf dem Längsschlitten quer zum Bette und mit diesem längs des Bettes verschoben werden kann. Diese beiden Verschiebungen erfolgen in bekannter Weise durch die Schraubenspindeln p bzw. n und eine unter dem Querschlitten bzw. Längsschlitten befestigte Mutter. Die Schraubenspindeln sowie die Schneckenwelle sind mit Vierkantköpfen versehen und können durch aufgesteckte Kurbeln von Hand gedreht werden. Die den Längsschlitten verschiebende Schraubenspindel n kann auch durch das Kegelradpaar k_2 von Hand angetrieben werden. Die selbsttätige Schaltung wird vom Exzenterkurvenrad abgeleitet, das zu dem Zwecke auf seiner Rückseite mit einer Kurvennut versehen ist. Hierdurch wird in der durch Fig. 191 erläuterten Weise ein Schaltwerk betätigt, das die Schaltwelle o ruckweise dreht. Von der Schaltwelle o aus können dann durch die Räder r_3 und r_4 die Schraubenspindel n, das mit dem Längsschlitten mitwandernde Kegelräderpaar k_3 und die Stirnräder r_5, r_6 bzw. r_7, die Schraubenspindel p oder die Schneckenwelle q angetrieben werden. Die Stirnräder r_4 bis r_7 sitzen nicht fest auf ihren Wellen, sondern lose, können aber je nach der gewünschten Schaltung durch eine kleine Kupplung mit ihnen fest verbunden werden.

Schwerere Stoßmaschinen werden, wie bereits erwähnt, gewöhnlich durch Schraube und Mutter angetrieben. Diese Antriebart wird durch Fig. 212 erläutert. Eine am Stößel befestigte Mutter wird mit diesem durch eine im Gestell gelagerte Schraube in senkrechter Richtung auf und ab bewegt. Die Drehrichtung der Schraube wird durch ein Riemenscheiben-Wendegetriebe umgesteuert. Zur Betätigung des Wendegetriebes sind am Stößel zwei verstellbare Anschläge a und b befestigt, von denen kurz vor jedem Hubwechsel einer gegen den wagerechten Arm des Winkelhebels c stößt und damit die Riemenverschiebung bewirkt. Ein Handgriff h ermöglicht das Umsteuern von Hand. Mit dem Winkelhebel ist die das Zahnradsegment r_1 tragende Scheibe verbunden; sie schwingt mit ihm hin und her und dreht dadurch das

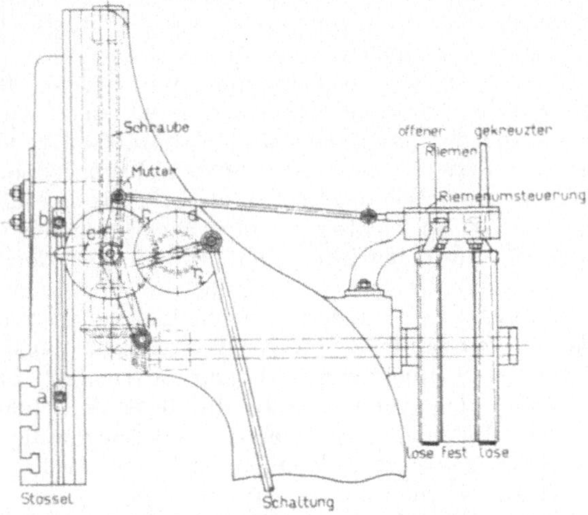

Fig. 212. Stoßmaschine mit Antrieb durch Schraube und Mutter.

Zahnrad r_2, das mit der Kurbelscheibe d verbunden ist und die Schaltung einleitet.

Die Stoßmaschinen haben kein sehr ausgedehntes Verwendungsgebiet. Sie werden hauptsächlich benutzt zum Stoßen von Keilnuten in Naben von Rädern, Hebeln und Kurven, zum Bearbeiten von Ausschnitten in Blechen, z. B. Lokomotivrahmen, wobei immer mehrere Bleche aufeinandergelegt und gleichzeitig bearbeitet werden, ferner zum Ausstoßen von Schubstangenköpfen und Wellenkröpfungen sowie zum Bearbeiten von zylindrischen oder anders profilierten Flächen, die sich nicht auf der Drehbank bearbeiten lassen, wie z. B. Naben von Kurbeln und Hebeln. Auch zur Bearbeitung von Stirnrädern benutzt man wohl die Stoßmaschine, und zwar entweder nur zum Vorstoßen der zu fräsenden Zahnlücken oder zur genauen Bearbeitung der Zahnflanken. Im letzteren Falle muß dann aber der Aufspanntisch eine solche Schaltbewegung ausführen können, daß die richtige Zahnkurve erzeugt wird. Zum Bearbeiten schräger Flächen auf der Stoßmaschine benutzt man auch wieder die früher besprochenen, schräg einstellbaren Aufspannvorrichtungen.

3. Hobelmaschinen.

Die Hobelmaschinen arbeiten im allgemeinen so, daß das Werkstück die Arbeitbewegung, der Stahl die Schaltung ausführt. Nur bei Maschinen zur Bearbeitung ganz großer schwerer Werkstücke legt man wohl das Werkstück fest und läßt den Stahl Arbeit- und Schaltbewegung machen. Dies ist der Fall bei den Grubenhobelmaschinen und den Blechkantenhobelmaschinen.

Die Einrichtung einer normalen Tischhobelmaschine sei an der Hand der Fig. 213 (Werkzeugmaschinenfabrik Brune, Köln-Ehrenfeld) besprochen. Die Hauptteile der Maschine sind das Bett, der auf dem Bette in Führungsnuten von ⊔- oder √förmiger Gestalt gleitende Tisch, zwei seitlich am Bette befestigte, oben durch einen Querbalken verbundene Böcke, der an diesen auf und ab gleitende Querschlitten und ein oder mehrere Supporte.

Der Tisch trägt die zu bearbeitenden Werkstücke und führt die gradlinig hin und her gehende Arbeitbewegung aus. Als Antriebvorrichtung dienen meist Zahnstange und Zahnrad oder Schraube und Mutter, seltener Seiltrieb. Diese Antriebvorrichtungen sind mit einem der früher besprochenen Wendegetriebe ausgerüstet, das die Bewegungsrichtung des Tisches im richtigen Augenblicke umsteuert und einen beschleunigten Rücklauf bewirkt. Während früher der Tischantrieb so eingerichtet war, daß der Arbeitshub immer mit derselben Geschwindigkeit erfolgte, hat man bei neueren Hobelmaschinen mehrere Tischgeschwindigkeiten eingeführt, damit die verschiedenen Materialien mit der günstigsten Schnittgeschwindigkeit bearbeitet werden können. In Fig. 213 erfolgt der Antrieb z. B. durch Stufenscheiben mit drei verschiedenen Geschwindigkeiten von der Vorgelegewelle a aus durch einen offenen bzw. gekreuzten Riemen nach der Welle b. Der über die kleinere Antriebriemenscheibe laufende gekreuzte Riemen wird für den langsamen Arbeitsgang, der offene für den schnellen Rücklauf benutzt. Von der Welle b aus wird dann durch die Zahnräder r_1, r_2 und r_3 das Rad r_4 angetrieben, das in die unter dem Tische befestigte Zahnstange greift und die Tischbewegung veranlaßt. Die Umsteuerung vermitteln zwei am Tische verstellbare Anschläge oder Frösche c und d, die am Ende des Hubes gegen einen Hebel stoßen und dadurch einen der früher besprochenen Riemenleiter betätigen, wie dies in Fig. 214 schematisch dargestellt ist. Die beiden Ansätze a und b des Steuerhebels sowie die beiden Frösche c und d liegen in verschiedenen Ebenen, so daß beim Hingange der Frosch c gegen den Ansatz a, beim Rücklaufe der Frosch d gegen den Ansatz b stoßen kann. Die beiden Ansätze a und b sind verschieden lang. Beim schnellen Rücklauf wirkt der Forsch d auf den längeren Ansatz b, damit das Herumlegen des Steuerhebels trotz der erhöhten Tischgeschwindigkeit nicht schneller erfolgt als am Ende des Hinganges. Der Ansatz b ist gewöhnlich durch einen Bolzen gelenkig am Steuerhebel befestigt und kann so herumgelegt werden, daß der Frosch d ihn gar nicht berührt. Man kann den Tisch dann vollständig auslaufen lassen, um das Werkstück zu besichtigen oder irgendwelche Zwischenarbeiten vorzunehmen. Zwei Handhebel h und h_1 ermöglichen auch ein Umsteuern von Hand, und zwar von beiden Seiten der Maschine.

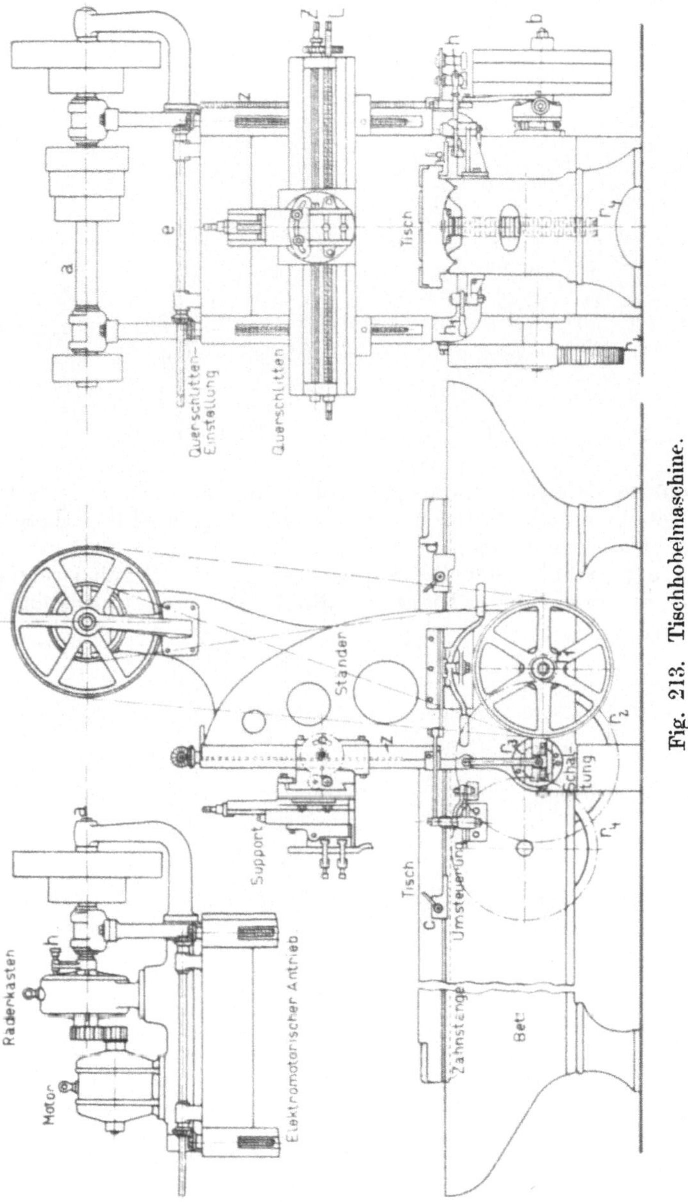

Fig. 213. Tischhobelmaschine.

In einer Nebenfigur der Fig. 213 ist der elektrische Antrieb der Hobelmaschine dargestellt. Der Elektromotor ist auf einer zwischen die Seitenständer eingebauten Grundplatte befestigt und treibt durch Zahnräder die Welle a an. Sollen auch wieder mehrere Schnittgeschwindigkeiten möglich sein, so schaltet man noch einen Räderkasten ein,

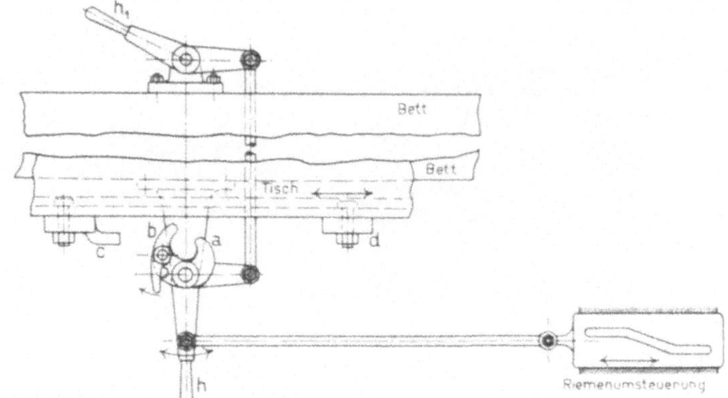

Fig. 214. Umsteuerung der Tischbewegung.

der mehrere Zahnrädervorgelege enthält, die je nach der gewünschten Schnittgeschwindigkeit durch einen außen angebrachten Handhebel h eingerückt werden können.

Der den Stahl tragende Support führt die Schaltbewegung aus und ist in wagerechter Richtung durch eine Schraubenspindel oder

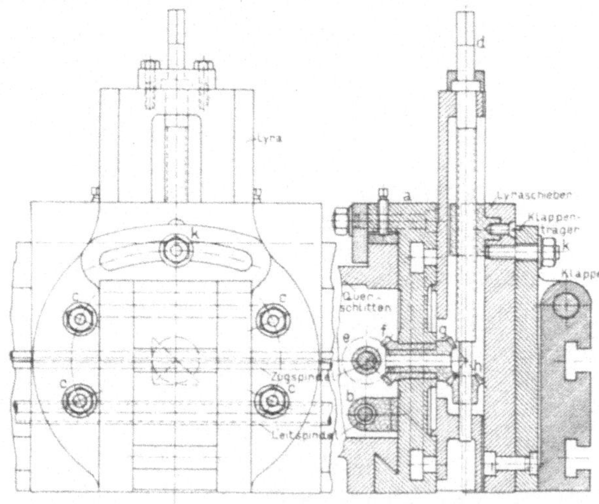

Fig. 215. Hobelmaschinen-Support.

Leitspindel L an einem Querschlitten verschiebbar, der sich an senkrechten Führungen der beiden seitlichen Ständer in beliebiger Höhenlage einstellen läßt. Dieses Einstellen erfolgt von der Welle e aus durch

Kegelräder und zwei in den Ständern gelagerte senkrechte Schraubenspindeln. Die Welle e wird gewöhnlich durch ein auf einen Vierkant aufgestecktes Armkreuz von Hand gedreht, bei größeren Maschinen jedoch auch von der Antriebwelle aus durch Riemen. Außerdem läßt sich der Support noch in senkrechter Richtung verschieben durch die auf ihrer ganzen Länge genutete Zugspindel Z.

Die Einrichtung eines Hobelmaschinensupports sei an der Hand der Fig. 215 beschrieben. An einer Führung des Querschlittens ist zunächst der Sattel a in wagerechter Richtung zu verschieben mittels der Leitspindel und einer an a befestigten Mutter b. Der Sattel a trägt eine in der senkrechten Ebene drehbare und durch vier Schrauben c feststellbare Drehscheibe oder Lyra mit dem durch die Schraubenspindel d verschiebbaren Lyraschieber. Die Schraube d kann direkt durch ein auf ihr Vierkant gestecktes Handrad gedreht werden oder von der Zugspindel aus durch die Kegelräder e, f, g und h. Das Rad e muß dauernd mit f in Eingriff sein und wandert daher mit dem Support mit und gleitet dabei mit einer Feder in der Längsnut der Zugspindel. Die Lyra ermöglicht es, den Stahl schräg einzustellen, um eine geneigte Fläche zu behobeln. Ihre Drehachse muß mit der der Kegelräder f und g zusammenfallen, damit in jeder Lage die Schaltung möglich ist. Der Lyraschieber trägt dann weiter den Klappenträger mit der Klappe, an der in derselben Weise wie bei den Feilmaschinen der Stahl befestigt wird. Die Klappe ist wieder nach oben aufklappbar, um ein Abheben des Stahles beim Rücklaufe zu ermöglichen. Bei manchen Hobelmaschinen erfolgt dies Abheben des Stahles von der Maschine selbsttätig. Auch der Klappenträger läßt sich gewöhnlich um den Bolzen i schräg einstellen und durch die Schraube k festklemmen.

Die selbsttätige Schaltung wird von der Antriebvorrichtung der Maschine abgeleitet. In Fig. 213 sitzt zu dem Zwecke auf dem Ende der sich abwechselnd links und rechts herumdrehenden Welle der Zahnräder r_2 und r_3 die früher beschriebene Momentkupplung (vgl. Fig. 194), von der aus die auf und ab schwingende Zahnstange z bewegt wird. Die Schaltung muß immer unmittelbar vor Beginn eines neuen Arbeithubes erfolgen.

Um das Bearbeiten breiter sperriger Werkstücke zu ermöglichen, die zwischen den beiden Seitenständern keinen Platz finden würden, baut man Einständer-, Einpilaster- oder Offenseit-Hobelmaschinen, von denen Fig. 216 (Billeter & Klunz) ein Beispiel zeigt. Hier ist der eine Seitenständer fortgelassen, der andere ist als Säule ausgebildet, an der der kräftig versteifte Querschlitten gut geführt ist. Es seien noch einige Abweichungen dieser Maschine von der in Fig. 213 dargestellten besprochen: Der Querschlitten trägt zwei Supporte S_1 und S_2 und demgemäß auch zwei Leitspindeln L_1 und L_2, so daß zwei Stähle gleichzeitig hobeln können. Außerdem ist an einer senkrechten Führung des Maschinengestelles noch ein dritter Support S_3 angebracht, der das Werkstück an der Seite behobeln kann. Die senkrechte Verstellung des Querschlittens kann von der Vorgelegewelle durch Riementrieb abgeleitet werden. Die Schaltung wird von dem Umsteuerhebel betätigt. Dieser schwingt eine kleine Kurbelscheibe hin und her, die mittels einer Schubstange die Zahnstange z auf und ab bewegt. Die Zahnstange betätigt eine Schaltdose, die die Schaltung

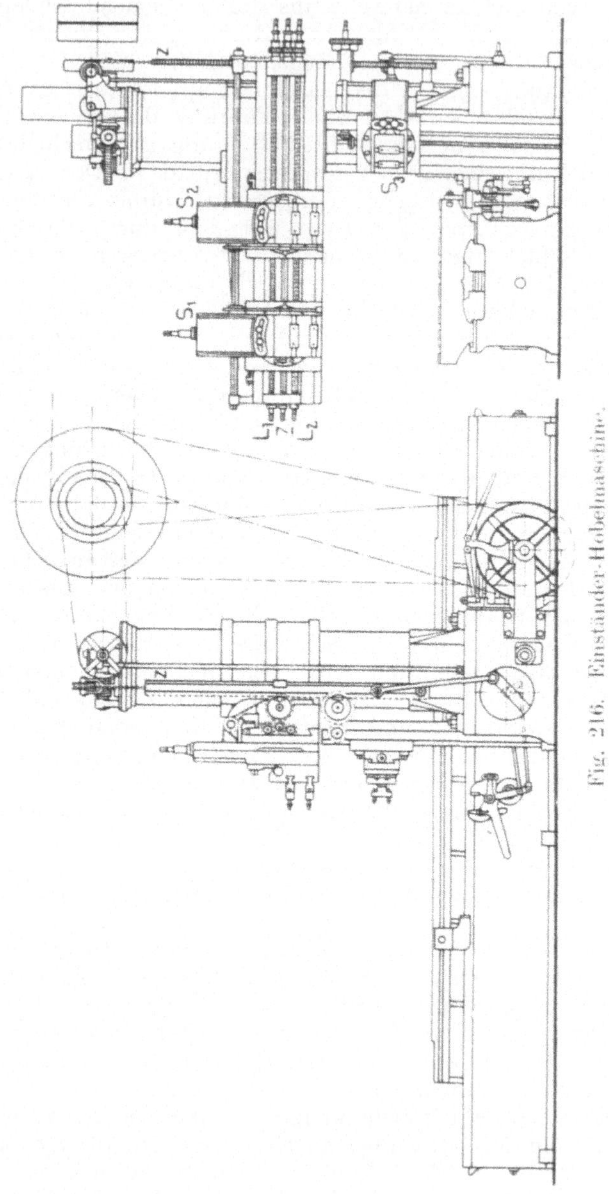

Fig. 216. Einständer-Hobelmaschine.

durch aus- und einrückbare Zahnräder entweder auf eine der Leitspindeln L_1 und L_2 oder die Zugspindel Z überträgt. Die Zahnstange z hängt an einer über eine Rolle laufenden Kette mit Gegengewicht zum Ausgleich des Gewichtes der auf und ab schwingenden Teile.

Um den durch den leeren Rücklauf verursachten Zeitverlust zu vermeiden, hat man die Hobelmaschinen wohl mit einem umsteuerbaren Stahlhalter ausgerüstet, der bei jedem Hubwechsel um 180° gedreht wird, so daß der Stahl beim Hin- und Rückgange schneiden kann. Auch benutzt man Stahlhalter mit zwei Stahlen, die so gesteuert werden, daß der eine beim Hin-, der andere beim Rückgange zum Schneiden kommt. Bei den gewöhnlichen Tischhobelmaschinen macht man hiervon jedoch wenig Gebrauch, wohl aber bei den Grubenhobelmaschinen und den Blechkantenhobelmaschinen.

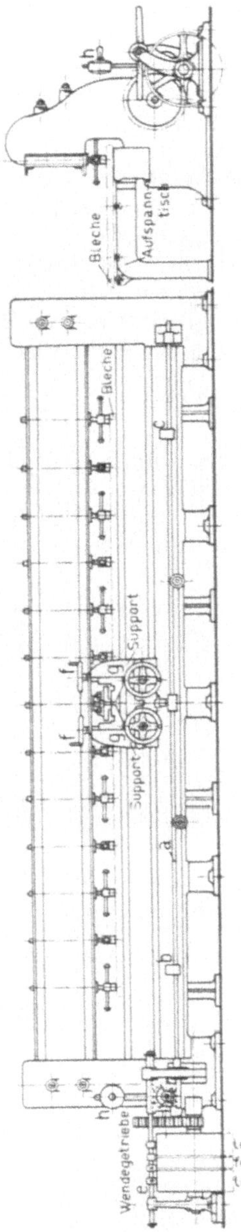

Verwendung der Hobelmaschinen. Die Hobelmaschinen dienen zum Bearbeiten wagerechter, senkrechter und schräger ebener Flächen an größeren Werkstücken, die durch Spanneisen und Schrauben, durch Frösche oder durch Spannbacken auf dem wagerechten Tische befestigt werden. Mit der Aufspannvorrichtung verbindet man manchmal eine Schablone, die das Profil der zu hobelnden Fläche darstellt. Man kann dann nach ihr den Hobelstahl einstellen und das Anreißen ersparen. Das bei der Feilmaschine über das Vorfräsen und Schlichten Gesagte gilt auch hier. Zur Bearbeitung senkrechter und schräger Flächen wird der Support in derselben Weise wie bei Feilmaschinen schräg eingestellt.

4. Blechkantenhobelmaschinen.

Die Blechkantenhobelmaschinen dienen zum Bearbeiten der schmalen Seitenflächen von Blechen. Bei ihnen liegt das Werkstück still und das Werkzeug, ein Hobelstahl, macht Arbeit- und Schaltbewegung. Die Bleche werden dabei, wie Fig. 217 zeigt, in mehreren Lagen übereinander auf einem Aufspanntische durch Schrauben festgespannt. Zum bequemeren Bewegen der Bleche ist der Tisch mit Rollenlagern versehen. Statt der Aufspannschrauben verwendet man auch hydraulische Kolben, die die Bleche schneller und gleichmäßiger festklemmen als die von Hand zu spannenden Schrauben. Der den Hobelstahl tragende Support bewegt sich, durch eine Schraubenspindel angetrieben, an einer langen, wagerechten Führung. Des langen Hubes wegen hobelt man, um Zeit zu sparen, beim Hin- und Rückgange. Man benutzt dazu die oben beschriebenen Stahlhalter. Der Antrieb des Supports erfolgt von einem Riemenscheibenwendegetriebe oder, bei elektrischem Antriebe, durch einen umsteuerbaren Motor. Das Umsteuern geschieht selbsttätig durch die lange Steuerstange a mit zwei verstellbaren Anschlägen b und c, gegen die am Hubende ein Anschlag des Supports stößt. Bei der dargestellten Maschine verschiebt die Steuerstange den Riemenleiter e des Wendegetriebes. Ein mit Gewicht belasteter Hebel h, der auch zum Handsteuern benutzt wird, beschleunigt das Umsteuern, sobald er über seine Mittelstellung hinausgekommen ist, und sichert dabei die Endlagen des Riemenleiters. Das Schalten des Stahles erfolgt in senkrechter Richtung, und zwar entweder von Hand durch das Handrad f, oder selbsttätig durch Schaltwerke, die am Hubende durch Anschläge betätigt werden. Die Handräder g dienen zum wagerechten Verschieben der Stähle beim Anstellen.

5. Räumnadelziehmaschinen.

Die Räumnadelziehmaschinen dienen dazu, mit Hilfe der früher beschriebenen Räumnadeln vorgebohrte zylindrische Löcher in solche von beliebiger Gestalt überzuführen sowie zum Herstellen von Keilnuten. Sie arbeiten so, daß sie die Räumnadeln durch das festliegende

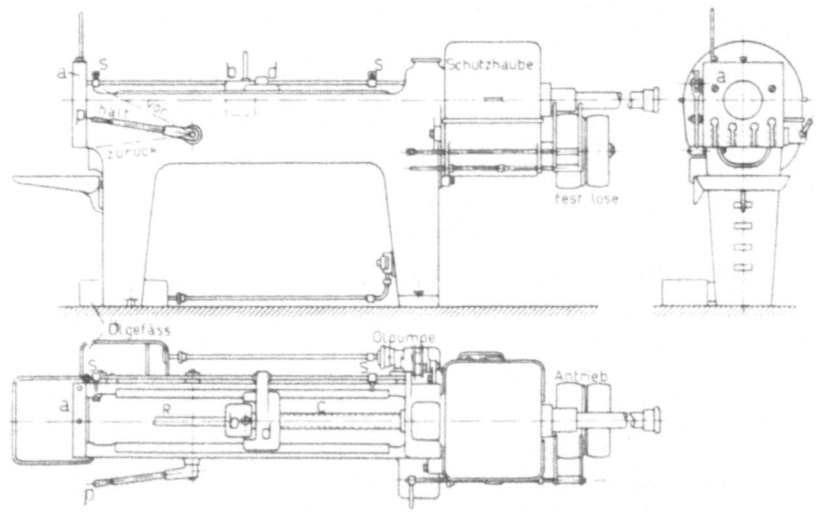

Fig. 218.   Räumnadelziehmaschine.

Werkstück in gerader Richtung hindurchziehen. Eine besondere Schaltung ist nicht nötig.

In Fig. 218 ist die Gesamtanordnung einer Räumnadelziehmaschine, in Fig. 219 ihr Antrieb dargestellt. Das Werkstück wird an der mit Aufspannuten versehenen Platte a festgespannt. Die Räumnadel R

ist durch eine Überwurfmutter b an einer Schraubenspindel c befestigt,
die an ihrem vorderen Ende einen auf einer Führung des Maschinengestells gleitenden Kopf d trägt. Die Überwurfmutter wird mittels
Gewinde von großer Steigung auf das Ende der Schraubenspindel aufgeschraubt. Die Befestigung der Räumnadel erfolgt durch einen zweiteiligen kegelförmigen Klemmring, der sich in eine Eindrehung am
Räumnadelende legt und durch den Zug der Schraubenspindel gegen
einen zweiten Kegelring in der Überwurfmutter gedrückt wird. Die
Schraubenspindel und die an ihr befestigte Räumnadel können durch
Rechts- oder Linksdrehen einer Bronzemutter e hin und zurück bewegt

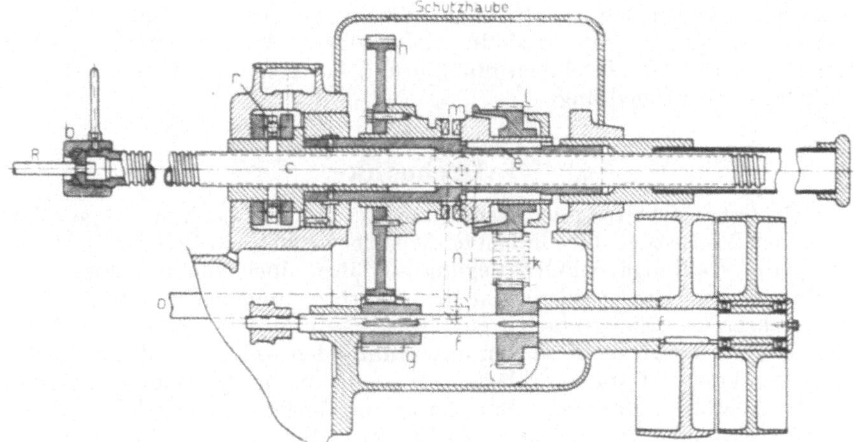

Fig. 219. Antrieb der Räumnadelziehmaschine.

werden. Der Antrieb der Mutter e erfolgt von der Riemenscheibenwelle f
aus durch ein von einer Schutzhaube überdecktes Wendegetriebe von
folgender Einrichtung. Von der Welle f aus wird durch das Zahnrad g
das Zahnrad h und durch das Rad i unter Vermittlung eines Zwischenrades k das Rad l angetrieben. h und l sitzen lose auf einer sich an die
Mutter e anschließenden Hülse. Das Rad l dreht sich entgegengesetzt
wie h und schneller als dieses, es wird für den schnellen Rücklauf benutzt.
Auf der Mutter e ist nun ein Kupplungsteil m in axialer Richtung
verschiebbar aufgekeilt, der entweder durch Kupplungszähne mit dem
Zahnrade h oder durch einen Reibungskegel mit dem Rade l fest verbunden wird und diese mitnimmt. Das Verschieben von m erfolgt
durch den Hebel n und die Stange o entweder vom Handhebel p aus
von Hand oder durch die Maschine selbsttätig mittels der verstellbaren
Anschläge s, gegen die am Hubende ein am Gleitkopfe d befestigtes
Auge stößt. Das Kugellager r nimmt den nach links gerichteten Gegendruck während des Ziehens auf.

E. Werkzeugmaschinen mit drehender Arbeitbewegung.

Die Werkzeugmaschinen mit drehender Arbeitbewegung haben denen mit gradliniger gegenüber erhebliche Vorteile. Sie arbeiten schneller und ruhiger, denn der Zeitverlust des leeren Rücklaufes und die ungünstigen Massendrücke beim Hubwechsel fallen fort. Ferner erfolgt die Schaltung dauernd, das Werkzeug bleibt also ununterbrochen mit dem Werkstücke in Berührung, während es bei Maschinen mit gradliniger Arbeitbewegung bei jedem Hube von neuem ansetzen muß und dadurch Erschütterungen hervorruft. Die Werkzeugmaschinen mit drehender Arbeitbewegung lassen deshalb viel größere Arbeitgeschwindigkeiten zu und haben die Maschinen mit hin und her gehender Arbeitbewegung erheblich zurückgedrängt.

1. Drehbänke.

Bei der Bearbeitung der Werkstücke auf der Drehbank macht gewöhnlich das Werkstück die drehende Arbeitbewegung, während das Werkzeug die gradlinige Schaltbewegung ausführt, doch kommen auch Ausnahmen vor. Die Drehbank ist die wichtigste und verbreitetste Werkzeugmaschine. Sie gestattet eine so vielseitige Verwendung, daß der größte Teil der an Werkstücken auszuführenden Arbeiten auf ihr erledigt werden kann. Daraus erklärt sich auch die große Mannigfaltigkeit ihrer Ausführungformen. Man kann die vielen verschiedenen Drehbänke einteilen in Spitzendrehbänke, Revolverdrehbänke und Automaten, Plandrehbänke und Drehbänke für besondere Zwecke.

a) Spitzendrehbänke.

Die Gesamtanordnung einer normalen Spitzendrehbank zeigt Fig. 220 (Ludw. Loewe). Die Hauptteile der Maschine sind das Bett, der Spindelstock, der Support und der Reitstock.

Das Bett hat die übrigen Teile der Drehbank zu tragen. Es hat immer eine solche Höhe, daß die Mitte der Drehspindel 1 bis 1,2 m über dem Fußboden liegt. Es besteht, wie Fig. 221 zeigt, aus zwei seitlichen Wangen, die durch Querrippen a gegeneinander versteift sind und oben zur Führung des Supports und des Reitstockes eingerichtet sind. Bei leichteren Drehbänken ruhen die Wangen auf gußeisernen Füßen, die als Schränke für Werkzeuge und sonstige Zubehörteile der Drehbank ausgebildet sind. Bei großen schweren Drehbänken fehlen diese Füße und die Wangen reichen bis auf den Fußboden herab. Um Gegenstände abdrehen zu können, deren Halbmesser größer ist als die Spitzenhöhe der Drehbank, gibt man dem Bette eine Kröpfung. Wird diese nicht gebraucht, so kann sie durch eine Brücke ausgefüllt werden, damit der Support möglichst dicht an den Spindelstock herangeführt werden kann.

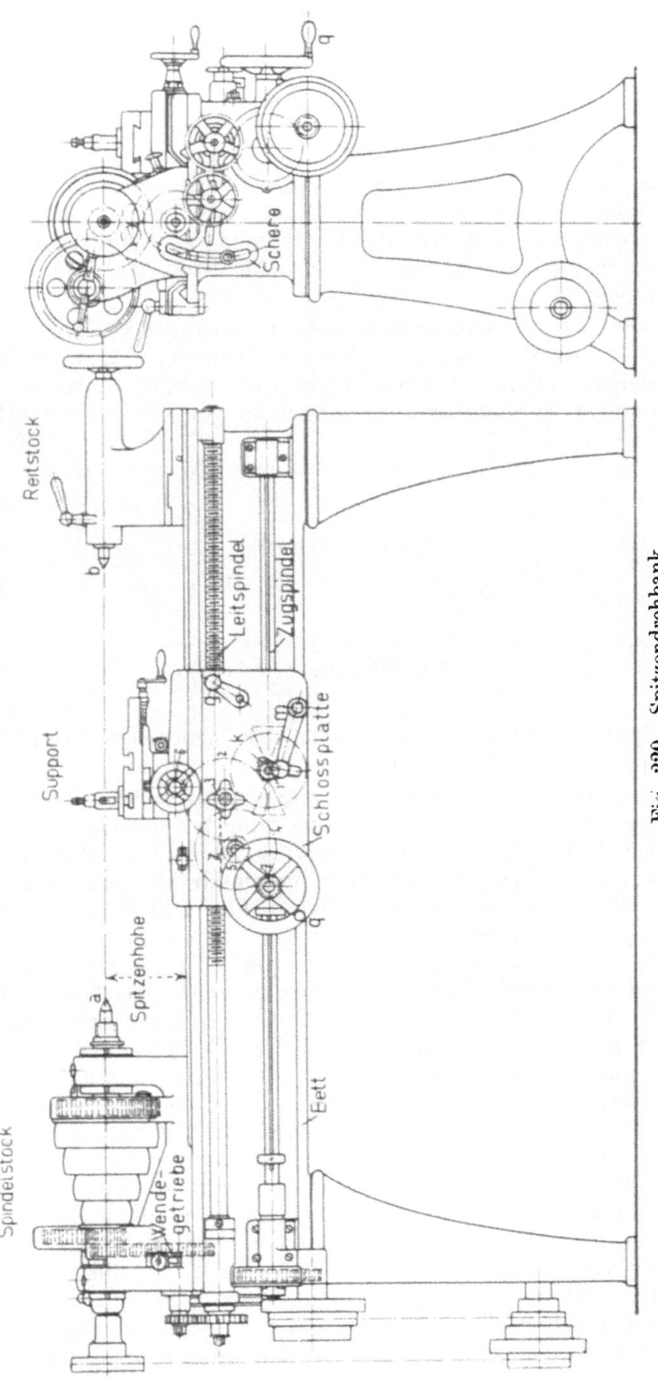
q
Schere
Reitstock
b
Leitspindel
Zugspindel
Support
Schlossplatte
q
Spitzenhöhe
a
Bett
Spindelstock
Wende-getriebe
Fig. 220. Spitzendrehbank.

Der Spindelstock trägt die Drehspindel und ihre Antriebvorrichtungen. Die Spindel muß kräftig gehalten und vor allem besonders gut gelagert sein, damit sie gegen jegliche Erschütterung während des Arbeitens sicher geschützt ist, denn nur dann kann man saubere und genaue Arbeit von der Drehbank erwarten. Besondere Sorgfalt erfordert die Konstruktion der Lager. Diese müssen sich möglichst wenig abnutzen und jede Abnutzung muß durch Nachstellvorrichtungen ausgeglichen werden können. Die Lagerschalen bestehen deshalb aus möglichst widerstandsfähigem Material, die Laufzapfen der Spindel sind gehärtet und genau in ihre Lager eingeschliffen. Auch für eine gute Schmierung ist zu sorgen.

Der vordere aus dem Spindelstock herausragende Teil der Spindel ist mit Gewinde versehen zum Aufschrauben der früher besprochenen verschiedenen Aufspannvorrichtungen. Auch eine Spitze a kann in ihn eingesteckt werden zum Aufspannen langer Werkstücke. Die zuge-

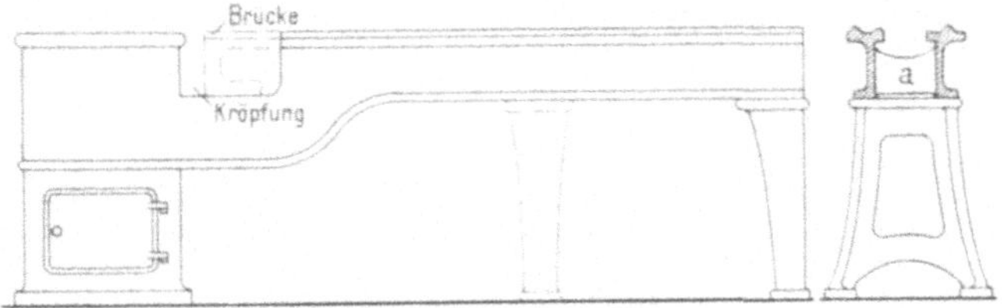

Fig. 221. Drehbankbett.

hörige Spitze b sitzt im Reitstock. Die größtmögliche Entfernung beider Spitzen heißt Spitzenweite.

Die Antriebvorrichtungen der Spindel sind bereits früher bei der Erzeugung der drehenden Arbeitbewegung besprochen. Es kommen in Frage Stufenscheibenantrieb mit ausrückbaren Rädervorgelegen und, namentlich bei den neueren Schnelldrehbänken, Einscheibenantriebe mit Stufenrädern. Bei der in Fig. 220 dargestellten Drehbank erfolgt der Antrieb durch Stufenscheiben mit ausrückbaren Rädervorgelegen. Auch die Schaltbewegung wird von der Drehspindel abgeleitet, und zwar wird hierzu entweder eine genau gearbeitete Schraube mit flachem oder Trapezgewinde, die Leitspindel, oder eine glatte auf ihrer ganzen Länge genutete Welle, die Zugspindel, benutzt. Der Leitspindel bedient man sich nur zu besonders genauen Arbeiten, hauptsächlich zum Gewindeschneiden. Sie wird von der Drehspindel in der aus der Figur ersichtlichen Weise durch Zahnräder angetrieben und verschiebt den Support mittels einer an ihm befestigten Mutter. Um die Bewegungsrichtung der Schaltbewegung ändern zu können, hat man in den Zahnradantrieb eins der früher beschriebenen Wendegetriebe eingeschaltet. Die verschiedenen Schaltbewegungen erreicht man durch auswechselbare Zahnräder, Wechselräder, die in einer Schere um Zapfen drehbar befestigt werden können (vgl. Fig. 183). Um die Leitspindel zu schonen und ihre Genauigkeit möglichst lange zu erhalten, benutzt man bei gewöhnlichen Dreharbeiten zur Schaltung die Zugspindel. Diese wird von der Drehspindel aus durch Stufenscheiben angetrieben. Zum Antriebe der Leit- und Zugspindel benutzt man in neuerer Zeit auch immer mehr Stufenräderantriebe, besonders das früher besprochene Norton-Getriebe (Fig. 160) oder Abarten davon.

Der Support hat die Drehwerkzeuge zu tragen und ihre Schaltbewegungen zu ermöglichen. Die Schaltung erfolgt entweder parallel zur Längsrichtung des Bettes (Langzug), senkrecht dazu (Planzug) oder schräg dazu (Schrägschaltung). Die ersten beiden Schaltungen können entweder von Hand oder selbsttätig erfolgen. Die Schrägschaltung erfolgt gewöhnlich von Hand. Die Mechanismen zur selbsttätigen Schaltung sind an einer am Support befestigten Schloßplatte oder Schürze angebracht. Erfolgt die Schaltung durch die Leitspindel, so dient dazu, wie schon erwähnt, eine an der Schloßplatte befestigte Mutter. Diese ist, wie weiter unten noch ausführlich beschrieben wird, so eingerichtet, daß sie durch einen einfachen Handgriff, nämlich durch Drehen des Hebels g, in oder außer Eingriff mit der Leitspindel gebracht werden kann. Die Leitspindel kann nur für den Langzug benutzt werden, die Zugspindel dagegen für den Langzug und für den Planzug. Der Langzug erfolgt auf folgende Weise. Von einem durch den Handhebel m zu betätigenden Kegelräderwendegetriebe k aus wird durch die Stirnräder 1, 2, 3 und 4 das Rad 5 angetrieben, das sich auf einer am Drehbankbett befestigten Zahnstange z abwälzt und dabei den Support mitnimmt. Der Antrieb des Planzuges erfolgt vom Kegelräderwendegetriebe k aus durch die Räder 1, 2 und 6. Das Rad 6 sitzt auf einer Schraubenspindel, die den oberen Teil des Supports quer zum Drehbankbett verschieben kann. Ein schnelles Verschieben des Supports längs des Drehbankbettes erfolgt durch das Handrad q, das mittels der Zahnräder 7 und 4 das Rad 5 antreibt. Es darf natürlich immer nur einer der verschiedenen Antriebe für die Schaltung eingerückt sein, die übrigen müssen solange ausgeschaltet werden. Wie dies möglich ist, soll an Hand der ausführlicheren Fig. 222 beschrieben werden. Diese Figur läßt auch weitere Einzelheiten des Supports genauer erkennen. Der Support besteht aus dem im Grundrisse ⊢┤förmig gestalteten Bettschlitten für den Langzug. Der Bettschlitten gleitet auf den Führungen der beiden seitlichen Wangen des Bettes und kann durch Anziehen einer Griffmutter a auf ihnen festgeklemmt werden. Er trägt die Schloßplatte und wird entweder von Hand oder von der Leit- oder der Zugspindel selbsttätig bewegt. Oben trägt er eine Führung, an der der den Planzug ausführende Querschlitten durch die Schraubenspindel b verschoben werden kann. Die Schraube b kann durch eine aufgesteckte Handkurbel gedreht werden oder von der Zugspindel aus durch Zahnräder. Zur Hubbegrenzung ist am Querschlitten eine Stange c mit zwei einstellbaren Anschlägen d befestigt, die sich durch ein am Bettschlitten befestigtes Auge e hindurchschiebt. Der Querschlitten trägt die um eine senkrechte Achse drehbare und durch zwei Schrauben f feststellbare Drehscheibe. Diese ermöglicht die zum Abdrehen kegeliger Werkstücke nötige Schrägschaltung, denn auf ihr kann durch die Schraubenspindel g der den Stahl tragende Werkzeugschlitten an einer Führung verschoben werden. Der Werkzeugschlitten endlich trägt den um seine senkrechte Achse drehbaren Stahlhalter mit dem Drehstahl.

Die am Support befestigte Schloßplatte oder Schürze trägt,

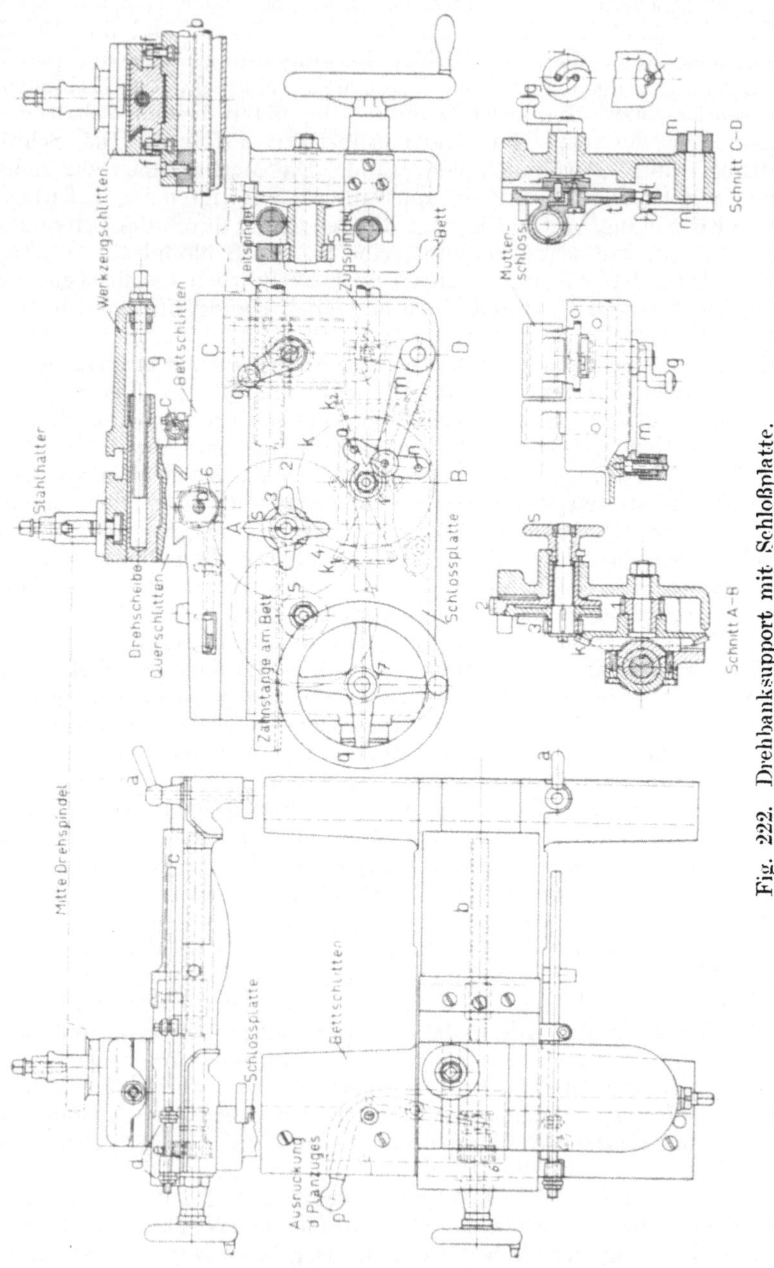

Fig. 222. Drehbanksupport mit Schloßplatte.

wie bereits erwähnt, alle Einrichtungen, um von der Leit- bzw. Zugspindel die selbsttätige Schaltbewegung abzuleiten. Die Verschiebung
des Supportes durch die Leitspindel geschieht mittels einer an der Schloßplatte befestigten Mutter. Um die Bewegung schnell ein- und ausrücken zu können, ist diese Mutter als Mutterschloß ausgebildet,
d. h. sie besteht aus zwei Hälften, die durch Drehen der Kurbel g einander genähert oder voneinander entfernt werden können. Beim
Schließen des Mutterschlosses, d. h. beim Nähern der Mutterhälften,
werden die Gewindegänge der Mutter in die Leitspindel eingerückt
und die Mutter wird mitgenommen. Beim Öffnen des Schlosses werden
sie wieder ausgerückt und die Mutter steht still. Das Öffnen und Schließen
des Schlosses kann auf verschiedene Weise erfolgen. Bei dem vorliegenden Beispiele geschieht es durch Drehen der Nutenscheibe i. Diese
ist mit exzentrisch verlaufenden Nuten versehen, in die zwei an den
beiden Mutterhälften befestigte Stifte greifen und dadurch beim Drehen
der Nutenscheibe die in senkrechten Führungen gleitenden Mutterhälften einander nähern oder voneinander entfernen. Die Leitspindel
wird, wie bereits erwähnt, nur zu genauen Arbeiten, besonders zum
Gewindeschneiden benutzt. Bei allen anderen Dreharbeiten leitet
man den selbsttätigen Planzug von der Zugspindel ab. Natürlich können
nicht Leitspindel und Zugspindel gleichzeitig benutzt werden. Während
die Leitspindel eingerückt ist, muß die Zugspindel ausgerückt sein
und umgekehrt. Die Ein- und Ausrückvorrichtungen beider Spindeln
müssen sich gegenseitig verriegeln, so daß man nur eine von ihnen
betätigen kann. Von der großen Zahl der Vorrichtungen soll hier nur
das vorliegende Beispiel beschrieben werden. An die untere Mutter-
hälfte schließt sich eine Platte t, die von einem bogenförmigen Schlitze
durchbrochen ist. In der Mitte ist dieser Schlitz nach unten erweitert
und in diese Erweiterung legt sich bei geschlossener Mutter der Stift l,
der an dem einen Schenkel des zum Ein- und Ausrücken der Zugspindel
dienenden Winkelhebels m sitzt und ein Drehen des Hebels verhindert,
solange das Mutterschloß geschlossen ist. Ein Drehen des Hebels m
ist erst möglich, wenn das Mutterschloß geöffnet und dadurch die
Platte t so weit gesenkt ist, daß sich der Stift l frei in dem Bogenschlitze
bewegen kann.

Zum Ableiten des Lang- und des Planzuges von der Zugspindel
dienen verschiedene Zahnräder. Auf der Zugspindel ist zunächst ein
Kegelräderwendegetriebe angebracht. Die beiden kleinen Kegelräder k_1
und k_2 sitzen auf einer auf der Zugspindel verschiebbaren Hülse und
können abwechselnd mit dem großen Kegelrade k in Eingriff gebracht
werden. Das Verschieben der Hülse geschieht durch den bereits
erwähnten Winkelhebel m. In der gekennzeichneten Mittellage des
Hebels m sind beide Kegelräder k_1 und k_2 ausgerückt, da dann die Leit-
spindelmutter eingerückt ist. Wird der Hebel m in die Stellung n oder o
eingerückt, so dreht sich das Rad k rechts oder links herum, so daß
Lang- und Planzug nach zwei entgegengesetzten Richtungen hin erfolgen
können. Vom Kegelrad k aus wird für den Langzug durch die Räder 1,
2, 3 und 4 das Rad 5 angetrieben, das sich auf einer am Drehbankbett
befestigten Zahnstange abwälzt. Der Antrieb des Planzuges erfolgt

durch die Räder 1, 2 und 6. Da Lang- und Planzug nicht gleichzeitig
erfolgen können, so ist das Rad 2 durch eine Reibungskupplung, das
Rad 6 durch den Hebel p aus- und einrückbar. Das lose auf seinem
Zapfen sitzende Rad 2 wird für den Langzug durch Einrücken der
Reibungskupplung r mittels des Handschlüssels s fest mit dem Rade 3

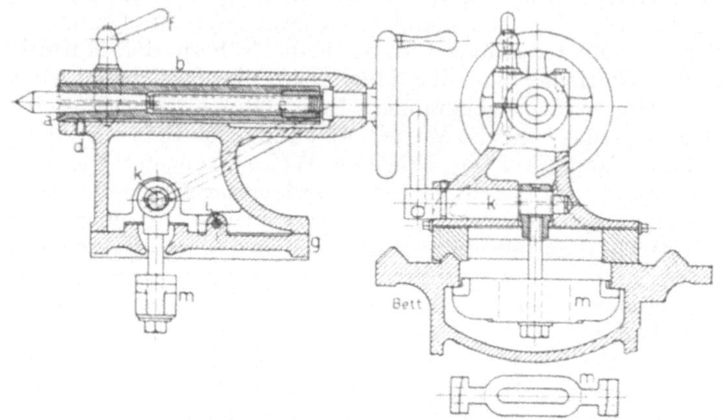

Fig. 223. Reitstock.

verbunden. Das Rad 6 ist während dieser Zeit ausgerückt. Für den
Planzug wird die Reibungskupplung gelöst und das Rad 6 eingerückt.
Zum Bedienen des Langzuges von Hand, wie es zum schnellen Ein-
stellen des Supportes nötig ist, dient das Handrad q, das durch die
Zahnräder 7 und 4 das Rad 5 antreibt.

Der Reitstock hat, wie bereits erwähnt, den Zweck, eine beim Aufspannen langer Werkstücke benutzte Spitze aufzunehmen. Um sich der Länge des Werkstückes anpassen zu können, muß er auf dem Drehbankbett verschiebbar und in jeder gewünschten Lage feststellbar sein. Die beiden gebräuchlichsten Ausführungen der

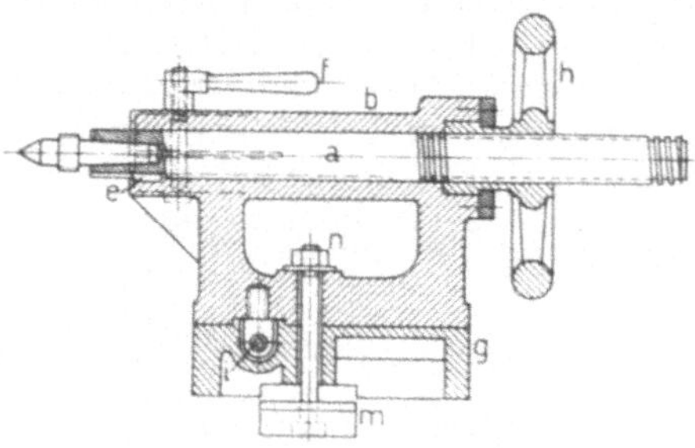

Fig. 224. Reitstock.

Reitstöcke sind in Fig. 223 und 224 dargestellt. Die Spitze steckt bei
beiden in dem Reitnagel a, der zum genauen Einstellen in dem Reitstockkörper b verschiebbar ist. Bei Fig. 223 ist er zu dem Zwecke mit
Innengewinde versehen und kann durch Drehen der Schraube c verschoben werden. Ein Drehen des Reitnagels wird dabei durch die
kleine Schraube d verhindert. Bei Fig. 224 trägt der Reitnagel flach-
gängiges Bolzengewinde und wird durch Drehen des als Mutter ausgebildeten Handrades h verschoben. Ein Drehen des Reitnagels hindert
die Feder e. Zum Festklemmen des Reitnagels ist bei beiden Aus-

führungen der vordere Teil des Reitstockkörpers geschlitzt und läßt sich durch Anziehen der Griffmutter f zusammenpressen. Um das Abdrehen schwach konischer Werkstücke zu ermöglichen, läßt sich

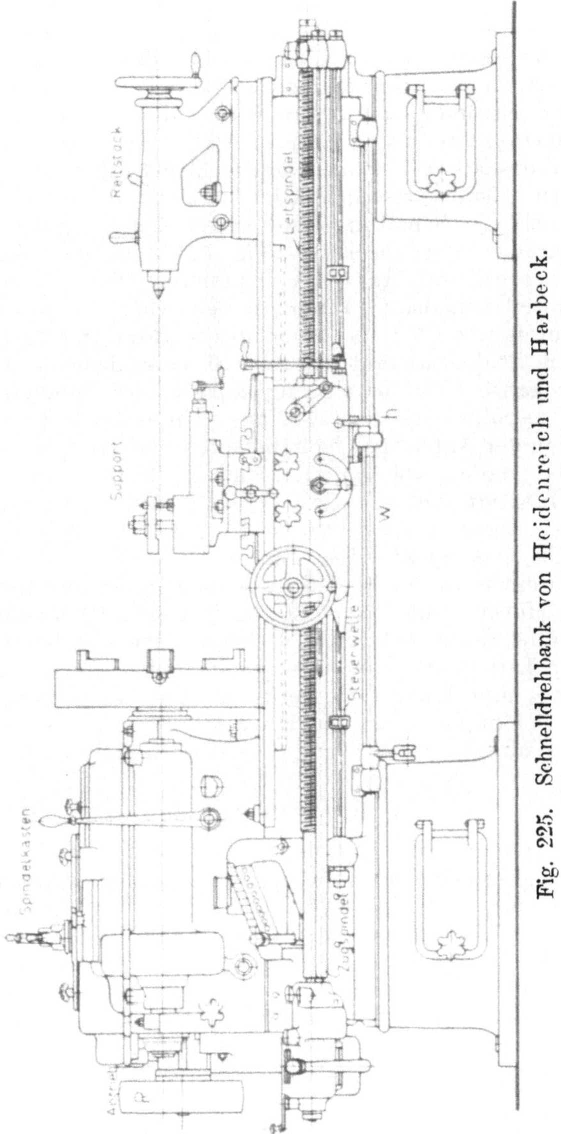

Fig. 225. Schnelldrehbank von Heidenreich und Harbeck.

der Reitstockkörper auf der Grundplatte g quer zum Drehbankbett etwas verschieben durch eine Schraube i. Zum Feststellen des Reitstockes auf dem Drehbankbett wird eine Klemmplatte m von unten gegen das Bett gepreßt. Dies geschieht bei Fig. 220 durch Drehen der Exzenterwelle k, bei Fig. 221 durch Anziehen der Mutter n.

Die Einführung des Schnellschnittstahles ist von bedeutendem Einfluß auf die Konstruktion der Drehbänke gewesen. Die hohen Schnittgeschwindigkeiten und die starken Späne, die bei Verwendung des Schnellschnittstahles möglich sind, haben dazu geführt, die neueren sog. Schnelldrehbänke bedeutend kräftiger zu bauen als die älteren, ihre Schnittgeschwindigkeit zu erhöhen und die Zahl der möglichen Geschwindigkeiten zu vergrößern. Als Antriebvorrichtungen verwendet man deshalb die früher besprochenen Stufenscheibenantriebe mit mehreren Rädervorgelegen oder besonders häufig Stufenräderantriebe. Auch die Schaltung wird gewöhnlich von der Drehspindel durch Stufenrädertriebe abgeleitet. Fig. 225 zeigt die Schnelldrehbank von Heidenreich und Harbeck, Hamburg. Sie ist auf einem sehr kräftigen Gestell aufgebaut. Ihren Antrieb erhält sie von der Riemenscheibe R durch einen bereits früher an der Hand der Fig. 164 bis 166 beschriebenen Stufenräderantrieb mit 16 verschiedenen Umdrehungszahlen. Das ganze Getriebe ist eingekapselt; der Spindelkasten bildet deshalb ein geschlossenes Gehäuse, aus dem nur die Bedienungshebel zum Verstellen der Antriebgeschwindigkeiten hervorragen. Die einzelnen Rädergetriebe werden, wie bereits früher beschrieben, durch Reibungskupplungen betätigt, dadurch wird ein Geschwindigkeitswechsel während des Betriebes, sogar ein Ausschalten der Maschine bei weiterlaufender Antriebscheibe ermöglicht. Das Ein- und Ausschalten des Antriebes erfolgt durch einen an der Schloßplatte befestigten und mit dieser mitwandernden Hebel h und die Welle w. Die Schaltbewegung wird von der Drehspindel durch eine Art Nortongetriebe abgeleitet. Die Bank ist mit einer Leitspindel zum Gewindeschneiden und einer Zugspindel für den Lang- und Planzug ausgerüstet. Eine Steuerwelle ermöglicht es, von der Schloßplatte aus die Drehrichtung der Zug- und der Leitspindel und dadurch die Richtung des Lang- und Planzuges zu ändern.

b) Revolverdrehbänke.

Erfordert die Bearbeitung eines Werkstückes auf der Drehbank die Benutzung verschiedener Stahle hintereinander, so bedingt der Stahlwechsel einen erheblichen Zeitverlust, der um so fühlbarer wird, je mehr solcher Werkstücke zu bearbeiten sind. Für die Massenherstellung gleicher Werkstücke benutzt man deshalb vorteilhafter Revolverdrehbänke, deren Werkzeughalter so ausgebildet sind, daß sie nicht nur einen einzigen Stahl, sondern alle zur Bearbeitung eines Werkstückes erforderlichen Werkzeuge aufnehmen können. Ihre Einrichtung sei an der Hand der Fig. 226 und der Abbildung Fig. 227 erläutert.

Die Spindel der Revolverdrehbänke ist meist hohl, da vielfach stangenförmiges Material verarbeitet wird, das dann einfach durch die hohle Spindel zugeführt und durch ein Spannfutter a festgeklemmt werden kann (vgl. Fig. 132). Die Werkzeuge werden hauptsächlich im Revolversupport, zum Teil auch im Quersupport befestigt. Der Revolversupport (vgl. die ausführliche Fig. 238) trägt einen um eine

senkrechte, wagerechte oder geneigte Achse drehbaren runden oder
sechskantigen Revolverkopf, der gewöhnlich sechs Öffnungen zur Aufnahme der Drehwerkzeuge enthält. Die Werkzeuge werden in der
Reihenfolge eingespannt, in der sie benutzt werden. Durch Drehen

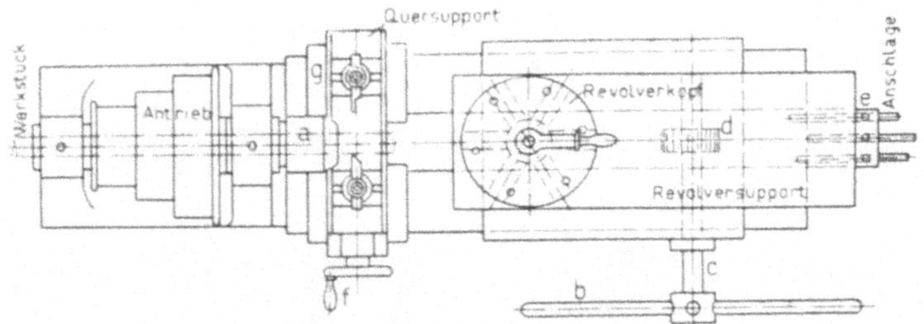

Fig. 226. Revolverdrehbank.

des Armkreuzes b werden sie dem Werkstücke zugeschoben. Das Arm-
kreuz sitzt auf einer im Maschinengestell gelagerten Welle c, die ein
Stirnrad d trägt, dieses greift in eine unter dem Revolversupport befestigte
Zahnstange und verschiebt dadurch den Support an einer wagerechten

Fig. 227. Revolverdrehbank.

Führung. Hat ein Werkzeug seine Arbeit vollendet, so muß der Revolverkopf vom Werkstück zurückgezogen und so weit gedreht werden, daß
das nächste Werkzeug in seine Arbeitlage kommt. Hierzu ist nur ein
durch Drehen des Armkreuzes b bewirktes Zurückziehen des Revolversupports vom Werkstück und ein Wiedervorschieben nötig. Wie an

der Hand der Fig. 238 noch erläutert werden wird, wird dadurch zunächst
ein die Lage des Revolverkopfes sichernder Riegel zurückgezogen,
dann der Revolverkopf gedreht und schließlich in seiner neuen Lage
wieder verriegelt. Zur Begrenzung der Vorschublänge der einzelnen
Werkzeuge sind am Ende des Revolversupports sechs in einer drehbaren
Trommel e verstellbare Anschläge angebracht, die so eingestellt werden,
daß sie am Vorschubende jedes Werkzeuges gegen eine feste Fläche
stoßen und ein weiteres Vorschieben des Supports verhindern. Die
Trommel e dreht sich auch selbsttätig beim Zurückziehen des Supports,

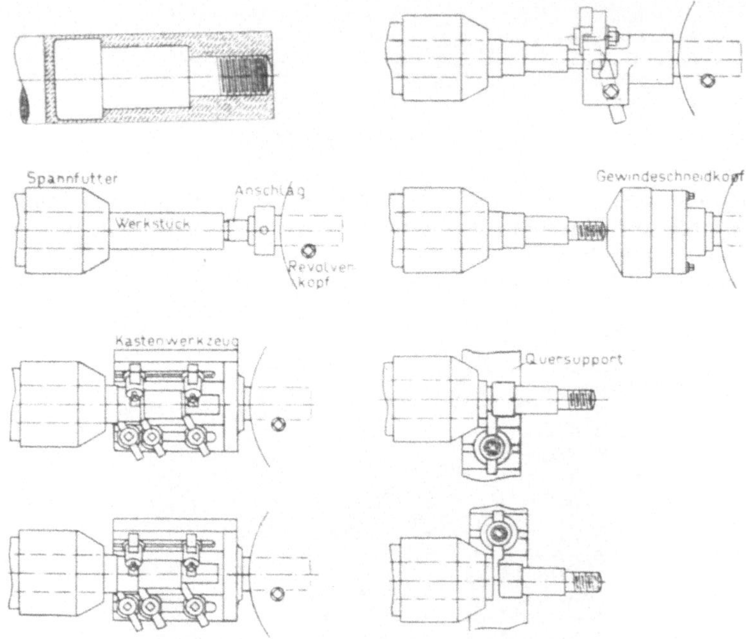

Fig. 228—235. Bearbeiten eines Schraubenbolzens auf der Drehbank.

so daß mit jedem Werkzeugwechsel auch ein Anschlagwechsel eintritt. Zur Aufnahme weiterer Werkzeuge, deren Vorschub senkrecht
zur Drehachse liegt, dient ein Quersupport mit zwei Stichelhäusern,
der sich durch Drehen des Handrades f auf einem am Drehbankbett
einstellbaren Schlitten g verschieben läßt. Auf dem Quersupport werden
hauptsächlich Einstech- und Abstechstahle befestigt.

Die Arbeitweise einer Revolverdrehbank sei an dem in Fig. 228
bis 235 dargestellten Beispiele erläutert. Es handelt sich um die Massenherstellung von Schraubenbolzen, die aus einer Rundeisenstange herausgeschält werden sollen. Das in Fig. 228 schraffierte Material wird dabei
in Späne verwandelt. Trotz des scheinbar großen Materialverlustes
stellt sich ein solches Herausschälen billiger als ein Vorschmieden des
Werkstückes im Gesenk. Das Rundeisen wird durch die hohle Drehspindel zugeführt und so weit vorgeschoben, bis es gegen einen im

Revolverkopf befestigten Anschlag stößt (Fig. 229). Dann wird es im Spannfutter festgeklemmt und der Revolverkopf soweit gedreht, daß das in Fig. 236 ausführlicher dargestellte Kastenwerkzeug mit drei gleichzeitig arbeitenden Stahlen in seine Arbeitlage kommt. Durch dieses wird das Werkstück geschruppt (Fig. 230), dann wird es in derselben Weise geschlichtet (Fig. 231). Hierauf wird durch einen Profilstahl die kugelige Stirnfläche bearbeitet (Fig. 232), dann mittels eines Gewindeschneidkopfes mit selbsttätig sich öffnenden Backen (vgl. Fig. 78) das Gewinde geschnitten (Fig. 233). Nun treten die auf dem Quersupport befestigten Werkzeuge in Tätigkeit. Es erfolgt zunächst das Abfasen des runden Kopfes (Fig. 234) und schließlich das Abstechen des fertigen Werkstückes (Fig. 235).

Ein Beispiel der bereits erwähnten, bei Revolverdrehbänken vielfach benutzten sog. Kastenwerkzeuge zeigt Fig. 236. Ein mit seinem zylindrischen Schaft a im Revolverkopf befestigter Stahlhalter trägt mehrere gleichzeitig arbeitende Stahle, deren Stichelhäuser b sich in T-förmigen Nuten verschieben und festspannen lassen. Den Stahlen

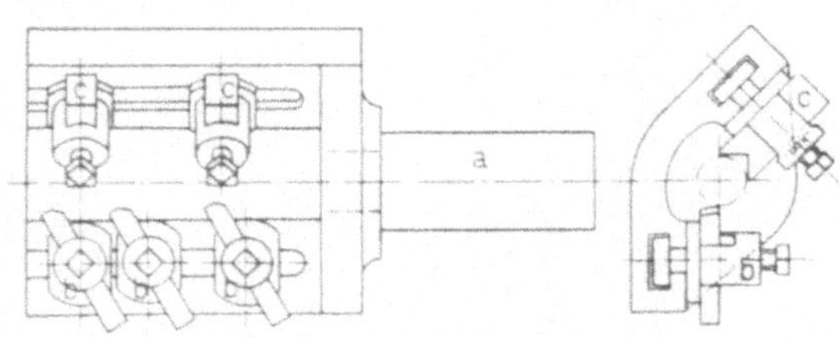

Fig. 236. Kastenwerkzeug.

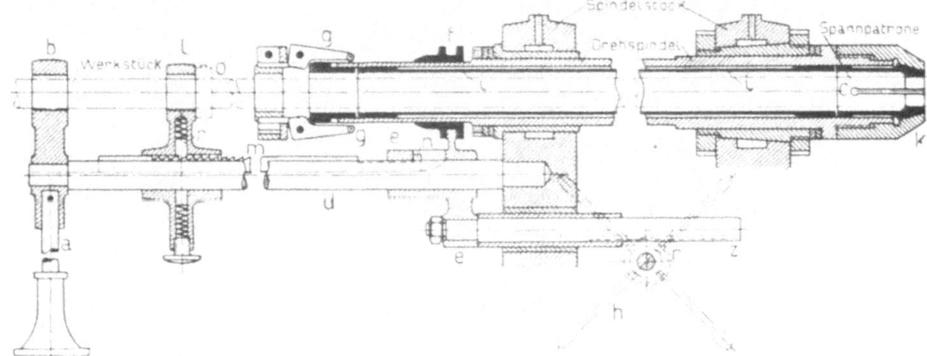

Fig. 237. Werkstückvorschub.

gegenüber sind ebenfalls verstellbare Backen c angebracht, die in derselben Weise wie die früher besprochenen laufenden Brillen das Werkstück während seiner Bearbeitung gegen Durchbiegen durch den Stahldruck stützen.

Nach Vollendung eines Werkstückes muß das rohe Rundeisen durch die hohle Spindel um die Werkstücklänge vorgeschoben und festgeklemmt werden. Dies geschieht vielfach durch einfaches Drehen eines Hebels oder Armkreuzes. Die hierzu dienenden Einrichtungen seien an der Hand der Fig. 237 erläutert. Das stangenförmige rohe Werk-

stück wird durch die hohle Spindel zugeschoben.   Es wird hierbei
getragen und geführt durch ein an der Stange a befestigtes Auge b
und festgeklemmt durch die Spannpatrone c (vgl. Fig. 132). Das Festklemmen geschieht durch Drehen des Armkreuzes h nach links. Der
Hebel verschiebt dabei durch ein kleines Stirnrad r die Zahnstange z
und damit den an z befestigten Schieber e auf der Stange d nach links.
Der Schieber e nimmt dabei die Muffe f mit und drängt sie mit ihrem
kegeligen Ende unter die Winkelhebel g, diese schieben dann mit ihren

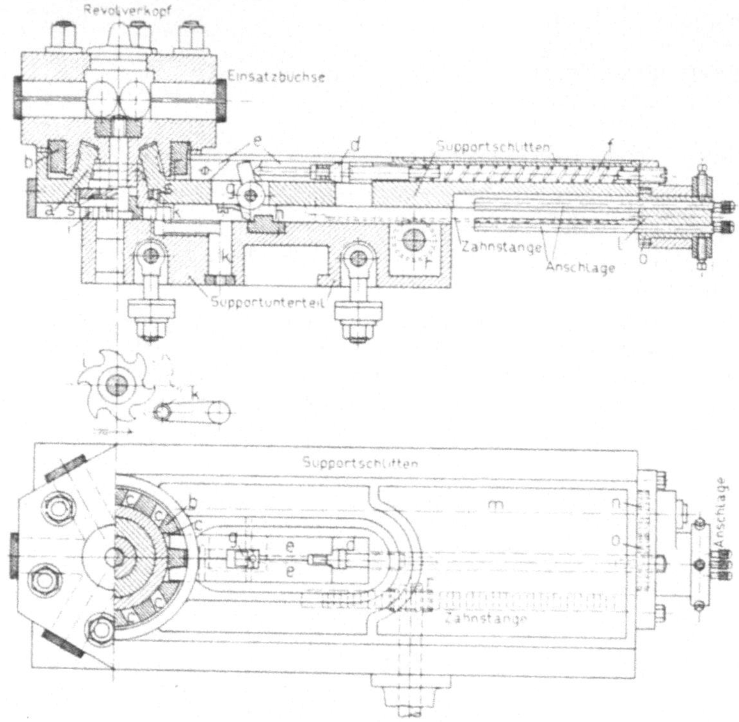

Fig. 238.   Revolversupport.

kürzeren Armen ein Rohr i in der hohlen Spindel nach rechts und drücken
dadurch die Spannpatrone c fest in den Hohlkegel der Haube k. Hierdurch wird das Werkstück festgeklemmt. Wird das Armkreuz h wieder
nach rechts gedreht, so erfolgt dadurch ein Lösen der Spannpatrone
und gleichzeitig ein Vorschieben des rohen Werkstückes. Der schon
erwähnte Schieber e nimmt nämlich dann eine in der Stange d geführte
gezahnte flache Stange m mittels der Nase n mit nach rechts, ein Zahn
von m hakt gegen den im Auge l steckenden, durch eine Feder nach
außen gedrückten Riegel r und nimmt dadurch das Auge mit. Dies
schiebt dann mittels des Stellringes o das Werkstück vor. Nach Fertigstellung eines Werkstückes wird die Stange m nach links geschoben;
der Zahn gleitet dann einfach unter dem Riegel n hin, ohne ihn mitzunehmen. Das Auge l und das Werkstück bleiben in ihrer Lage.

Die Einrichtung eines Revolversupportes und das selbsttätige Drehen und Verriegeln des Revolverkopfes veranschaulicht das in Fig. 238 dargestellte Beispiel (Auerbach & Co., Dresden-N). Der sechskantige Revolverkopf enthält sechs Einsatzbüchsen zur Aufnahme der Werkzeuge. Er kann um seine senkrechte Achse auf dem Kegel a des Supportschlittens gedreht und in sechs verschiedenen Lagen verriegelt werden. Zum Verriegeln dient ein auf seiner Unterseite befestigter Stahlring b, der unten mit sechs Einkerbungen c versehen ist. In diese Einkerbungen werden die vorn keilförmigen Zungen eines Doppelriegels e gedrückt. Hierdurch und durch einen auf das hintere Ende des Doppelriegels wirkenden Druckbolzen d wird der Riegel auseinandergespreizt und auf seiner ganzen Länge fest an seine beiden seitlichen Führungsflächen gepreßt. Der Druckbolzen d steht unter der Einwirkung einer Spiralfeder f. Das selbsttätige Entriegeln und Weiterdrehen des Revolverkopfes geschieht auf folgende Weise. Hat ein Werkzeug seine Arbeit vollendet, so wird der Supportschlitten mittels des Zahnrades r, das in eine unter dem Support befestigte Zahnstange greift, in einer Führung des Supportunterteiles nach rechts geschoben. Hierbei stößt eine am Supportschlitten drehbar befestigte Klinke g gegen einen am Unterteil befestigten Anschlag h und zieht dadurch den Riegel aus den Einkerbungen des Ringes b. Der Revolverkopf wird dadurch frei und kann nun um seine senkrechte Achse gedreht werden. Das Drehen geschieht durch einen unten am Revolverkopf befestigten Schaltstern i. Dieser stößt bei der Verschiebung des Supportschlittens nach rechts gegen einen Umsteuerhebel k und dreht dadurch den Revolverkopf um 60°, so daß ein neues Werkzeug in seine Arbeitlage kommt. Inzwischen ist die Klinke g über den Anschlag h hinweggeglitten und der Riegel schnappt, durch die Feder f getrieben, in die nächste Einkerbung des Ringes b ein und sichert so die genaue Lage des Revolverkopfes. Beim Zurückschieben des Supportschlittens nach links drängt der Stern i den Hebel k federnd zur Seite. Die Vorschublänge des Supports kann für jedes der sechs verschiedenen Werkzeuge durch sechs in einer Trommel l verstellbare Anschläge begrenzt werden. Da für jedes Werkzeug ein anderer Anschlag in Wirkung treten muß, so muß die Trommel l auch bei jeder Drehung des Revolverkopfes selbsttätig gedreht werden. Zu dem Zwecke sitzt unten am Revolverkopfe noch ein Schraubenrad s, das sich mit ihm dreht und durch ein anderes Schraubenrad, eine am Supportschlitten gelagerte Welle m und die Stirnräder n und o die Trommel l antreibt.

c) Selbsttätige Revolverdrehbänke oder Automaten.

Die Bedienung einer Revolverdrehbank gestaltet sich viel einfacher als die einer gewöhnlichen Drehbank, sie beschränkt sich bei stangenförmigem Material nur auf wenige Handgriffe zum Vorschieben und Festspannen des rohen Werkstückes und zum Vor- und Zurückbewegen des Revolversupports oder des Quersupports, immerhin erfordert sie aber noch einen während der ganzen Arbeitzeit vollbeschäftigten Arbeiter für jede Maschine. Bei den selbsttätigen Revolverdrehbänken oder Automaten hat man eine erhebliche Vereinfachung in der Bedienung dadurch erreicht, daß man alle die zur Bedienung einer Revolverdrehbank noch erforderlichen Handgriffe von der Maschine selbst automatisch ausführen läßt. Ein Arbeiter ist dann imstande, gleichzeitig mehrere Maschinen zu bedienen, denn wenn diese einmal für die Bearbeitung eines in größerer Zahl herzustellenden Werkstückes eingerichtet sind, so beschränkt sich seine Tätigkeit darauf, die fertigen Werkstücke fortzunehmen und der Maschine neues Rohmaterial zuzuführen. Die auf den ersten Blick sehr verwickelt erscheinenden Bewegungsmechanismen einer automatischen Revolverdrehbank sind im Grunde genommen verhältnismäßig einfach. Zur Betätigung der automatischen Bewegungen dienen kurvenförmige Gleitstücke, Kurvenscheiben und verstellbare Anschläge. Die Fig. 239 und 240 veranschaulichen z. B., wie es mög-

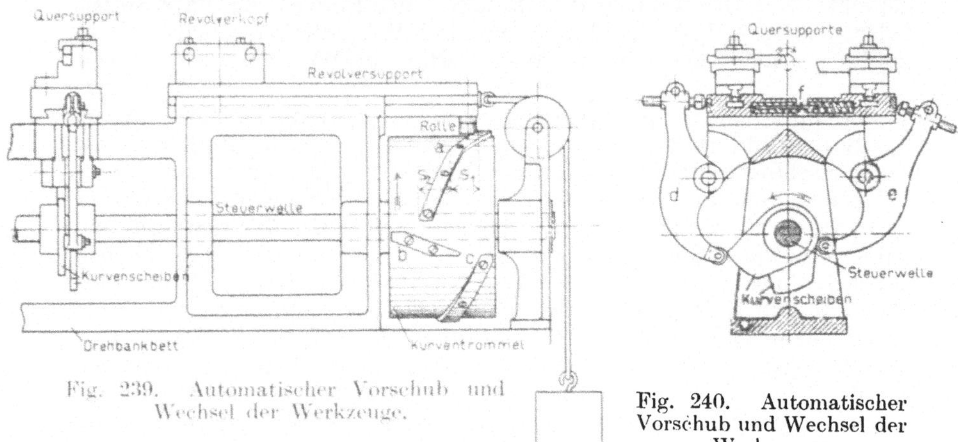

Fig. 239. Automatischer Vorschub und Wechsel der Werkzeuge.

Fig. 240. Automatischer Vorschub und Wechsel der Werkzeuge.

lich ist, durch solche Elemente die Schaltung und den Werkzeugwechsel automatisch auszuführen. Die Werkzeuge befinden sich teils im Revolverkopfe, teils in den Quersupporten. Bei der Revolverdrehbank war gezeigt, daß zum Vorschieben, Zurückziehen und Wechseln der im Revolverkopfe befestigten Werkzeuge nur das durch Drehen eines Armkreuzes bewirkte Vor- und Zurückziehen des Revolversupports nötig war. Bei den Automaten erfolgt dies durch Drehen einer mit Kurvenstücken besetzten Trommel, die auf einer in der Mitte des Drehbankbettes gelagerten, vom Deckenvorgelege aus angetriebenen Steuerwelle sitzt. Auf der Kurventrommel sind auswechselbare Kurvenstücke a, b, c befestigt. Gegen diese legt sich eine unter dem Revolversupport befestigte Rolle, die durch ein am Support aufgehängtes Gewicht zum Anliegen an die Kurvenstücke gezwungen wird. Beim Drehen der Kurventrommel wird der Support unter der Einwirkung der Kurven vorgeschoben und zurückgezogen, die letztere Bewegung wird durch das Gewicht unterstützt. Die Geschwindigkeit und die Größe des Vorschubes werden durch die Gestalt der Kurvenstücke beeinflußt. In

Fig. 239 wird z. B. bei der angegebenen Drehrichtung der Trommel die Kurve a den Support zunächst beim Ansetzen des Stahles um die Strecke s_1 schnell und dann beim Schneiden um die Strecke s_2 langsamer vorschieben, dann wird die Kurve b den Support wieder schnell zurückziehen. Bei dieser Rückwärtsbewegung wird wie bei der gewöhnlichen Revolverdrehbank der Revolverkopf entriegelt, gedreht und wieder verriegelt. Die Kurve c wird dann den Support wieder vorschieben. Die Steigung und Länge der Kurven muß genau nach den vorliegenden Arbeiten der einzelnen Werkzeuge berechnet werden. In der unten angegebenen Quelle [1]), der auch die Fig. 241 entstammt, ist dies an einem Beispiele sehr anschaulich durchgeführt. Die Quersupporte werden, wie Fig. 240 veranschaulicht, durch zwei auf der Steuerwelle sitzende Kurvenscheiben und die doppelarmigen Hebel d und e bewegt. Eine zwischen die beiden Quersupporte eingelegte starke Spiralfeder f zwingt die Supporte zum Anlegen an die Hebel und sichert das Zurückgehen des vorgeschobenen Supports. Durch eine Umdrehung der Steuerwelle wird jedesmal ein Werkstück vollständig fertig bearbeitet.

Die Gesamtanordnung einer selbsttätigen Revolverdrehbank ist in Fig. 241 dargestellt. Die hohle Drehspindel wird vom Deckenvorgelege aus durch die Riemenscheiben a und b mit zwei verschiedenen Geschwindigkeiten angetrieben. Die langsamer laufende Scheibe b wird beim Gewindeschneiden benutzt. Den Geschwindigkeitswechsel bewirkt eine zwischen beiden Riemenscheiben angeordnete Reibungskupplung c, die von der Steuerwelle aus durch die verstellbaren Anschläge d und e bei Dreharbeiten nach a, beim Gewindeschneiden nach b eingerückt wird. Der Antrieb der Steuerwelle erfolgt vom Deckenvorgelege aus durch die Scheibe f, die Kegelräder k, die Schnecke s und das Schneckenrad g. Zwischen die Scheibe f und die Kegelräder ist ein Stufenrädergetriebe, meist ein sog. Planetenvorgelege eingeschaltet, das schnellen oder langsamen Gang der Steuerwelle ermöglicht. Der schnelle Gang wird benutzt beim Heranschieben der Werkzeuge an das Werkstück, zum Entriegeln, Drehen und wieder Verriegeln des Revolverkopfes. Der langsame Gang beim Schneiden der Werkzeuge. Zum Ein- und Ausschalten des Planetenvorgeleges dienen die auf der Steuerwelle befestigten verstellbaren Anschläge h und i. Statt vom Deckenvorgelege aus durch Riemen wird die Steuerwelle auch von der Drehspindel durch Zahnräder angetrieben. Die Schaltung und das Wechseln der Werkzeuge mittels der Kurventrommel K_1 und der Kurvenscheiben ist bereits an der Hand der Fig. 239 und 240 beschrieben. Der Vorschub und das Festspannen des stangenförmigen Rohmaterials erfolgt durch eine zweite Kurventrommel K_2 auf dem linken Ende der Steuerwelle. Diese Trommel trägt Kurvenstücke, die auf die Rollen m und n einwirken und dadurch in ähnlicher Weise, wie dies bei der gewöhnlichen Revolverdrehbank beschrieben wurde, ein Spannfutter

---

[1]) Dr.-Ing. Schlesinger, Die Wirkungsweise der Kurven bei den selbsttätigen Revolverdrehbänken (Schrauben-Automaten). Werkstatttechnik 1910. S. 193.

öffnen und schließen und das Werkstück verschieben. Das Gestell
der Maschine ist mit einem Sammelbecken zum Auffangen des Schmier-

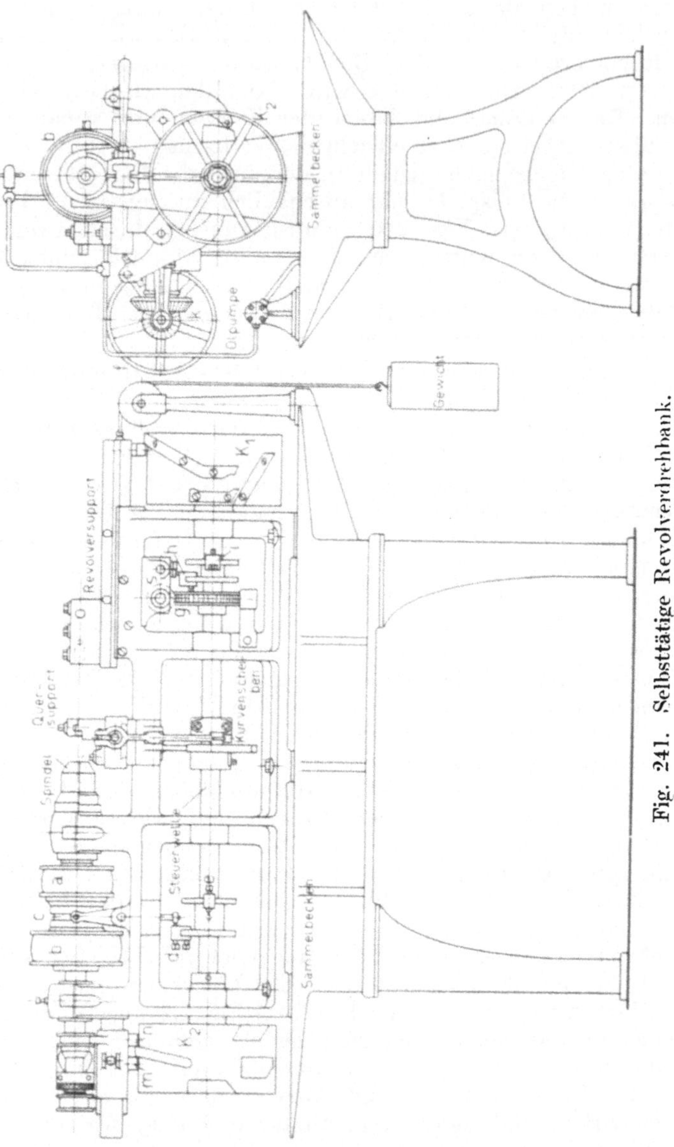

Fig. 241. Selbsttätige Revolverdrehbank.

öles und der Späne ausgerüstet. Durch eine kleine Pumpe wird das
Öl immer wieder den Werkzeugen zugeführt.

d) Halbautomaten.

Sollen in großer Zahl Werkstücke bearbeitet werden, die sich nicht aus stangenförmigem Rohmaterial herausschälen lassen, sondern bei denen man von gegossenen oder vorgeschmiedeten Stücken ausgehen muß, so müssen diese in besondere Futter eingespannt werden. Man kann dann nicht mehr ununterbrochen automatisch arbeitende Maschinen benutzen, sondern sog. Halbautomaten, bei denen das Auf- und Abspannen der Werkstücke von Hand erfolgt und nur das Vorschieben und Zurückziehen der Werkzeuge automatisch von einer Steuerwelle aus. Die Drehbank muß dann nach Fertigstellung eines Werkstückes jedesmal angehalten werden.

e) Mehrspindelautomaten.

Die Leistungsfähigkeit der Automaten wird vervielfacht durch Verwendung mehrspindeliger Automaten. Diese sind mit mehreren hohlen Drehspindeln ausgerüstet, durch die gleichzeitig ebensoviele rohe Stangen automatisch vorgeschoben und wie beim einspindeligen Automaten festgespannt und bearbeitet werden. Der Support enthält ebensoviele verschiedene Werkzeughalter, wie Drehspindeln vorhanden sind und wird ebenfalls automatisch vor- und zurückgeschoben. Die

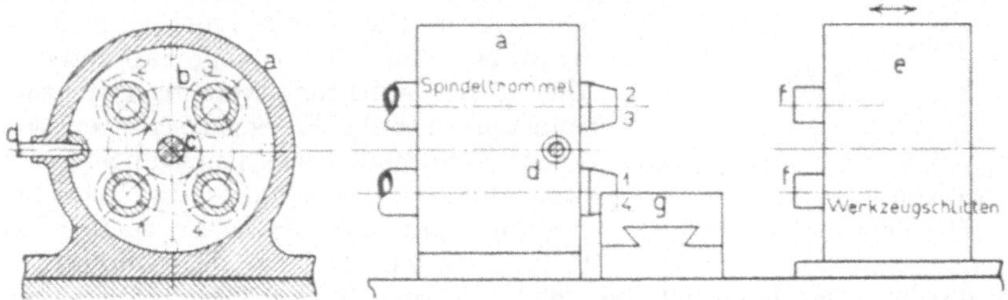

Fig. 242. Schema eines vierspindeligen Automaten.

Werkzeuge arbeiten alle gleichzeitig, indem jedes an einem Werkstücke eine der Teilarbeiten vornimmt, aus denen sich der Gesamtarbeitsgang zusammensetzt, so daß z. B. bei einem vierspindeligen Automaten vier Werkstücke gleichzeitig bearbeitet werden, an einem jeden aber eine andere Teilarbeit vorgenommen wird. Die schematische Fig. 242 veranschaulicht die Einrichtung und Arbeitsweise eines vierspindeligen Automaten. Die vier hohlen, mit selbsttätigem Materialvorschub und Spannvorrichtung versehenen Drehspindeln 1 bis 4 sind in einer in dem Gehäuse a drehbaren Spindeltrommel b gelagert, in der sie alle vier gleichzeitig von der mittleren Antriebwelle c aus durch Stirnräder gedreht werden. Die Spindeltrommel kann in vier verschiedenen Lagen durch einen Riegel d gesichert werden. Der Spindeltrommel gegenüber befindet sich der Werkzeugschlitten e mit vier Werkzeughaltern f, der selbsttätig vor und zurück bewegt wird. Während seines Rückganges wird die Spindeltrommel selbsttätig entriegelt, macht eine Viertelumdrehung und wird wieder verriegelt, so daß beim nächsten Vorschub des Werkzeugschlittens jedes Werkstück mit andern Werkzeugen in Berührung kommt. Ein Teil der Werkzeuge kann auch wieder in Quersupporten g untergebracht werden. Die Bewegung des Werkzeugschlittens und der Quersupporte, der Vorschub und das Festspannen der stangenförmigen Werkstücke sowie das Schalten der Spindeltrommel geschehen in derselben Weise wie beim einspindeligen Automaten durch Steuertrommeln und Kurvenstücke.

In Fig. 243 bis 246 ist die Herstellung einer Kopfschraube auf einem Vierspindelautomaten dargestellt. Die Schraube wird aus gezogenem Sechskanteisen herausgeschält. Die sechs Seitenflächen des Schraubenkopfes brauchen deshalb nicht weiter bearbeitet zu werden. Der Arbeitsgang ist folgender. Während an der Spindel 1 der Schaft der Schraube bis zur Hälfte fertiggedreht und gleichzeitig durch einen im Quersupport befestigten Formstahl der Kopf bearbeitet wird, wird an der Spindel 2 bei einer anderen Schraube der Schaft fertig gedreht, an der Spindel 3 Gewinde geschnitten und an der Spindel 4 die fertige Schraube von der Stange abgestochen. Alle diese Arbeiten werden gleichzeitig beim Vorschub des Werkzeugschlittens vollzogen. Während seines Rückganges macht dann die Spindeltrommel eine Viertelumdrehung und alle Spindeln rücken eine Teilung weiter. Die Spinde 4 kommt also in die bisherige Lage der Spindel 1, die rohe Stange wird um ein durch einen Anschlag begrenztes Stück vorgeschoben und die Arbeit der Werkzeuge beginnt von neuem.

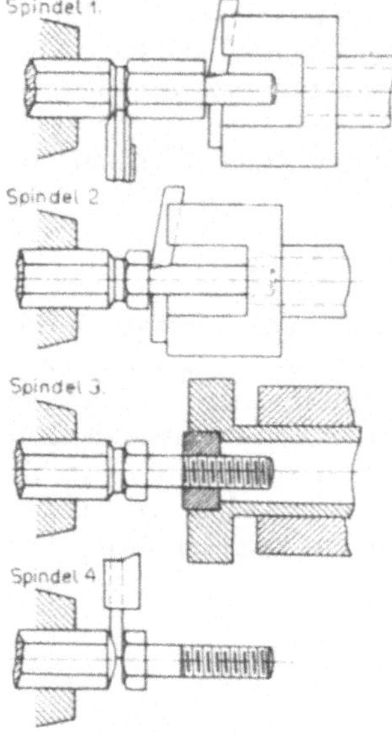

Fig. 243—246. Herstellung einer Kopfschraube auf einem Vierspindel-Automaten.

f) Mehrspindel-Halbautomaten.

Die Mehrspindel-Halbautomaten dienen zum Bearbeiten von solchen Werkstücken, die sich nicht aus stangenförmigem Rohmaterial herstellen lassen, sondern bei denen jedes Werkstück einzeln von Hand auf- und abgespannt werden muß. Es arbeiten auch wieder gleichzeitig mehrere, meist vier Werkzeuge gleichzeitig an vier Werkstücken. Die Werkzeuge sind aber gewöhnlich an vier in einem feststehenden Spindelstock gelagerten Drehspindeln befestigt und machen die drehende Arbeitbewegung. Die Werkstücke sind in Futtern eines drehbaren Revolverkopfes eingespannt, der den Werkzeugspindeln entgegengeschoben wird und die Schaltung ausführt. Dieser Revolverkopf enthält ein Futter mehr, als Werkstücke gleichzeitig bearbeitet werden. Es ist auf diese Weise möglich, während des Bearbeitens von beispielsweise vier Werkstücken, das fünfte fertige abzunehmen und durch ein neues unbearbeitetes zu ersetzen. Man spart dadurch die beim gewöhnlichen Halbautomaten durch das Auf- und Abspannen verloren gehende Zeit. Während des Zurückziehens des die Werkstücke tragenden Revolverkopfes wird dieser soviel gedreht, daß beim nächsten Vorschub jedes Werkstück mit einem andern Werkzeuge in Berührung kommt.

g) Plandrehbänke.

α) **Mit wagerechter Spindel.** Plandrehbänke oder Kopfbänke dienen zum Abdrehen von Werkstücken mit großem Durchmesser

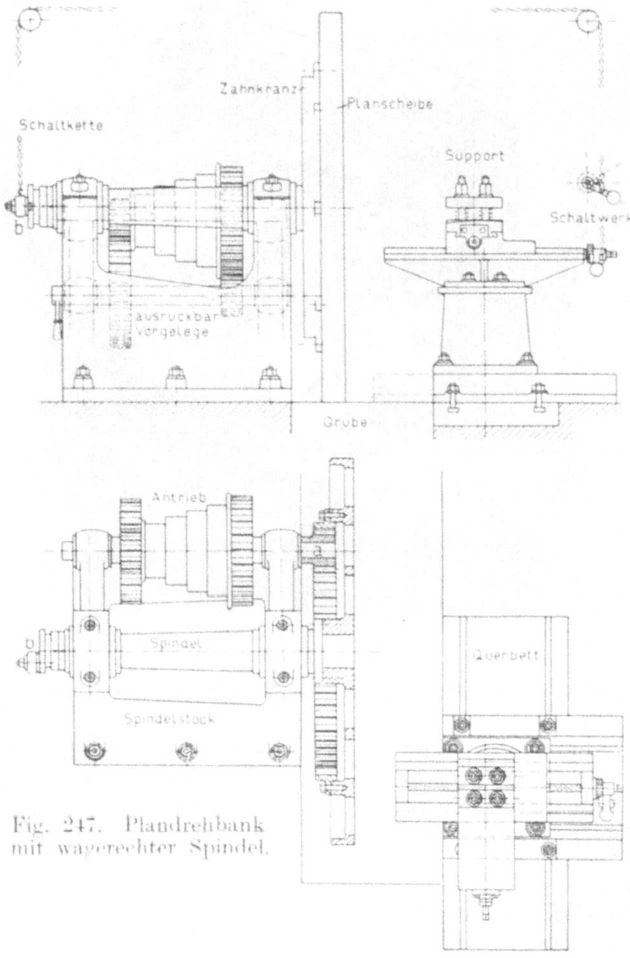

Fig. 247. Plandrehbank mit wagerechter Spindel.

und verhältnismäßig geringer Länge, die auf eine Planscheibe gespannt werden können. Der Reitstock fehlt deshalb ganz. Bei größeren Plandrehbänken fehlt auch das Bett. Spindelstock und Support stehen

9*

dann getrennt voneinander auf besonderen Fundamenten. Der Support ist gewöhnlich auf einem mit Aufspannuten versehenen Querbette verschiebbar, wie Fig. 247 erkennen läßt. Eine zwischen Spindelstock und Support angebrachte Grube ermöglicht das Abdrehen von Werkstücken, deren Durchmesser größer ist als der der Planscheibe. Um einen ruhigen Gang zu erzielen und die Spindel von der Beanspruchung auf Verdrehung zu entlasten, erfolgt der Antrieb der Planscheibe, wie aus der Figur zu ersehen ist, von einer besonderen seitlich angeordneten

Fig. 248. Karusselldrehbank.

Welle aus durch das Zahnrad a, das in einen an die Planscheibe geschraubten Zahnkranz greift. Die Schaltung des Supports erfolgt ruckweise durch ein Klinkenschaltwerk, das von einem auf dem Spindelende verstellbaren Zapfen b aus durch eine über Rollen laufende Schaltkette betätigt wird.

β) Mit senkrechter Spindel. Bei den Plandrehbänken mit wagerechter Spindel verursacht das genau zentrische Aufspannen großer schwerer Werkstücke erhebliche Schwierigkeiten und die Spindel wird stark auf Biegung beansprucht, sie muß deshalb entsprechend kräftig gehalten sein. Diese Übelstände werden vermieden bei den Plandrehbänken mit senkrechter Spindel oder Karusselldrehbänken. Das Werkstück wird auf einer wagerecht liegenden Planscheibe befestigt, es läßt

sich daher leichter zentrieren, und die Spindel wird nicht mehr auf
Biegung beansprucht. Außerdem ermöglichen diese Maschinen ein
gleichzeitiges Abdrehen und Ausbohren der Werkstücke und werden
deshalb auch Dreh- und Bohrwerke genannt. Sie dienen hauptsächlich zum Bearbeiten von großen Schwungrädern, Riemenscheiben,
Stahlringen, Turbinengehäusen, Zylinderdeckeln u. dgl. Die Gesamtanordnung einer Karusselldrehbank ist aus Fig. 248 (De Fries & Co.,
Düsseldorf) zu ersehen. Die mit T-förmigen Aufspannuten versehene
wagerechte Planscheibe dreht sich um eine senkrechte Achse. Ihr Antrieb
erfolgt entweder durch Stufenscheiben mit Zahnrädervorgelegen oder
durch Einscheibenantrieb mit Stufenrädern. Das Gestell der Maschine
hat große Ähnlichkeit mit dem einer Tischhobelmaschine. Am Bett

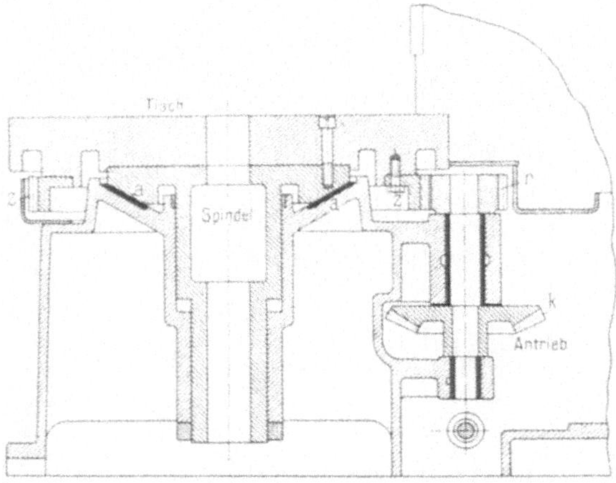

Fig. 249. Spindellagerung und Antrieb einer Karusselldrehbank.

sind zwei seitliche Böcke befestigt, die oben durch ein Querstück miteinander verbunden sind. Sie enthalten die Führungen für den durch
Schraubenspindeln senkrecht verschiebbaren Querbalken. An diesem
sind in wagerechter Richtung zwei Supportschlitten verschiebbar.
Die Supporte können in senkrechter und wagerechter Richtung verschoben und außerdem noch mit Hilfe eines Schneckentriebes schräg
eingestellt werden. Ihr Gewicht ist durch an Ketten hängende Gegengewichte ausgeglichen. Der Vorschub erfolgt wie bei den Hobelmaschinen
von Hand oder selbsttätig durch zwei in dem Querbalken gelagerte
Spindeln. Zum Antriebe des Schaltwerkes dienen zwei senkrechte
Spindeln auf jeder Seite der Maschine. Zur Erzeugung verschiedener
Schaltgeschwindigkeiten dienen Stufenrädergetriebe, die in einem
am Gestell befestigten Räderkasten untergebracht sind. Fig. 249 läßt
die Lagerung und den Antrieb der senkrechten Spindel eines Dreh-
und Bohrwerkes erkennen. Die den Tisch tragende Spindel läuft bei a
auf einer besonders großen kegeligen Lagerfläche des Maschinengestelles, die den Druck in wirksamer Weise aufnimmt. Außerdem
ist die Spindel noch in einer langen zylindrischen Büchse geführt. Zum

Antriebe dient wie bei den Plandrehbänken mit wagerechter Spindel
ein am Tische befestigter Zahnkranz z, in den ein Rizel r greift. Dieser
wird von der Hauptwelle aus durch das Kegelrad k angetrieben.

Auch bei den Dreh- und Bohrwerken macht man von den Vorteilen der Revolverdrehbänke Gebrauch, indem man sie mit einem
Revolversupport ausrüstet, wie das in Fig. 250 dargestellte Beispiel
(Sondermann & Stier, Chemnitz) zeigt. Die Maschine besitzt Ein-
scheiben-Antrieb mit Stufenrädern; die senkrechte Spindel kann sich
mit 15 verschiedenen Geschwindigkeiten drehen. Die im Räderkasten

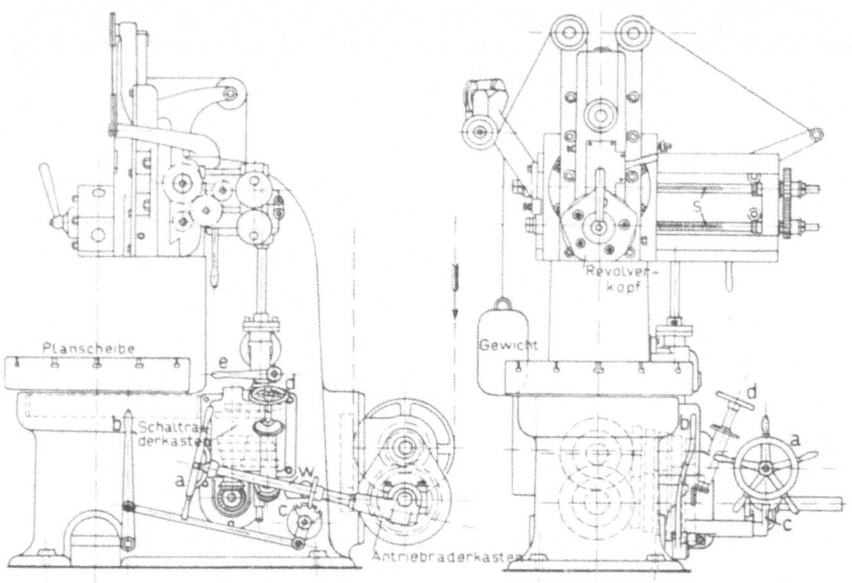

Fig. 250. Dreh- und Bohrwerk mit Revolversupport.

untergebrachten Zahnradvorgelege werden durch Reibungskupplungen
eingerückt, und zwar die Vorgelege für die hohen Umdrehungszahlen
der Spindel durch das Handrad a, die für die niedrigen durch den Hebel b.
Durch Heben der Welle w des Handrades a wird eine Bremse betätigt,
die die Planscheibe sofort stillsetzt. Eine Verriegelung bei c bewirkt
aber, daß das Heben der Welle w und damit das Bremsen erst möglich wird, nachdem durch Drehen des Handrades a die Reibungskupplung im Räderkasten ausgerückt und der Antrieb dadurch unterbrochen
ist. Auch sorgt die Verriegelung dafür, daß niemals gleichzeitig das
Handrad a und der Hebel b betätigt werden können. Der Revolversupport ist in einer senkrechten und in einer wagerechten Führung
verschiebbar und läßt sich außerdem auch schräg einstellen. Sein
Gewicht ist durch ein an einem über Rollen laufenden Seile hängendes
Gegengewicht ausgeglichen. Der Revolverkopf ist fünfseitig, da für
die meisten auf diesen Maschinen ausgeführten Arbeiten fünf ver-

schiedene Werkzeuge genügen. Die selbsttätige Schaltung kann mit acht verschiedenen Geschwindigkeiten und in zwei entgegengesetzten Richtungen erfolgen. Sie wird vermittelt durch die Spindeln s, die vom Schalträderkasten aus angetrieben werden. Das Handrad d betätigt einen Ziehkeil, der Hebel e ein Rädervorgelege des Vorschubantriebes.

Als Beispiel der Arbeitweise dieser Maschinen diene das durch die Fig. 251 bis 255 veranschaulichte Ausbohren einer Radnabe. Das Werkstück wird auf der wagerechten Planscheibe der Maschine zentrisch aufgespannt, die Reihenfolge der verschiedenen Arbeiten ist folgende:

1. Entfernen der Gußkruste durch Vorbohren mit einer Bohrstange mit eingesetztem Stahl.

2. Nachbohren mit dem Spiralsenker bis auf 0,3 mm kleiner als das Fertigmaß.

3. Aufreiben mit der Vorreibahle bis auf 0,1 mm unter Fertigmaß.

4. Aufreiben auf Fertigmaß mit der nachstellbaren Fertigreibahle.

5. Vordrehen der Nabenstirnfläche mit dem Drehstahl und Nachdrehen und Abrunden der Kanten mit dem Schlichtmesser.

Bei den vier ersten Arbeiten wird der Support nur in senkrechter Richtung verschoben, bei der fünften in wagerechter.

Mit der eben beschriebenen Arbeit beginnt man meist das Bearbeiten von Riemenscheiben, Rädern und ähnlichen Umdrehungskörpern, die später auf Wellen oder Zapfen befestigt werden sollen, weil die Werkstücke dann nach genauem Ausbohren der Nabe auf einem normalen Dorn befestigt und alle übrigen Umdrehungsflächen genau zentrisch zur Nabenbohrung bearbeitet werden können.

h) Dreharbeiten und Drehbänke für Sonderzwecke.

Die Anwendbarkeit der Drehbank ist eine sehr vielseitige. Es lassen sich auf ihr zylindrische Flächen bearbeiten, indem der Stahl parallel zur Drehachse geschaltet wird (Langdrehen). Es können aber auch ebene Flächen, z. B. Flanschen, bearbeitet werden durch Schaltung des Stahles senkrecht zur Drehachse (Plandrehen). Es können sowohl die äußeren Oberflächen der Werkstücke abgedreht als auch innere

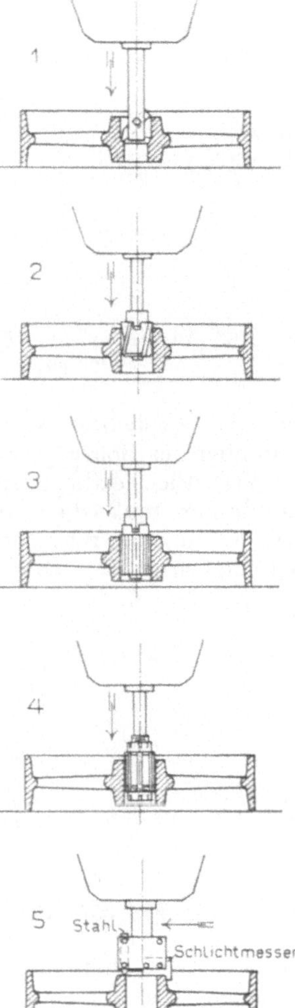

Fig. 251—255. Bearbeiten einer Nabe auf dem Dreh- und Bohrwerk.

Hohlräume ausgebohrt werden. Letzteres unter Verwendung der früher besprochenen Ausbohrwerkzeuge. Das Werkstück kann dabei mit der Drehspindel verbunden werden, das Werkzeug mit dem Support oder dem Reitstock. Es wird aber auch das Werkstück am Support befestigt und das Werkzeug in der Spindel. Bei der Benutzung von Bohrstangen mit Bohrmessern oder Bohrköpfen wird die Bohrstange zwischen die beiden Spitzen der Drehspindel und des Reitstockes eingespannt und macht die drehende Arbeitbewegung, während das auf dem Support befestigte Werkstück, z. B. ein Zylinder, die Schaltbewegung ausführt, wie Fig. 256 zeigt. Durch Versetzen der Drehspindelspitze in die gestrichelt gezeichnete Lage kann man

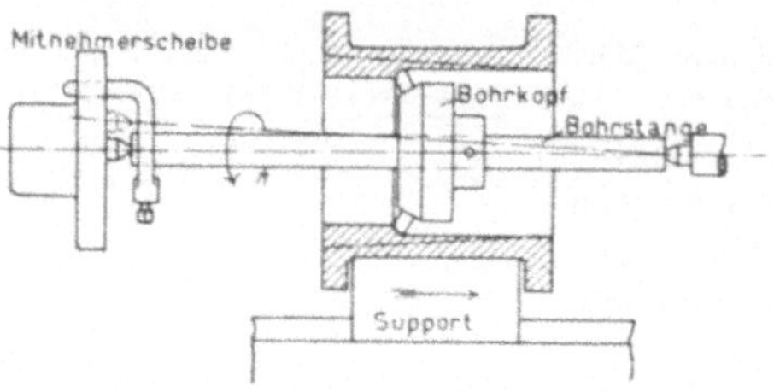

Fig. 256. Ausbohren eines Zylinders auf der Drehbank.

auch das · Ausbohren kegelförmiger Bohrungen ermöglichen. Es muß dann aber der Bohrkopf auf der Bohrstange geschaltet werden, während das Werkstück festliegt wie bei Fig. 257. Bei der in Fig. 256 gezeichneten Anordnung muß die Länge der Bohrstange mehr als die doppelte Zylinderlänge betragen, da der Zylinder sich über den Bohrkopf hinwegschieben muß. Dies vermeidet die in Fig. 257 gezeichnete Bohr-

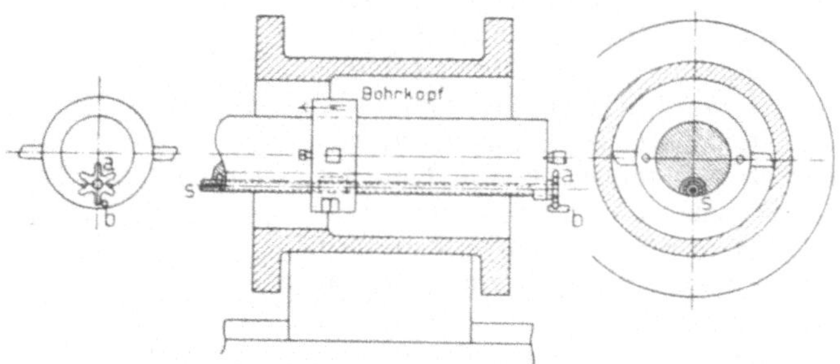

Fig. 257. Bohrstange mit verschiebbarem Bohrkopf.

stange. Der zu bohrende Zylinder liegt hierbei fest und der Bohrkopf verschiebt sich auf der sich drehenden Bohrstange durch den Zylinder hindurch. Die Verschiebung des Bohrkopfes geschieht durch die an ihm befestigte Mutter m und die in einer seitlichen Aussparung der Bohrstange gelagerte Schraube s. Das Drehen dieser Schraube erfolgt durch einen an ihrem Ende befestigten Armstern o, der bei jeder Umdrehung der Bohrstange gegen einen feststehenden Anschlagstift b stößt.

Auch zum Schneiden von Innen- und Außengewinde wird die Drehbank benutzt. Die hierzu dienenden Werkzeuge sind früher besprochen. Die Schaltung des Stahles muß dann so erfolgen, daß er für jede Umdrehung des Werkstückes um die Steigung des Gewindes vorgeschoben wird. Dies geschieht mittels der Leitspindel durch Wechselräder. Das Übersetzungsverhältnis der zwischen Drehspindel und Leitspindel zu schaltenden Wechselräder läßt sich folgendermaßen berechnen: Soll Gewinde von x Gängen auf 1 Zoll engl. geschnitten werden, so muß sich der Stahl bei einer Umdrehung der Leitspindel um $\frac{1}{x}$ Zoll verschieben. Hat die Leitspindel nun ein Gewinde von y Gängen auf einen Zoll oder eine Steigung von $\frac{1}{y}$ Zoll, so muß das Übersetzungsverhältnis zwischen Drehspindel und Leitspindel $\frac{\frac{1}{x}}{\frac{1}{y}} = \frac{y}{x}$ sein.

Beispiel: Es soll auf der Drehbank Gewinde geschnitten werden, das auf einen Zoll 9 Gewindegänge besitzt, also eine Steigung von $^1/_9$ Zoll hat. Die Leitspindel ist meist nach englischem Maß geschnitten und hat gewöhnlich zwei oder vier Gänge auf einen Zoll, also eine Steigung von $^1/_2$ oder $^1/_4$ Zoll. Nehmen wir an, sie habe zwei Gänge auf einen Zoll, dann wäre das Übersetzungsverhältnis $^2/_9$. Da es Zahnräder mit zwei und neun Zähnen nicht gibt, so erweitert man Zähler und Nenner des Bruchs mit 10 und erhält $^{20}/_{90}$. Unter der Annahme, daß in Fig. 183 Seite 85 das Rad r_1 auf der Drehspindel, das Rad r_4 auf der Leitspindel sitze, so müßte r_1 20 und r_4 90 Zähne haben. Da diese beiden Räder aber bei der großen Entfernung zwischen Drehspindel und Leitspindel nicht miteinander in Eingriff sein können, so muß zwischen beide ein im Stelleisen drehbar befestigtes Rad von beliebiger Zähnezahl eingeschaltet werden. Man kann aber auch die Bewegungsübertragung von der Drehspindel auf die Leitspindel in der in der Fig. 183 dargestellten Weise unter Vermittlung zweier auf einem gemeinsamen Bolzen des Stelleisens sitzender Zahnräder r_2 und r_3 ausführen. Das Übersetzungsverhältnis $^2/_9$ muß dabei natürlich gewahrt bleiben. Dies ist z. B. möglich, wenn die Räder folgende Zähnezahlen haben, $r_1 = 30$, $r_2 = 90$, $r_3 = 40$ und $r_4 = 60$ Zähne. Dann ist die Übersetzung $^{30}/_{90} \cdot {}^{40}/_{60} = {}^2/_9$.

Zu den Drehbänken wird fast immer ein Satz Wechselräder mitgeliefert, deren Zähnezahlen von 20 bis 130 mm je 5 Zähne steigen, außerdem noch ein Rad mit 127 Zähnen. Dieses ermöglicht, bei Leitspindeln mit Zollsteigung Gewinde mit Millimetersteigung zu schneiden, denn man kann die dazu nötigen Übersetzungen immer so zerlegen, daß auf die Leitspindel ein Rad mit 127 Zähnen kommen muß, wie folgendes Beispiel zeigt: Die Leitspindel hat eine Steigung von $^1/_4$ Zoll = 6,35 mm. Das zu schneidende Gewinde soll eine Steigung von 7,5 mm haben. Es ergibt sich hieraus ein Übersetzungsverhältnis $\frac{7,5}{6,35}$. Multipliziert man, um die Dezimalstellen fortzuschaffen, Zähler und Nenner mit 100, so ergibt sich $\frac{750}{635}$. Dies Übersetzungsverhältnis muß nun so zerlegt werden, daß die in der angegebenen Abstufung vorhandenen Wechselräder benutzt werden können und auf die Leitspindel ein Rad mit 127 Zähnen kommt. Es ist z. B., wenn man Zähler und Nenner mit 12 erweitert: $\dfrac{750}{635} \cdot \dfrac{12}{12} = \dfrac{9000}{7620} = \dfrac{75}{60} \cdot \dfrac{120}{127}$, es müßten also in Fig. 169 die Räder folgende Zähnezahlen haben: $r_1 = 75$, $r_2 = 60$, $r_3 = 120$ und $r_4 = 127$. Die für das Schneiden der normalen Gewinde nötigen Wechselräder sind gewöhnlich auf einer an der Drehbank befestigten Tabelle angegeben, nach der man die für jedes Gewinde erforderlichen Räder aussuchen kann.

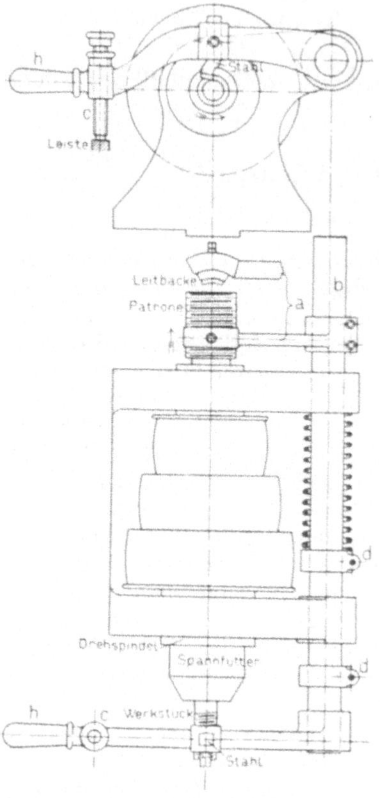

Eine einfache Vorrichtung zum Gewindeschneiden, wie sie bei Revolverdrehbänken verwandt wird, zeigt Fig. 258. Hierbei erfolgt der Stahlvorschub mittels einer auf das Ende der Drehspindel gesteckten Patrone und einer Leitbacke. Die Patrone stellt einen Schraubenbolzen dar, der dieselbe Steigung hat wie das zu schneidende Gewinde, die Leitbacke bildet einen Ausschnitt der zur Patrone gehörenden Mutter. Sie sitzt an dem auf einer axial verschiebbaren Welle b befestigten Arme a und wird durch Drehen des Handhebels h in die Gewindegänge der Patrone gedrückt. Beim Drehen der Spindel wird sie dadurch in der Pfeilrichtung verschoben und erteilt, da sich die Welle b mit verschiebt, dem im Hebel h befestigten Stahle den der verlangten Steigung entsprechenden

Fig. 258. Gewindeschneidvorrichtung.

Vorschub. Die Tiefe des Gewindes wird dabei durch eine auf einer Anschlagleiste gleitende Schraube c, die Länge durch die auf der Welle b verstellbaren Anschläge d begrenzt. Der zu schneidende Bolzen ist in ein auf der Drehspindel sitzendes Spannfutter eingespannt. Durch Auswechseln der Patrone und der Leitbacke kann man jedes gewünschte Gewinde schneiden.

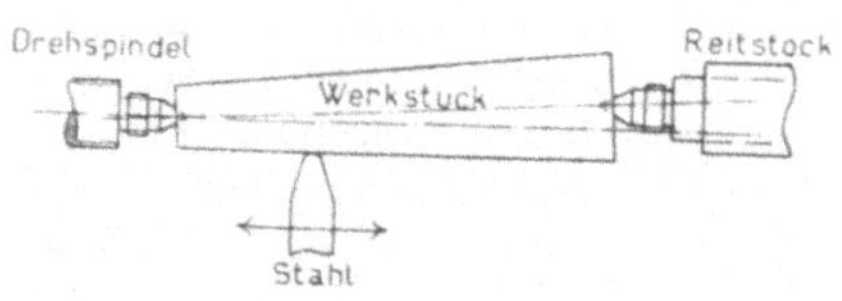

Fig. 259. Abdrehen schlanker Kegel.

Auch Kegelflächen können auf der Drehbank bearbeitet werden. Das Bearbeiten ziemlich schlanker Kegel kann man, wie bereits erwähnt, durch seitliches Verschieben des Reitstocks ermöglichen, wie Fig. 259 zeigt. Ein besseres Verfahren ist jedoch die Benutzung eines Konuslineals, Fig. 260, das sich leicht an jeder Drehbank anbringen läßt. An die Rückseite des Drehbankbettes ist ein längsverschiebbarer Bock a angeschraubt, der ein nach einer Winkelskala schräg einstellbares Leitlineal b trägt. An dem Leitlineal verschiebt sich ein mit dem Querschlitten des Supports verbundenes Gleitstück c so, daß der Stahl beim Langzuge des Supports gleichzeitig in der Längs- und in der Querrichtung geschaltet wird und einen Kegelmantel von der durch das Leitlineal bestimmten Neigung bearbeitet.

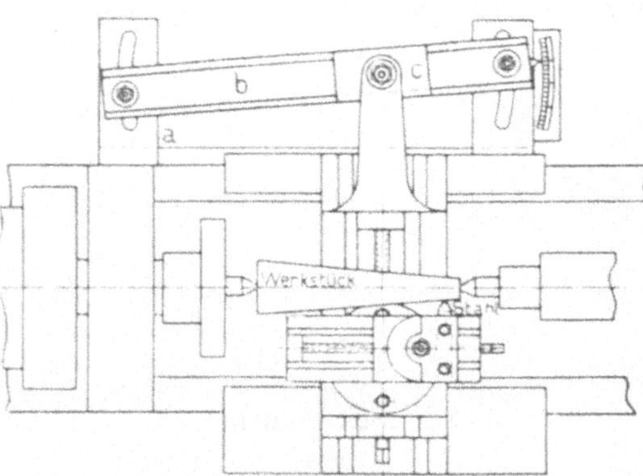

Fig. 260. Konuslineal.

Durch Benutzung von Leitlinealen oder Schablonen, deren Führungskanten nicht gradlinig, sondern nach irgendeiner Kurve gestaltet sind, kann man beliebig profilierte Körper abdrehen, wie dies durch Fig. 261 veranschaulicht wird. Man benutzt eine dem Werkstückprofile entsprechend gestaltete Schablone s, die auf eine am Drehbankbett befestigte Schiene a geschraubt wird. An der profilierten Kante der Schablone gleiten nun ein am Querschlitten des Supports befestigter Führungsstift b oder eine Leitrolle entlang, die durch ein Gewicht g oder auch durch Federdruck immer fest gegen die Schablone gedrückt werden. Infolgedessen wird der Stahl beim Langzug in der Planrichtung abwechselnd vorgeschoben und wieder zurückgezogen und bearbeitet das Werkstück nach dem verlangten Profil.

Ein anderes Verfahren zeigt Fig. 262. Hier ist das Werkstück, beispielsweise ein Mannlochdeckel, auf der Planscheibe befestigt und die Schablone auf der der Drehspindel parallelen Hilfswelle a, die von der Drehspindel aus durch die gleich großen Zahnräder r_1 und ein beliebiges Zwischenrad r_2 so angetrieben wird,

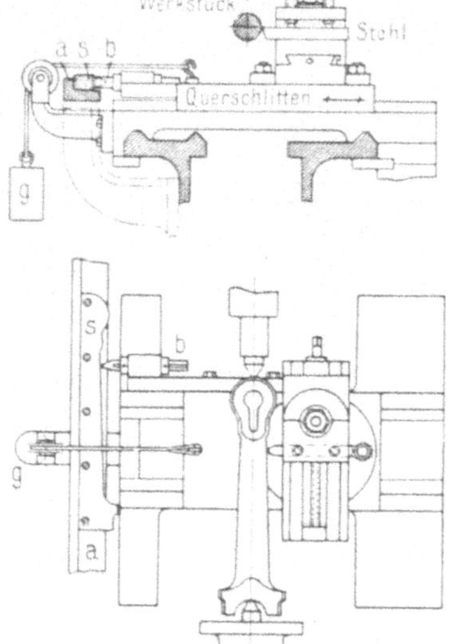

Fig. 261. Profildrehen.

daß sie genau soviel Umdrehungen macht wie diese. Der Querschlitten wird wieder durch ein Gewicht g mit einer Leitrolle h fortwährend gegen die Schablone gedrückt.

In ähnlicher Weise arbeiten die **Hinterdrehbänke** zur Bearbeitung hinterdrehter Werkzeuge. Bei ihnen muß der Stahl bei einer Umdrehung des Werkstückes so oft der Drehachse genähert und von ihr entfernt werden, wie das Werkstück Schneiden besitzt. Dies wird bei der in Fig. 263 dargestellten **Reineckerschen Hinterdrehbank** auf folgende Weise erreicht: Eine Schraubenfeder a drückt den Querschlitten mit einer Nase n kräftig gegen eine Kurvenscheibe c, die sich um eine senkrechte Achse dreht. Diese Drehung erfolgt durch Kegelräder von der wagerechten Welle b aus. Die Welle b wird von der Drehspindel durch Wechselräder so angetrieben, daß sie für eine ganze Umdrehung der Drehspindel so viele Umdrehungen macht, wie das zu bearbeitende Werkzeug Schneiden hat.

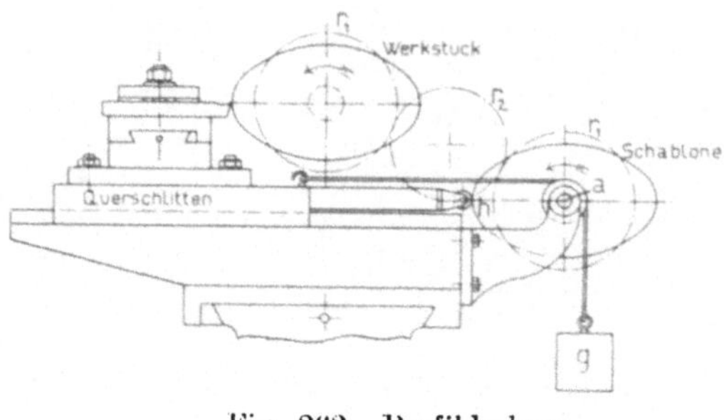
Fig. 262. Profildrehen.

In Fig. 264 ist eine Vorrichtung zum **Kugeldrehen** dargestellt. Um von dem stangenförmigen rohen Werkstücke Kugeln abzudrehen,

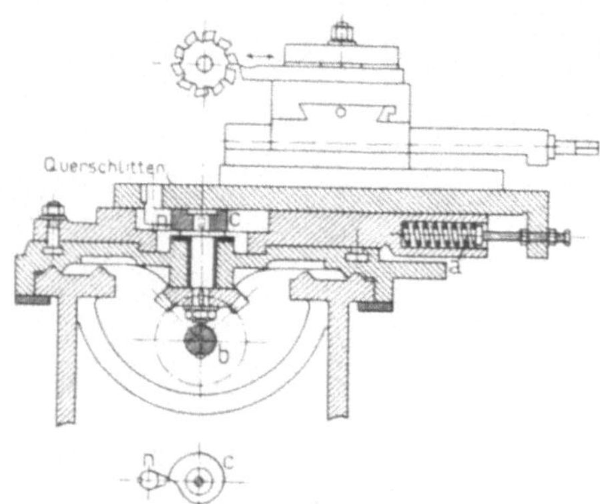
Fig. 263. Hinterdrehbank.

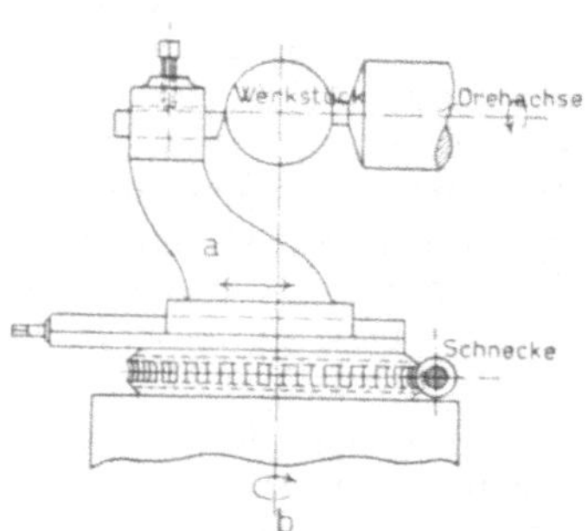
Fig. 264. Kugeldrehen.

muß der Stahl auf einem größten Kugelkreise geschaltet werden. Zu dem Zwecke wird der Werkzeugschlitten a auf einer Drehscheibe befestigt, die durch Schneckentrieb um eine mit der senkrechten Mittelachse des Werkstückes zusammenfallende Achse b gedreht wird. Durch Verschieben des Schlittens a in den angegebenen Pfeilrichtungen läßt sich der Stahl auf verschieden große Kugelhalbmesser einstellen.

Das Abdrehen des Kröpfungszapfens gekröpfter Kurbelwellen kann, wie Fig. 265 veranschaulicht, auf der gewöhnlichen Drehbank geschehen. Das eine Ende der Kurbelwelle ist mit einer besonderen Aufspannvorrichtung a an der Planscheibe befestigt, das andere Ende wird mittels des aufgeklemmten Armes b von der Reitstockspitze gehalten. Zum Gewichtausgleich ist auf der Planscheibe noch das Gegengewicht g angebracht. Die Längsachse des abzudrehenden Kröpfungszapfens muß natürlich genau mit der Drehachse zusammenfallen. Dies Verfahren leidet, abgesehen von dem schwierigen Aufspannen der Welle, noch an dem Übelstande, daß der sehr weit aus dem Werkzeughalter frei herausragende Stahl schlecht unterstützt wird und leicht federn kann. Man verwendet deshalb besser besondere **Kurbelzapfendrehbänke.** Eine solche von **Emil Capitaine & Co.,** Frankfurt a. M., zeigt Fig. 266. Der Stahl ist hierbei in einem scheibenförmigen Stahlhalter a befestigt, der sich an dem im Gestell b drehbaren Ringe c verschieben und auf den gewünschten Zapfendurchmesser einstellen läßt. Der Ring c führt die drehende Arbeitbewegung aus, er wird von den mit doppeltem Zahnradvorgelege versehenen Stufenscheiben d aus durch das Zahnrad e und den Zahnkranz f angetrieben. Das Gestell b

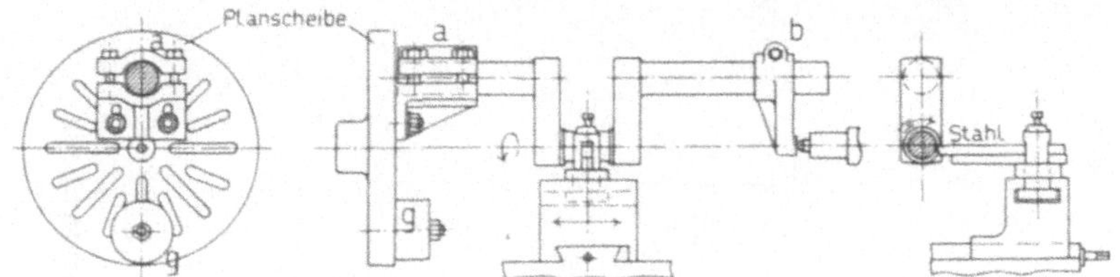

Fig. 265. Abdrehen gekröpfter Wellen.

ist als Schlitten ausgebildet und kann zur Ausführung der Schaltung am Bett der Maschine in wagerechter Richtung verschoben werden. Das Werkstück wird von zwei auf Lagerböcken ruhenden aufklappbaren Lagern g getragen. Der Lagerbock h ist fest an das Bett geschraubt, der Lagerbock k dagegen auf dem Bette verschiebbar. Er trägt auch noch eine Spannvorrichtung l zum Festklemmen des einen Kurbelschenkels. Die Lager sind auf ihren Böcken mittels einer Skala m mit Nonius auf den gewünschten Kurbelhalbmesser genau einzustellen.

2. Fräsmaschinen.

Die Fräsmaschinen dienen zum Bearbeiten der Werkstücke mittels der früher besprochenen Fräser. Gewöhnlich macht der Fräser die drehende Arbeitbewegung und das Werkstück die meist gradlinige Schaltbewegung. Der Fräser wird mit einer sich drehenden Spindel verbunden, die durch Stufenscheiben oder Stufenräder angetrieben wird. Je nach der Lage der Spindel unterscheidet man Fräsmaschinen mit wagerechter und solche mit senkrechter Spindel. Nach der Zahl der Spindeln ein-, zwei- und mehrspindelige. Ferner baut man Fräsmaschinen für besondere Zwecke, von denen besonders die Zahnräderfräsmaschinen von Wichtigkeit sind.

a) Fräsmaschinen mit wagerechter Spindel.

Eine einfache Fräsmaschine dieser Art zeigt die Fig. 267. Die Spindel a ist in ähnlicher Weise wie die Drehbankspindel in einem Spindelstocke

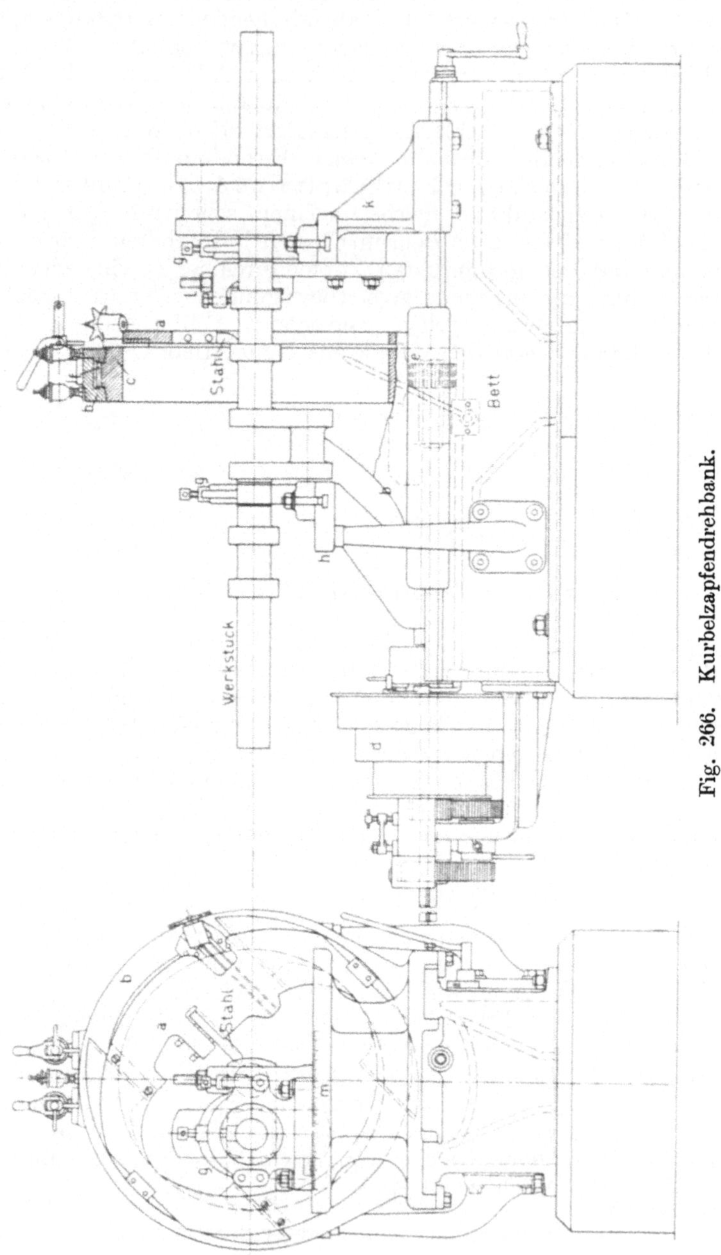

Fig. 266. Kurbelzapfendrehbank.

gelagert und wird durch Stufenscheiben mit doppeltem Rädervorgelege angetrieben. Mit der Spindel müssen die die drehende Arbeitbewegung ausführenden Fräser verbunden werden. Schaftfräser werden direkt mit ihren konischen Ansätzen in den mit einem entsprechenden konischen Loche versehenen Spindelkopf gesteckt. Walzen- und scheibenförmige Fräser dagegen werden auf einem Dorne d befestigt, wie dies die Fig. 268 und 269 veranschaulichen. Der Dorn wird mit einem Ende in das konische Loch der Fräserspindel gesteckt, zur Unterstützung des anderen Endes dient ein oben im Spindelstock verschiebbar gelagerter, durch

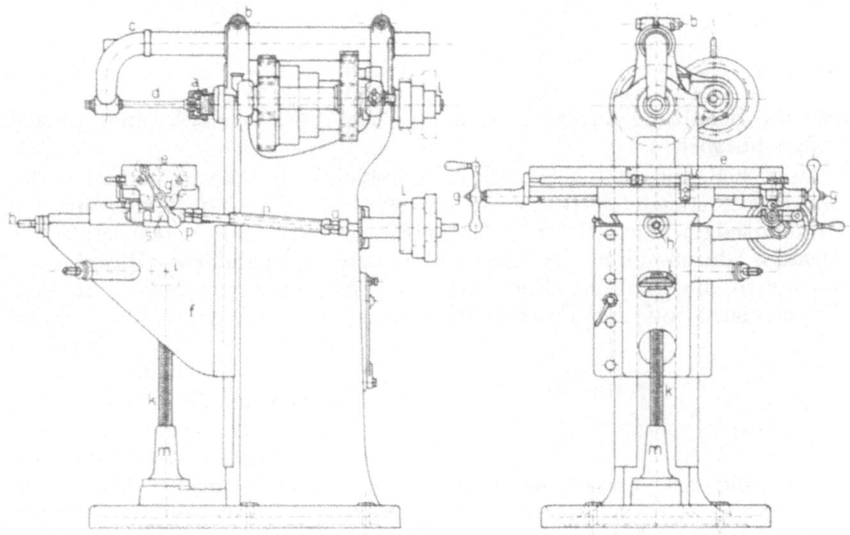

Fig. 267. Einfache Fräsmaschine.

Schrauben b festklemmbarer Gegenhalter c. Wird dieser Gegenhalter nicht gebraucht, so wird sein vorderer gebogener Teil in die Höhe geklappt. Das Werkstück wird auf dem Tische e befestigt und führt mit diesem die Schaltbewegung aus. Der Aufspanntisch kann auf einem konsolartigen Bocke f durch die Schraubenspindeln g und h in zwei zueinander senkrechten Richtungen verschoben werden. Um das Werkstück in die richtige Höhenlage zur Frässpindel zu bringen, kann außerdem der Bock f am Maschinengestell auf und ab bewegt werden mittels der Kegelräder i und der Schraube k, die sich durch eine am Maschinengestell befestigte Mutter schraubt. Zur Erzeugung der selbsttätigen Schaltung kann die Schraubenspindel g von der Frässpindel a aus durch Stufenscheiben l, die Welle n und das Schneckengetriebe s gedreht werden. Die Stufenscheiben sind, wie durch gestrichelte Linien angedeutet, umsteckbar, so daß sechs verschiedene Schaltgeschwindigkeiten möglich sind. Um den selbsttätigen Antrieb der Schaltspindel g in jeder Lage des Aufspanntisches zu ermöglichen, ist die Welle n ausziehbar und bei o und p mit Kugelgelenken versehen. Statt der außen liegenden auszichbaren Welle vermittelt man den Vorschub auch durch im Innern des Gestelles gelagerte Wellen und ermöglicht die Verstellbarkeit des Tisches durch Verschiebung der Antriebräder auf diesen längsgenuteten Wellen, wie dies bei der Universalfräsmaschine beschrieben wird. Am Tische e ist ein verstellbarer Frosch r befestigt, der gegen einen feststehenden Anschlag u stößt und dadurch den Schneckentrieb auslöst

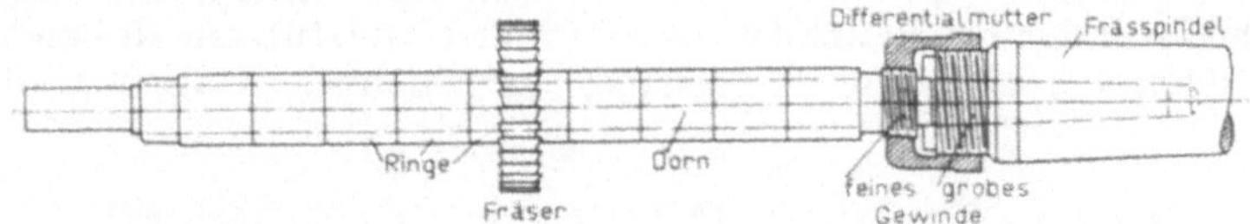

Fig. 268. Fräserbefestigung.

und die Schaltung unterbricht, wenn das Werkstück auf seiner ganzen Länge bearbeitet ist.

Fig. 268 und 269 zeigen zwei gebräuchliche Befestigungsarten des den Fräser tragenden Dornes in der Frässpindel unter Benutzung von Differentialgewinde. Bei Fig. 268 wird der Dorn mit seinem konischen Ansatze durch eine als Überwurfmutter ausgebildete Differentialmutter in die konische Bohrung der Frässpindel eingezogen, zu dem Zwecke sitzt auf der Frässpindel grobes und auf dem Dorne feines Gewinde. Die Überwurfmutter preßt daher beim Anziehen den Dorn um die Differenz der beiden Gewindesteigungen in die hohle Frässpindel hinein. Beim Lösen treibt sie ihn auf dieselbe

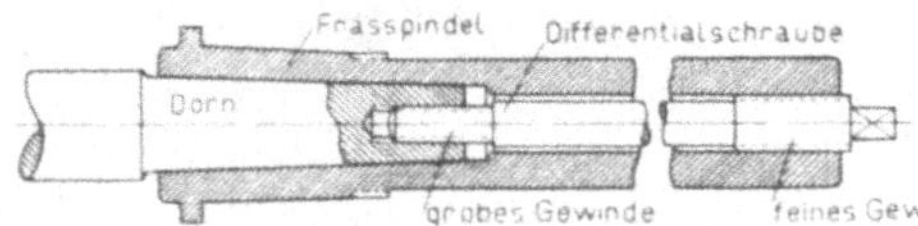

Fig. 269. Fräserbefestigung.

Weise heraus. Auf den Dorn werden die Fräser gesteckt und durch Nut und Feder mit ihm verbunden. Der frei bleibende Teil des Dornes wird mit verschieden breiten Ringen ausgefüllt. Der von der Differentialmutter eingenommene Raum bleibt frei bei Verwendung einer Differentialschraube (Fig. 269), die durch die hohle Spindel hindurchgesteckt wird. Sie schraubt sich in die Spindel mit feinem, in den Dorn mit größerem Gewinde und bewirkt dadurch wie die Differentialmutter ein festes Einziehen und ein leichtes Lösen des Dornes.

Bei den einfachen Fräsmaschinen kann das Werkstück nur senkrecht zur Frässpindel vorgeschoben werden. Zum Fräsen von Schraubennuten in Reibahlen, Fräsern, Spiralbohrern und ähnlichen Werkzeugen, sowie zum Fräsen von Schraubenrädern oder -Zahnstangen usw. muß jedoch der Vorschub unter einen Winkel geneigt zur Frässpindel erfolgen können. Dies ermöglichen die sog. Universal-Fräsmaschinen, von denen Fig. 270 ein Beispiel zeigt (Vereinigte Schmirgel- und Maschinenfabriken, Hannover-Hainholz). Der Antrieb der Frässpindel erfolgt durch Stufenscheiben mit Rädervorgelegen. An Stelle des Stufenscheibenantriebes kann auch Einscheibenantrieb treten. Der Gegenhalter ist hier für schwere Arbeiten mit dem Bocke b noch durch zwei Scherenstützen zu versteifen. Der Hauptunterschied der Universal-

fräsmaschinen gegenüber den gewöhnlichen ist der, daß die Führung
für den Aufspanntisch um eine senkrechte Achse drehbar ist und dadurch

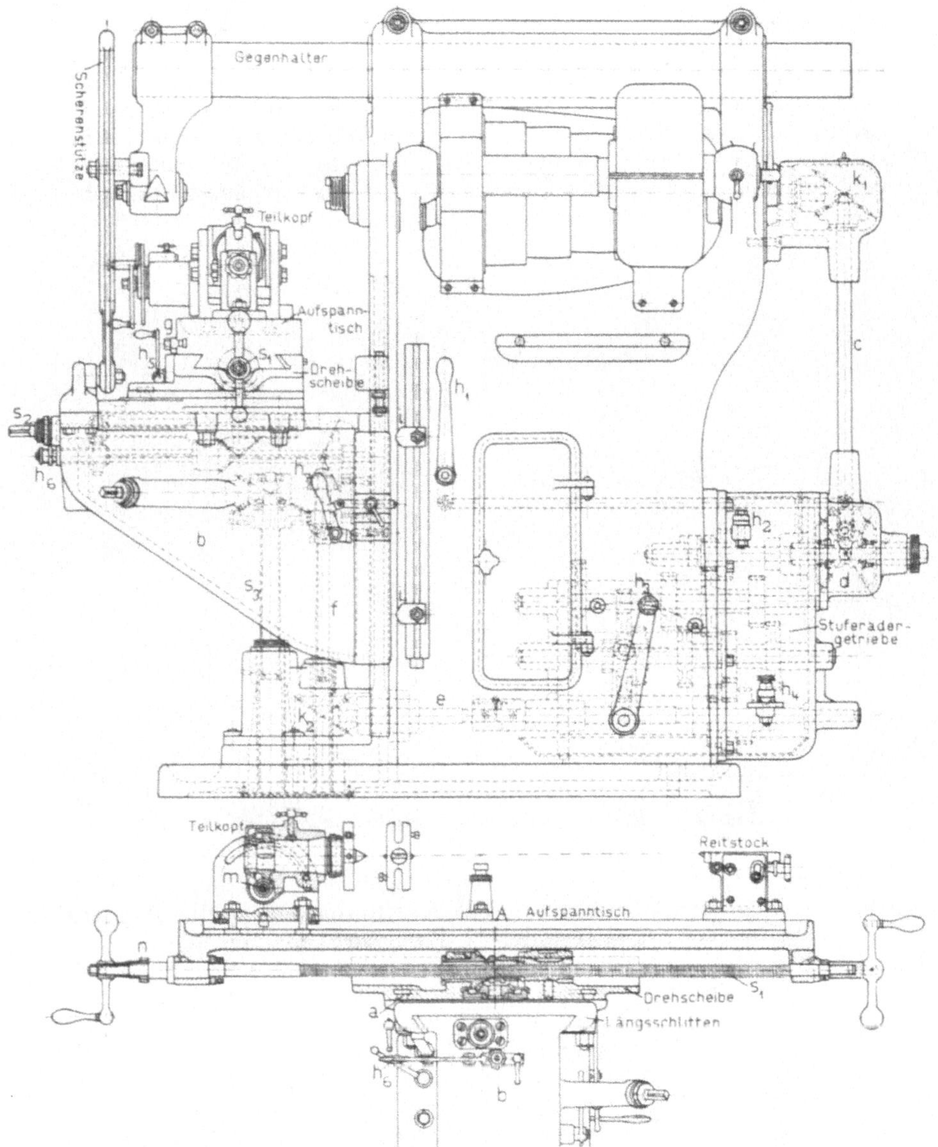

Fig. 270. Universalfräsmaschine.

der Tisch schräg zur Frässpindel vorgeschoben werden kann. Zu dem
Zwecke ist die Führung auf einer um die Achse A drehbaren Scheibe
angebracht, die sich nach einer Gradteilung auf jeden gewünschten

Winkel schräg einstellen und durch in einem kreisförmigen Schlitze a
gleitende Schrauben festklemmen läßt. Die Drehscheibe sitzt auf
einem Längsschlitten, der sich auf einem konsolartigen Bocke b in
wagerechter Richtung verschieben und mit diesem am Maschinengestell
heben und senken läßt. Diese drei Schaltungen erfolgen durch die
Schraubenspindeln s_1, s_2 und s_3 und zwar entweder von Hand oder
selbsttätig. Um den selbsttätigen Vorschub des drehbaren Aufspanntisches bei jeder Schrägstellung zu ermöglichen, muß sein Antrieb
zentrisch zur Drehachse A der Drehscheibe erfolgen. Die den Antrieb
vermittelnden Wellen sind im Innern des Maschinengestelles unter-

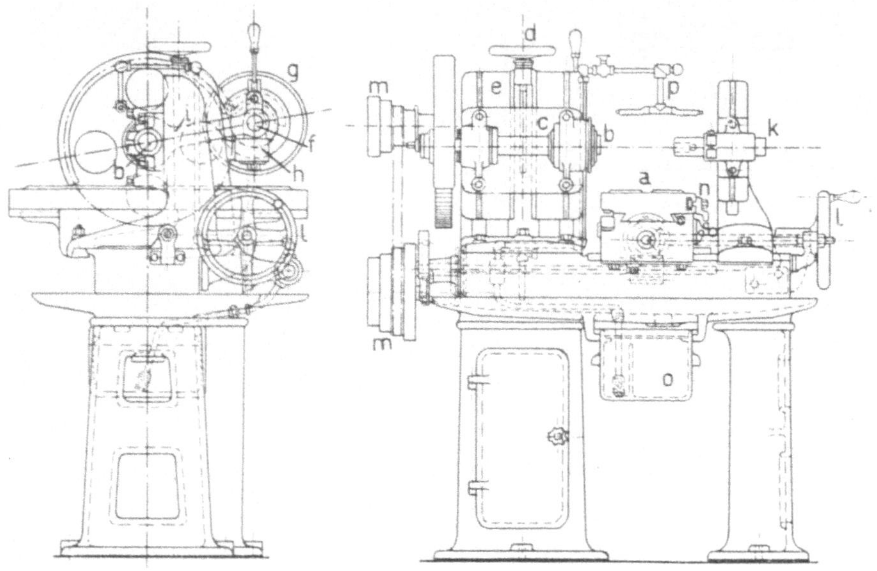

Fig. 271. Fräsmaschine mit verstellbarer Spindel.

gebracht. Der Antrieb der drei Schaltungen wird auf folgende Weise
von der Frässpindel abgeleitet. Das Kegelradpaar k_1 treibt die senkrechte Welle c, an deren unterem Ende sich ein Kegelräderwendegetriebe d befindet zum Umkehren der Schaltrichtung. Das Wendegetriebe wird durch den Hebel h_1 bedient. Von d aus erfolgt der Schaltantrieb dann weiter nach der Welle e durch ein im Innern der Maschine
untergebrachtes Stufenrädergetriebe für 18 verschiedene Geschwindigkeiten, deren Wechsel mittels der Hebel h_2, h_3 und h_4 erfolgt. Die Welle e
dreht durch die Kegelräder k_2 die senkrechte Welle f, von der aus durch
Stirn- bzw. Kegelräder die drei Schraubenspindeln s_1, s_2 und s_3 für die
verschiedenen Schaltungen angetrieben werden. Ihr selbsttätiger Antrieb
kann durch die Hebel h_5, h_6 und h_7 ein- und ausgerückt werden. Verstellbare Anschläge g und i ermöglichen wieder ein selbsttätiges Ausrücken der Schaltung. Auf dem Aufspanntische befindet sich ein Teilkopf mit dazu gehörigem Reitstocke. Die Schneckenwelle m des Teil-

kopfes kann, wie dies beim Spiralfräsen nötig ist, von der Schraubenspindel s_1 aus durch das Stirnrad n und zwischengeschaltete Wechselräder angetrieben werden.

Bei den bisher besprochenen Fräsmaschinen wird der Aufspanntisch von einem konsolartigen Bocke getragen, der am Maschinengestell auf und ab bewegt werden und dadurch der festliegenden Frässpindel genähert oder von ihr entfernt werden kann. Bei schwereren Fräsarbeiten, namentlich bei Benutzung von Fräsern aus Schnellschnittstahl hat sich nun diese Tischanordnung nicht genügend widerstandsfähig gegen Erschütterungen gezeigt und dies hat zum Bau der in Fig. 271 dargestellten **Fräsmaschinen mit verstellbarer Frässpindel** geführt. Bei ihnen ruht der Tisch a auf einem kräftigen feststehenden Bette und die Frässpindel b ist in einem in senkrechter Richtung verschiebbaren Schlitten c gelagert, der sich durch die Schraube d an der senkrechten Gleitfläche e verschieben und in der richtigen Höhenlage zum Werkstücke festklemmen läßt. Ihren Antrieb erhält die Spindel von der Welle f aus durch die Stufenscheiben g und Stirnräderübersetzung. Der Abstand der Spindel b von der Welle f muß des Stirnräderantriebes wegen in jeder Höhenlage von b natürlich immer derselbe sein, er wird gewahrt durch zwei kräftige Lenkerstangen i. Die Welle f ist zu dem Zwecke auf der Platte h in wagerechter Richtung verschiebbar. Der Gegenhalter k läßt sich in senkrechter und wagerechter Richtung verschieben. Der Aufspanntisch a ist in der Längs- und Querrichtung des Bettes verschiebbar. Die Querverschiebung erfolgt durch eine Schnecke und eine unter dem Tische sitzende Schraubenzahnstange. Die Schnecke kann durch das Handrad l oder selbsttätig von der Maschine gedreht werden. Der selbsttätige Schaltantrieb erfolgt von der Welle f aus durch Stufenscheiben m, die gegeneinander vertauscht werden können und dadurch acht verschiedene Schaltgeschwindigkeiten ermöglichen. Ein verstellbarer Anschlag n bewirkt wieder ein selbsttätiges Ausschalten des Vorschubes. Die Maschine ist mit einer kleinen Pumpe ausgerüstet, die von einem Sammelgefäße o aus durch eine Leitung p dem Fräser Öl oder eine andere Kühlflüssigkeit zuführt.

b) Fräsmaschinen mit senkrechter Spindel.

Eine einfache Maschine dieser Art (Ludw. Loewe, Berlin) zeigt Fig. 272. Die senkrechte Frässpindel ist in einem durch das Handrad a am Maschinengestell senkrecht verschiebbaren Schlitten b gelagert. Ihren Antrieb erhält sie von den Stufenscheiben c aus durch einen über Leitrollen laufenden Riemen. Durch die Nabe der Riemenscheibe d ist sie mittels Nut und Feder verschiebbar. Bei größeren Maschinen erfolgt der Antrieb durch eine im Innern des Maschinengestelles liegende senkrechte Welle, auch läßt sich bei ihnen der Schlitten b selbsttätig verschieben. Der Aufspanntisch e ist in zwei zueinander senkrechten Richtungen auf dem Konsol f verschiebbar, das wieder durch eine Schraube s am Maschinengestell auf und ab bewegt werden kann. Wie bei der Universalfräsmaschine, so können auch hier diese drei Schaltungen selbsttätig ausgeführt und durch verstellbare Anschläge i ausgerückt werden. Der Antrieb der Schaltung erfolgt durch Wechselräder mit acht verschiedenen Geschwindigkeiten, die sich durch Handhebel h

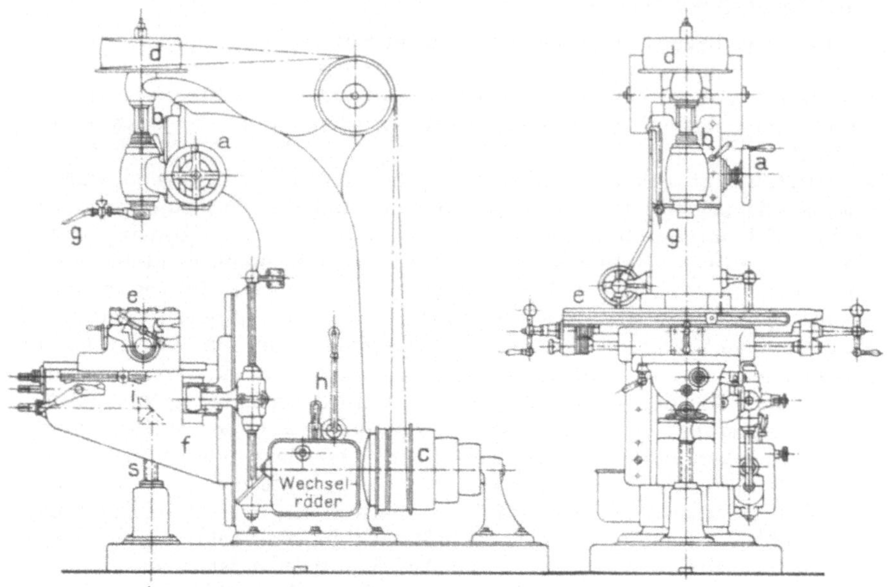

Fig. 272. Fräsmaschine mit senkrechter Spindel.

einstellen lassen. Eine Pumpe führt dem Fräser durch das Rohr g Kühlflüssigkeit zu.

c) Langfräsmaschinen.

Die Langfräsmaschinen dienen zum Bearbeiten längerer Flächen, sie ähneln den Tischhobelmaschinen, wie die in Fig. 273 dargestellte Langfräsmaschine mit zwei senkrechten Spindeln (Droop & Rein, Bielefeld) zeigt.   Auf einem kräftigen Bette gleitet in wagerechten Führungen der lange Aufspanntisch. An zwei seitlichen oben durch ein Querstück verbundenen Böcken b ist ein Querschlitten a durch die Schraubenspindeln c senkrecht verschiebbar. Diese Verschiebung erfolgt gewöhnlich von Hand durch die Spindel d und Kegelräder, bei manchen Maschinen aber auch selbsttätig. Die Spindelkasten e der beiden senkrechten Frässpindeln f sind an dem Querschlitten a unabhängig voneinander verschiebbar durch die beiden Spindeln g und h, die von Hand gedreht und auch für maschinellen Antrieb eingerichtet werden können. Durch die Handräder i, Schnecken- und Zahnstangentrieb lassen sich die Frässpindeln in ihren Lagern senkrecht verschieben. Ihr Antrieb erfolgt durch die Schnecken und Schneckenräder m von der wagerechten Welle k aus, die am Querschlitten gelagert ist und sich mit diesem verschiebt. Der Antrieb der Welle k erfolgt von den Stufenscheiben n aus durch einen Riemen, der durch Leitrollen l so geführt ist, daß der Antrieb in jeder Höhenlage des Querschlittens möglich ist. Die Tischschaltung erfolgt durch einen Schnecken-Zahnstangentrieb, der von den Stufenscheiben o und p aus durch Stirnräder- und Schneckengetriebe betätigt wird und durch verstellbare Anschläge r ausgelöst werden kann. Ein Kegelräderwendegetriebe w

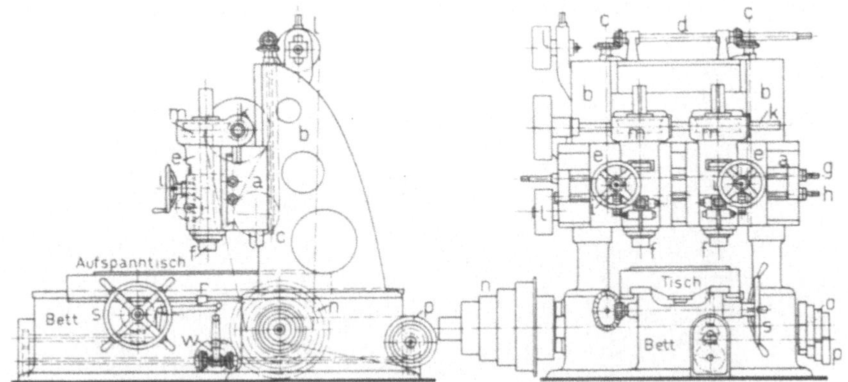

Fig. 273. Langfräsmaschine mit zwei senkrechten Spindeln.

ermöglicht eine Umkehr der Schaltrichtung, das Handrad s ein Schalten von Hand.

Man baut auch Langfräsmaschinen mit zwei wagerechten Spindeln. Größere Maschinen versieht man auch wohl mit vier Spindeln, zwei senkrechten und zwei wagerechten, so daß das Werkstück an vier Stellen gleichzeitig bearbeitet werden kann.

d) Fräsarbeiten und Fräsmaschinen für Sonderzwecke.

Die Fräsmaschinen finden eine außerordentlich weitgehende Verwendung. Die bereits besprochenen Vorteile der Fräser gegenüber den Hobelstählen haben dazu geführt, eine große Zahl von Arbeiten, die früher auf den Feil- und Hobelmaschinen ausgeführt wurden, den Fräsmaschinen zu übertragen. So werden ebene, gekrümmte oder sonstwie profilierte Flächen heute meist gefräst. Besonders vorteilhaft gegenüber dem Hobeln ist das Fräsen kurzer und breiter Flächen, die in ihrer ganzen Breite in einem Schnitt von einem Fräser bearbeitet werden können, während beim Bearbeiten von langen und schmalen Flächen das Hobeln wirtschaftlicher ist. Es sind im letzteren Falle zwar mehrere Schnitte erforderlich, der Hobelstahl gleitet aber schneller über das Werkstück als der Fräser. Es muß deshalb von Fall zu Fall berechnet werden, ob eine Fläche vorteilhafter zu hobeln oder zu fräsen ist. Flächen, bei denen es auf große Genauigkeit ankommt, werden allerdings besser nur vorgefräst und dann genau nachgehobelt, da durch die beim Fräsen auftretende große Erwärmung die Genauigkeit der Fläche leidet. Nicht nur mit der Hobelmaschine, sondern auch mit der Drehbank ist die Fräsmaschine in neuerer Zeit erfolgreich in Wettbewerb getreten durch Einführung der Rundfräserei, durch die Werkstücke bearbeitet werden können, die früher abgedreht werden mußten.

Auch zum Bearbeiten genauer Zahnräder ist die Fräsmaschine vorzüglich geeignet. Ebenso wird auch Schraubengewinde durch Fräsen erzeugt.

Aus der großen Zahl der Fräsarbeiten sollen hier nur einige charakteristische Beispiele herausgegriffen und durch Fig. 274 erläutert werden·

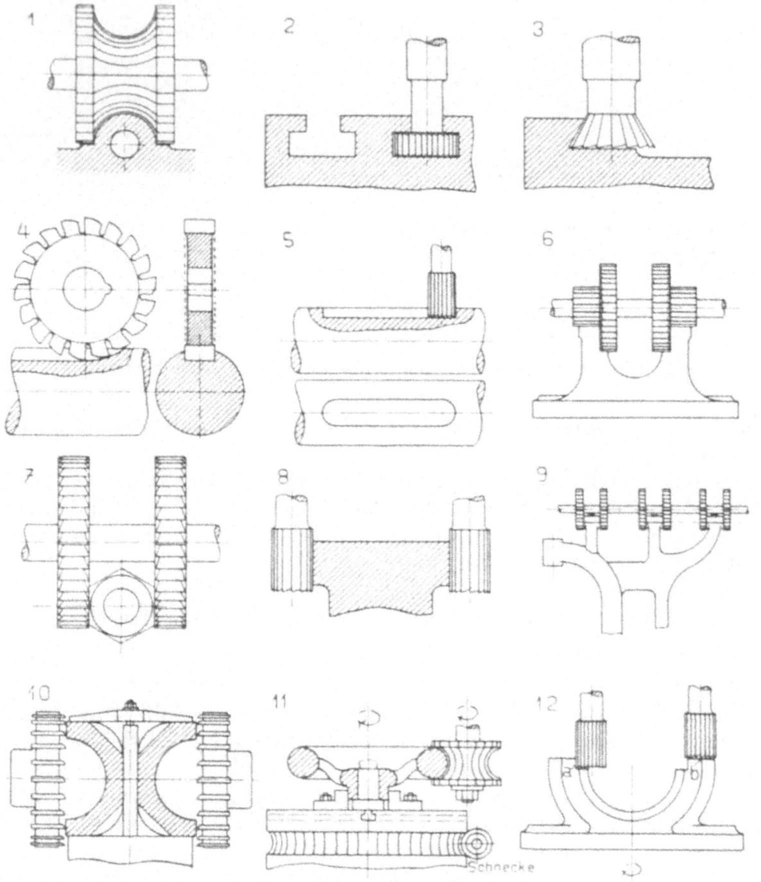

Fig. 274. Fräsarbeiten.

1. stellt das Fräsen einer profilierten Leiste mit einem Profilfräser dar,
2. das Fräsen von T-förmigen Aufspannuten,
3. das Fräsen von Schwalbenschwanzführungen,
4. das Fräsen von Keilnuten mit einem Nutenfräser,
5. dasselbe mit einem Stirnfräser,
6. das gleichzeitige Bearbeiten von sechs Flächen eines Lagerkörpers durch einen Fräsersatz,
7. das Bearbeiten der Seitenflächen einer Sechskantmutter durch zwei auf einen gemeinsamen Dorn gesteckte Fräser. Es wird dabei

eine größere Zahl auf einen Dorn gesteckter Muttern gleichzeitig bearbeitet. Nach der Bearbeitung zweier paralleler Flächen werden die Muttern mit Hilfe einer der früher besprochenen Teilvorrichtungen um einen Winkel von 60° gedreht zur Bearbeitung der folgenden Flächen. Wenn die beiden Fräser einmal auf die genaue Breite eingestellt sind, so erhalten alle Muttern genau dieselbe Breite,

8. zeigt das Bearbeiten zweier paralleler Flächen auf einer zweispindeligen Langfräsmaschine.

9. das Bearbeiten des oberen Teiles eines Säulenbohrmaschinenständers. Die sechs Stirnflächen der Lager werden gleichzeitig bearbeitet. Sind die Fräser einmal genau eingestellt, so stimmen alle mit denselben Fräsern bearbeiteten Werkstücke in den betreffenden Abmessungen genau überein,

10. veranschaulicht das Bearbeiten der ebenen Trennungsflächen von Achslagerschalen durch Fräsköpfe auf einer Langfräsmaschine mit zwei wagerechten Spindeln. Es wird eine große Zahl von Lagerschalen gemeinsam aufgespannt und in einem Durchgange bearbeitet.

11. ist ein Beispiel der Rundfräserei und zwar handelt es sich um das Bearbeiten eines Handrades. Der Fräser ist nach dem Profil der zu bearbeitenden Fläche gestaltet, er macht die drehende Arbeitbewegung. Das Werkstück ist auf einem durch Schneckentrieb um seine senkrechte Achse drehbaren Rundtisch aufgespannt und bewegt sich dem Fräser langsam entgegen. Nach einer Umdrehung ist das Werkstück an seiner ganzen zu bearbeitenden Fläche gefräst. Das Rundfräsen ist daher zeitsparender und wirtschaftlicher als das Bearbeiten auf der Drehbank. Die meisten Fräsmaschinen lassen sich mit einem Rundtische versehen und zu Rundfräsarbeiten einrichten. Wo solche Arbeiten in größerer Zahl auszuführen sind, benutzt man vorteilhaft besondere Rundfräsmaschinen, die sich selbst automatisch ausrücken, sobald das Werkstück fertig bearbeitet ist. Es kann dann ein Arbeiter mehrere solcher Rundfräsmaschinen bedienen, was eine weitere Kostenersparnis bedeutet,

12. zeigt als weiteres Beispiel der Rundfräserei das Bearbeiten der Trennungsfläche eines Lagerkörpers. Die zylindrische Fläche a und die ebene Fläche b werden gleichzeitig bearbeitet, das Werkstück dreht sich dabei langsam um seine Achse.

In Fig. 275 ist das Spiralfräsen dargestellt. Dies dient zur Erzeugung von Schraubenfurchen in Spiralbohrern, Senkern und ähnlichen Werkzeugen. Das Werkstück ist dabei auf dem Tische einer Universalfräsmaschine zwischen zwei Spitzen eingespannt und unter dem aus der Steigung der zu erzeugenden Schraubenfurche sich ergebenden Winkel α gegen die Mittelebene schräg gestellt. Während des Fräsens dreht es sich langsam und gleichzeitig wird der Tisch parallel zur Längsachse des Werkstücks vorgeschoben. Dasselbe Verfahren wird angewandt bei dem durch Fig. 276 veranschaulichten Gewindefräsen. Hier ist jedoch der Fräser schräg eingestellt, so daß seine Drehachse gegen die Werkstückachse um den Steigungswinkel α des Gewindes geneigt ist. Der Fräser hat das Profil der Gewindelücke. Er führt die angegebene Drehbewegung und gleichzeitig den gradlinigen Vorschub parallel zur

Werkstückachse aus, während das Werkstück sich langsam in der angegebenen Richtung dreht. Zur Ausführung dieser Arbeiten dienen entweder besondere automatisch arbeitende Gewindefräsmaschinen oder

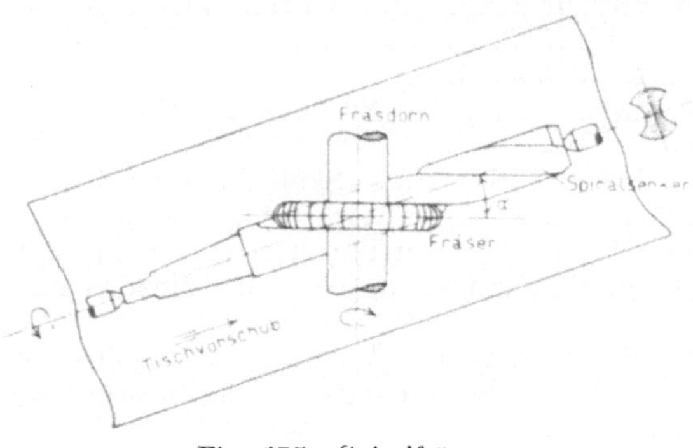

Fig. 275. Spiralfräsen.

Apparate, die sich auf einer gewöhnlichen Fräsmaschine anbringen lassen. Das angegebene Verfahren eignet sich besonders für Gewinde mit grobem Profil, wie es z. B. bei Leitspindeln, Preßspindeln und Schnecken vorkommt; zum Fräsen feinerer Gewinde von geringer Steigung dient das in Fig. 277 dargestellte Verfahren, bei dem sämtliche Gewindegänge gleichzeitig fertiggestellt werden. Hier benutzt man einen strehlerartigen Fräser mit soviel Zahnreihen, wie das Werkstück Gewindegänge haben soll. Seine Achse ist der des Werkstückes

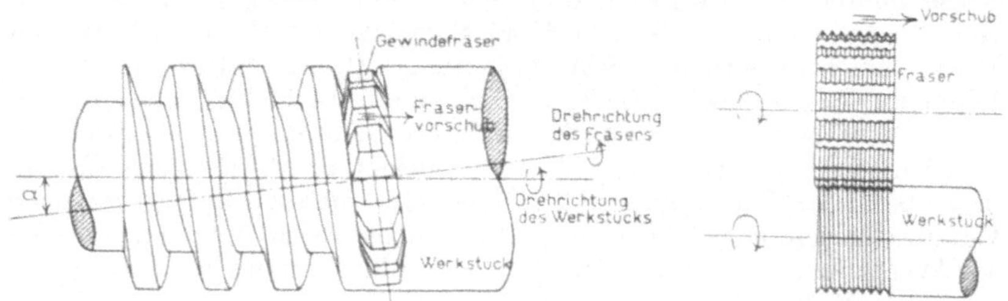

Fig. 276. Gewindefräsen.

Fig. 277. Fräsen feiner Gewinde.

parallel, er dreht sich und wird gleichzeitig in der angegebenen Pfeilrichtung um ein geringes Maß mehr als die Ganghöhe des zu fräsenden Gewindes vorgeschoben. Das Werkstück braucht dabei nur $1^1/_4$ bis $1^1/_3$ Umdrehung zu machen.

Das Fräsen von Zahnrädern.

1. **Das Fräsen von Stirnrädern.** Genau arbeitende Stirnräder werden heute meistens so hergestellt, daß in einen voll gegossenen und durch Drehen oder Rundfräsen vorgearbeiteten Radkranz die Zahnlücken eingefräst werden. Dies kann auf zwei verschiedene Weisen erfolgen, nach dem Teilverfahren und nach dem Abwälzverfahren. Das Teilverfahren wird durch Fig. 278 veranschaulicht. Der benutzte Zahnradfräser hat das Profil einer Zahnlücke. Das zu fräsende Rad steht still, der Fräser macht die drehende Arbeitbewegung und wird gleichzeitig senkrecht zur Radebene vorgeschoben. Ist eine Zahn-

lücke gefräst, so wird der Fräser durch diese zurückgezogen und das Rad um eine Teilung weiter gedreht, so daß nun die nächste Zahnlücke gefräst werden kann. Bei größeren Rädern wird die Zahnlücke erst roh vorgefräst und dann genau nachgefräst. Statt eines scheibenförmigen Fräsers kann auch der in Fig. 59, Seite 22 dargestellte Schaftfräser verwendet werden, namentlich bei Rädern mit sog. Pfeil- oder Winkelzähnen.

Beim Abwälzverfahren (Fig. 279) wird ein Schneckenfräser benutzt, dessen Längsschnitt das Profil einer mit dem zu erzeugenden Stirnrade richtig zusammenarbeitenden Zahnstange aufweist. Er wird unter seinem Steigungswinkel α zur Radebene geneigt eingestellt, dreht sich um seine Längsachse und wird dabei senkrecht gegen das Rad vorgeschoben, das sich während des Fräsens langsam in der angegebenen Pfeilrichtung dreht, und zwar so, daß es bei z Zähnen eine Umdrehung macht in derselben Zeit, in der der Fräser z Umdrehungen ausführt. Es werden hierbei alle Zahnlücken gleichzeitig bearbeitet, an der dem Fräser zugekehrten Radseite beginnend über die ganze Radbreite fortschreitend.

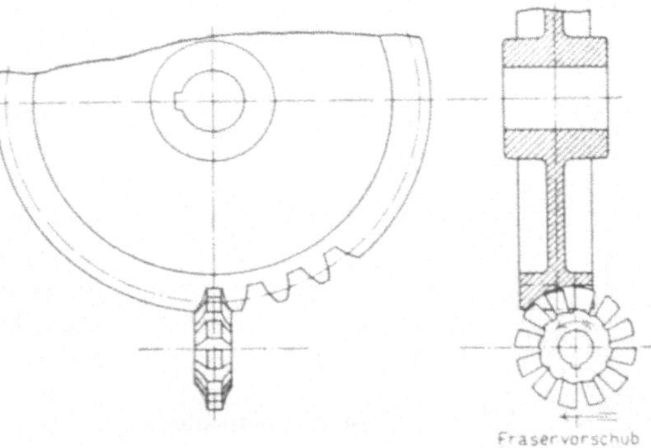

Fig. 278. Stirnradfräsen nach dem Teilverfahren.

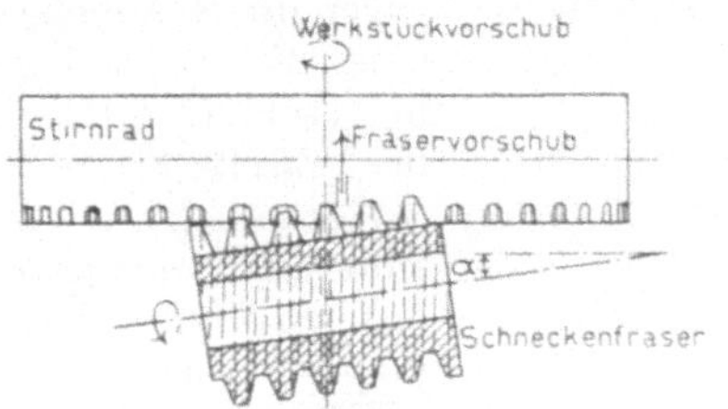

Fig. 279. Stirnradfräsen nach dem Abwälzverfahren.

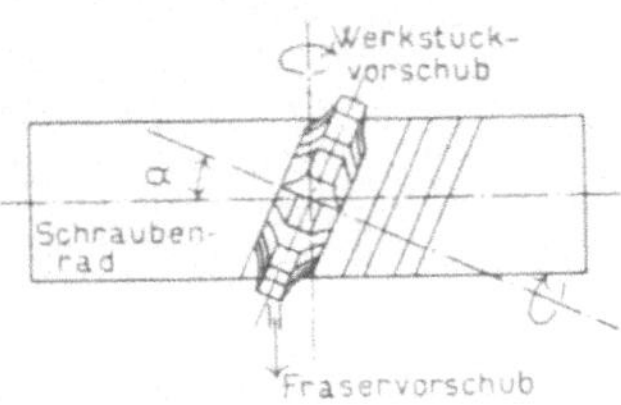

Fig. 280. Fräsen von Schraubenrädern nach dem Teilverfahren.

Beide Verfahren haben ihre Vorteile und Nachteile. Beim Teilverfahren wird ein kleiner verhältnismäßig einfacher und billiger Fräser benutzt. Es ist aber theoretisch für jede Teilung und jede Zähnezahl ein besonderer Fräser erforderlich. Um nicht eine zu große Zahl Fräser anschaffen zu müssen, begnügt man sich aber damit, für mehrere Zähnezahlen ein und derselben Teilung denselben Fräser zu benutzen. So nimmt man gewöhnlich für Räder kleinerer Teilung bis einschließlich Modul 10 einen achtteiligen Fräsersatz mit je einem Fräser für folgende Zähnezahlen: 12 bis 13, 14 bis 16, 17 bis 20, 21 bis 25, 26 bis 34, 35 bis 54, 55 bis 134, 135 bis ∞. Für Teilungen über Modul 10 nimmt man den 15teiligen Fräsersatz mit je einem Fräser für folgende Zähnezahlen: 12, 13, 14, 15 bis 16, 17 bis 18, 19 bis 20, 21 bis 22, 23 bis 25, 26 bis 29, 30 bis 34, 35 bis 41, 42 bis 54, 55 bis 80, 81 bis 134, 135 bis ∞.

Die beim Abwälzverfahren benutzten Schneckenfräser sind groß und teuer und lassen sich schwierig genau herstellen, da sie sich beim Härten leicht verziehen, jedoch genügt für alle Zähnezahlen derselben Teilung nur ein Fräser, da alle Stirnräder derselben Teilung mit ein und derselben Zahnstange richtig zusammenarbeiten, ohne daß ihre eigene Zähnezahl dabei von Einfluß ist.

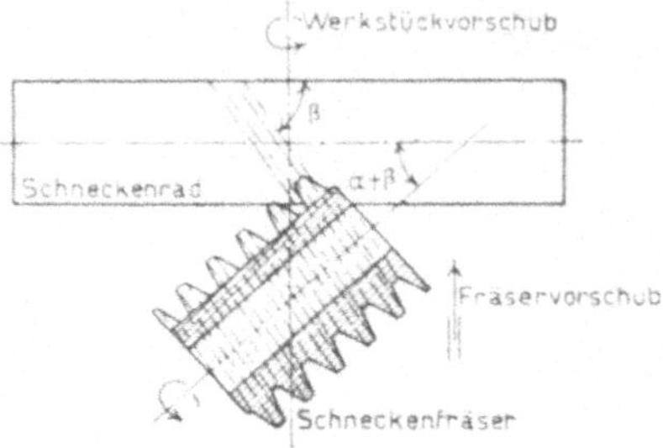

Fig. 281. Fräsen von Schraubenrädern nach dem Abwälzverfahren.

2. Das Fräsen von Schraubenrädern kann ebenfalls nach dem Teilverfahren mit dem Zahnradfräser und nach dem Abwälzverfahren mit dem Schneckenfräser erfolgen. Das erste Verfahren veranschaulicht Fig. 280. Die Achse des Fräsers muß dabei gegen die Radebene um einen Winkel $a = 90^0$ minus dem Steigungswinkel des Schraubenrades geneigt sein. Der Fräser macht die drehende Arbeitbewegung und wird senkrecht gegen das Rad vorgeschoben, das sich langsam um seine Achse dreht. Bei Benutzung des Schneckenfräsers (Fig. 281) muß, wenn der Steigungswinkel des Schneckenfräsers a, der des Schraubenrades β ist, die Fräserachse gegen die Radebene um einen Winkel $a + \beta$ geneigt sein. Drehrichtung des Fräsers, Fräser- und Werkstückvorschub sind aus der Figur zu ersehen. Bei z Zähnen kommt wieder auf z Fräserumdrehungen eine Radumdrehung.

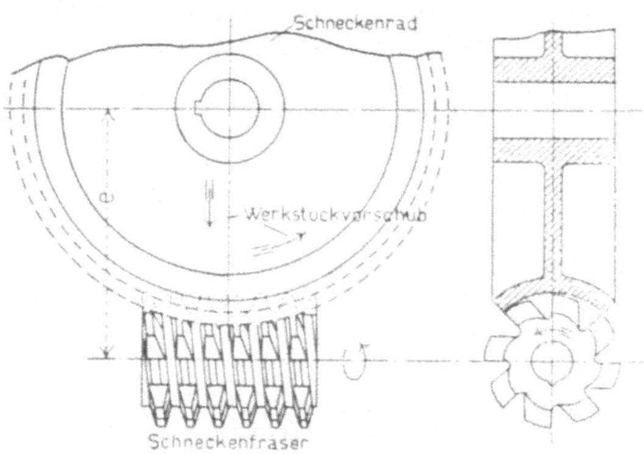

Fig. 282. Fräsen von Schneckenrädern.

3. Das Fräsen von Schnecken und Schneckenrädern.

Das Fräsen der Schnecken geschieht in der beim Gewindefräsen (Fig. 276) beschriebenen Weise. Die Schneckenräder fräst man am besten unter Benutzung eines Schneckenfräsers, der die Form der mit dem zu fräsenden Schneckenrade zusammenarbeitenden Schnecke besitzt. Dies kann auf die beiden durch die Figuren 282 und 283 veranschaulichten Weisen geschehen. In beiden Fällen liegt die Fräserachse in der Mittelebene des zu fräsenden Schneckenrades, also senkrecht zu dessen Drehachse. Der Fräser führt die drehende Arbeitbewegung, das Schneckenrad

die drehende Schaltbewegung aus, und zwar wieder so, daß z Fräserumdrehungen eine Schneckenradumdrehung entspricht. In Fig. 282
verringert sich der ursprüngliche Achsenabstand e zwischen Fräser-
und Schneckenradachse, wäh-
rend des Fräsens allmählich, da
das zu fräsende Rad dem Fräser
so lange zugeschoben wird, bis
die Zähne auf die richtige Tiefe
fertig gefräst sind. Bei Fig. 283
dagegen bleibt der Abstand e
während des Fräsens konstant
und der Fräser wird in der
Richtung seiner Drehachse geschaltet. Zu dem Zwecke sind
seine vorderen Zähne abgeschrägt, damit die Zahnlücken
während des Fräservorschubes
allmählich bis auf ihre richtige
Tiefe gefräst werden.

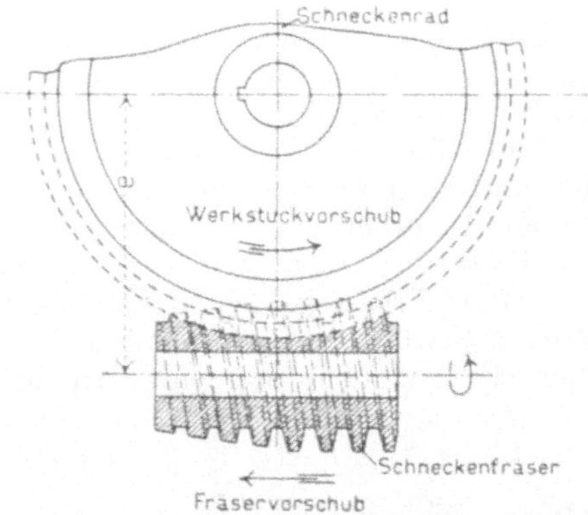

Fig. 283. Fräsen von Schneckenrädern.

4. Das Fräsen von Kegelrädern. Das genaue Bearbeiten der
Kegelräder durch Fräsen bietet größere Schwierigkeiten wie das der
Stirnräder wegen der sich verjüngenden Gestalt der Zähne. Das

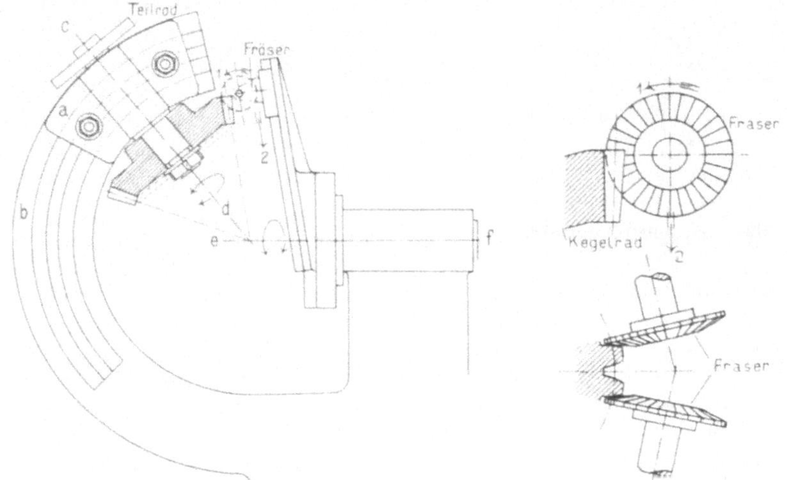

Fig. 284. Fräsen von Kegelrädern.　　　Fig. 285. Fräsen von
　　　　　　　　　　　　　　　　　　　　　Kegelrädern.

einzige praktisch angewandte Verfahren, durch das genaue Zahnflanken
erzeugt werden können, ist das bei den Kegelräderfräsmaschinen von
Ludwig Loewe verwandte Abwälzverfahren von Warren, dessen
Wesen an der Hand der Figuren 284 und 285 kurz beschrieben werden
soll. Das zu fräsende Kegelrad wird auf einen Dorn gesteckt, der in
einem Gleitstücke a gelagert ist und sich mit diesem an dem Kreis-

bogensegment b dem Spitzenwinkel des Kegelrades entsprechend einstellen und durch Schrauben feststellen läßt. Wie Fig. 285 veranschaulicht, bearbeiten zwei schmale scheibenförmige Fräser die Außen-
flanken zweier benachbarter Zähne. Während die Fräser sich in der
Pfeilrichtung 1 drehen, werden sie in der Richtung 2 nach der Kegelspitze hin vorgeschoben. Um nun hierbei die richtige Form der Zahnflanken zu erzeugen, schwingen während dieser Bewegungen das Kegelrad um seine Achse c d und die beiden Fräser um die Achse e f hin und
her und zwar erfolgt dieses Schwingen so, als ob das zu bearbeitende
Kegelrad mit einem Planrade in Eingriff stände, dessen Zähne durch
die Fräser gebildet werden. Aus praktischen Gründen bewegt man
die beiden Fräser jedoch so, daß der Spitzenwinkel des gedachten Plan-
rades nicht 90°, sondern etwa 3° kleiner ist. Der hierzu dienende verwickelte Antriebmechanismus ist in der Figur nicht mit gezeichnet.

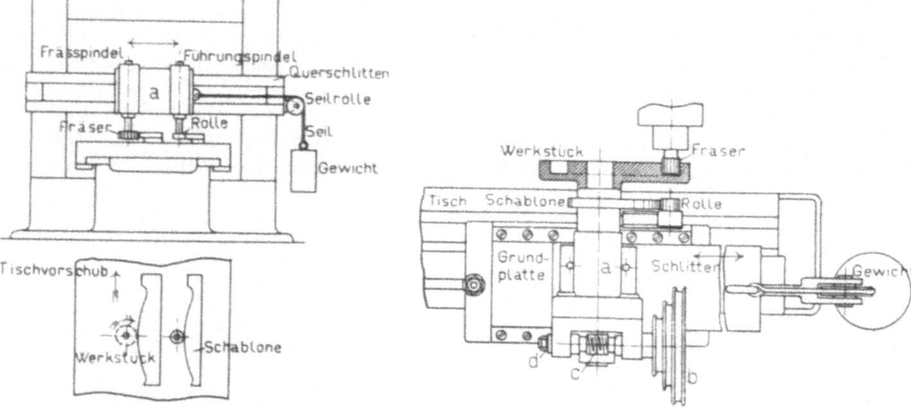

Fig. 286. Kopierfräsmaschine.   Fig. 287. Fräsen von Kurvennuten.

Näheres darüber enthält die unten angegebene Quelle [1]. Sind die
Zahnflanken zweier benachbarter Zähne fertig bearbeitet, so wird das
Kegelrad mittels eines Teilrades um eine Teilung weiter geschaltet.

Das Fräsen der Zahnräder kann, abgesehen von den Kegelrädern,
auf den gewöhnlichen oder den Universalfräsmaschinen unter Benutzung
des früher besprochenen Teilkopfes geschehen. Wo viele Räder zu
fräsen sind, empfiehlt sich jedoch die Benutzung besonderer Zahnrad-
fräsmaschinen, die meist automatisch arbeiten.

Die Kopierfräsmaschinen dienen dazu, eine größere Zahl gleicher
Werkstücke nach einem bestimmten Profile zu bearbeiten. Sie benutzen
dazu Schablonen in ähnlicher Weise, wie dies früher beim Profildrehen
beschrieben ist. Bei dem durch Fig. 286 veranschaulichten Verfahren
werden das zu bearbeitende Werkstück und die Schablone auf dem
Tische einer Langfräsmaschine befestigt. Die Frässpindel ist in einem
am Querschlitten wagerecht verschiebbaren Spindelkasten a gelagert,

---

[1] Die Grundlagen der Zahnradbearbeitung von Dr.-Ing. Curt Barth.

der außerdem noch eine Führungsspindel trägt. An der letzteren ist unten eine Führungsrolle befestigt, die durch ein am Spindelkasten aufgehängtes Gewicht immer gegen die profilierte Führungskante der Schablone gedrängt wird und sich beim Tischvorschube zwangläufig an dieser entlang bewegt. Infolgedessen muß auch der Fräser am Werkstücke eine der Führungskante parallele Kurve bearbeiten.

Fig. 287 zeigt eine Kopierfräsvorrichtung zum Bearbeiten von Kurvennuten in Scheiben, wie sie z. B. das Exzenterkurvenrad der in Fig. 211 dargestellten Stoßmaschine aufweist. Die ganze Vorrichtung wird mit ihrer Grundplatte auf dem Tische einer Fräsmaschine befestigt. An einer Gradführung der Grundplatte gleitet ein Schlitten hin und her, der einen Spindelkasten a mit der Arbeitsspindel trägt. Der Spindelantrieb erfolgt von der Stufenscheibe b aus durch die Schnecke c und das Schneckenrad d. Auf der Spindel wird das zu bearbeitende Werkstück befestigt und außerdem eine Schablone, die außen nach derselben Kurve gestaltet ist wie die Innenkante der zu fräsenden Kurvennut. Ein am Schlitten aufgehängtes Gewicht drängt die Schablone während ihrer Drehung immer gegen eine Rolle, die an der Grundplatte so einstellbar ist, daß ihre Drehachse mit der des Fräsers genau zusammenfällt. Auf diese Weise wird auch das Werkstück so verschoben, daß die Kurvennut genau nach der Gestalt der Schablone gefräst wird.

3. Bohrmaschinen.

Der Hauptzweck der Bohrmaschinen ist die Erzeugung genau zylindrischer Löcher, und zwar werden diese Löcher entweder in das volle Material hineingebohrt oder es werden schon vorhandene gegossene oder vorgebohrte Löcher auf den genauen Durchmesser erweitert. Im ersteren Falle nennt man die benutzten Bohrmaschinen Lochbohrmaschinen, im letzteren Ausbohrmaschinen oder Zylinderbohrmaschinen. Wie früher gezeigt, kann man Löcher auch auf der Drehbank bohren, dies Verfahren empfiehlt sich besonders dann, wenn an dem zu bohrenden Werkstücke in derselben Aufspannung auch eine Reihe Dreharbeiten ausgeführt werden soll. In den meisten Fällen ist es jedoch zweckmäßiger und billiger, zum Bohren der Löcher besondere Bohrmaschinen zu benutzen, die nur für diesen einen Zweck eingerichtet sind.

a) Lochbohrmaschinen.

Die Lochbohrmaschinen haben, wie schon gesagt, den Zweck, in das volle Material Löcher zu bohren. Sie sind aber auch dazu geeignet, diese Löcher aufzureiben, zu versenken und mit Gewinde zu versehen. Sie benutzen hierzu die früher besprochenen Bohrwerkzeuge, namentlich die Spiralbohrer, Senker, Reibahlen und Gewindebohrer. Diese Werkzeuge werden meist mit einem kegelförmigen Ansatze in eine kegelförmige Bohrung im unteren Ende der Bohrspindel gesteckt. Die Formen und Abmessungen dieser Kegel sind normalisiert. Am verbreitetsten sind die sog. Morsekonen. Kleine Bohrwerkzeuge spannt man in selbstausrichtende Bohrfutter. Nach der Zahl der Bohrspindeln unterscheidet man einspindelige und mehrspindelige Bohrmaschinen, nach ihrer Lage Senkrecht- und Wagerechtbohrmaschinen. Besondere Arten der Lochbohrmaschinen sind die Radialbohrmaschinen und die tragbaren Bohrmaschinen.

α) Einspindelige Lochbohrmaschinen. Die Gesamtanordnung einer einspindeligen Lochbohrmaschine sei an dem in Fig. 288 dargestellten Beispiele (Heyligenstädt & Co., Gießen) erläutert. Das

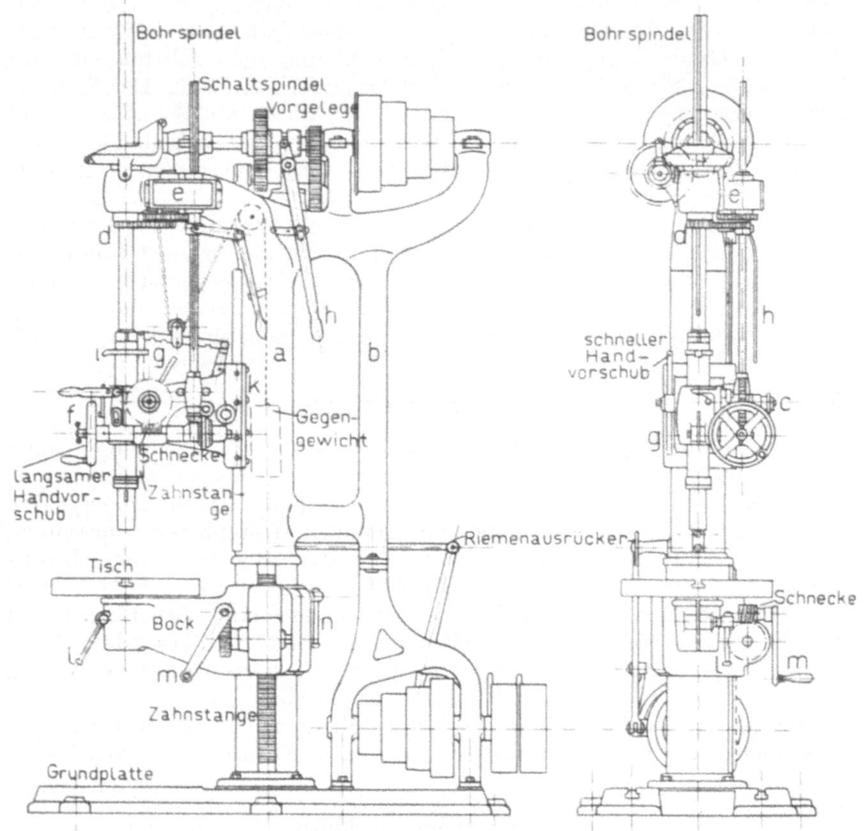

Fig. 288.   Lochbohrmaschine (Säulenbohrmaschine).

Gestell der neueren Bohrmaschinen ist meist säulenartig (Säulenbohrmaschinen). Die Hauptsäule a wird bei größeren Maschinen noch durch eine Verstrebung b verstärkt. Die Maschine hat Stufenräderantrieb mit ausrückbaren Rädervorgelegen, an dessen Stelle in neuerer Zeit immer mehr Einscheibenantriebe treten. Da die oben auf dem Maschinengestell gelagerten Rädervorgelege schwer zugänglich sind, so erfolgt das Ein- und Ausrücken mittels einer durch den Hebel h zu bedienende Kupplung (vgl. Fig. 156). Von der wagerechten Antriebwelle erfolgt die Bewegungsübertragung auf die senkrechte Bohrspindel durch Kegelräder. Da die Bohrspindel gleichzeitig die drehende Arbeit- und die gradlinige Schaltbewegung ausführen muß, so muß sie sich durch die Nabe des Antriebkegelrades hindurch in senkrechter Richtung verschieben lassen, ohne daß ihr Antrieb dadurch unterbrochen wird. Sie ist zu dem Zwecke mit einer langen Nut versehen, in die eine in der Kegelradnabe befestigte Feder greift. Der senkrechte Vorschub der Spindel erfolgt bei älteren Bohrmaschinen durch Schraube und Mutter, bei neueren fast ausschließlich durch Zahnrad und Zahnstange. Wie an der Hand der Fig. 289 noch eingehender erläutert werden wird, sitzt die Zahnstange an einer die Bohrspindel umgebenden Hülse. Sie wird verschoben durch ein kleines, auf der wagerechten Welle c sitzendes Stirnrad. Der Antrieb dieses kleinen Rades erfolgt in der aus der Figur zu ersehenden Weise von der Bohrspindel aus durch den Stirnrädertrieb d. Zum Wechsel der Vorschubgeschwindigkeit dienen Stufenräder im Räderkasten e. Diese treiben eine senkrechte Schaltspindel an, von der aus durch Kegelräder- und

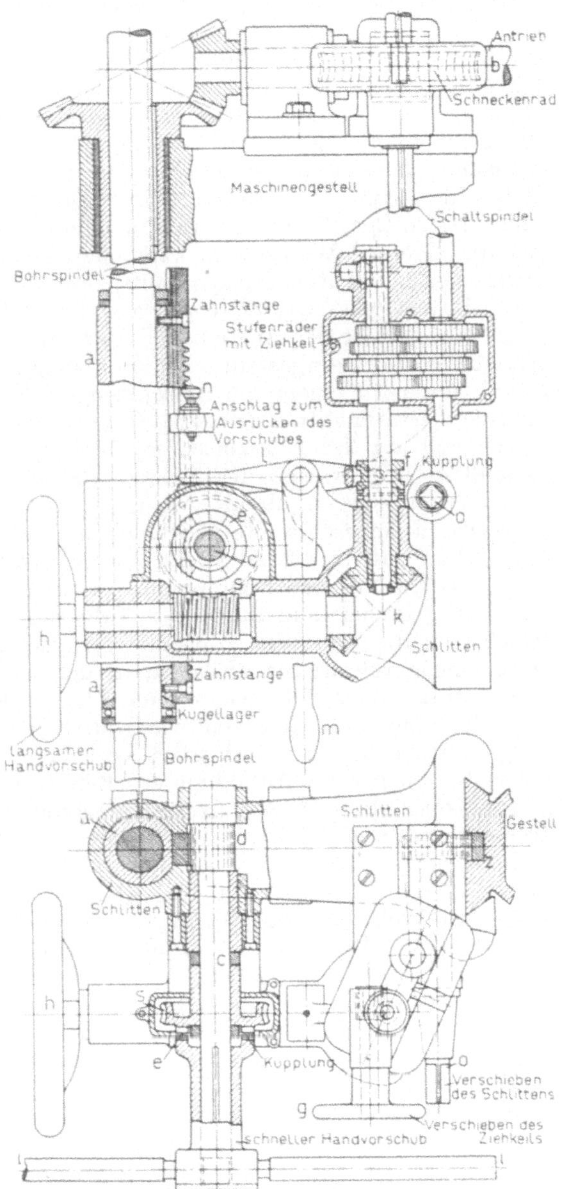

Fig. 289. Antrieb und Vorschub der Bohrspindel.

Schneckentrieb die Welle c gedreht wird. Außer diesem selbsttätigen Vorschube sind noch ein langsamer und ein schneller Handvorschub möglich unter Benutzung des Handrades f oder des Hebels g (vgl. Fig. 289). Ein an der Bohrspindel verstellbarer Anschlag i setzt den selbsttätigen Vorschub automatisch außer Tätigkeit, wenn das Loch auf die verlangte Tiefe gebohrt ist. Das untere Lager der Bohrspindel sitzt an dem Schlitten k, der an einer Führung des Maschinengestelles senkrecht verstellbar ist. Sein Gewicht sowie das der Bohrspindel sind ausgeglichen durch ein in der hohlen Säule a hängendes Gegengewicht. Die Werkstücke ruhen auf einem um seine senkrechte Achse drehbaren und durch den Knebel l feststellbaren Tische. Der den Tisch tragende Bock kann mittels der Kurbel m durch Schnecken- und Zahnstangentrieb am säulenartigen Gestell auf und ab bewegt und durch Knebel n festgestellt werden. Größere Werkstücke kann man auch auf der mit Aufspannnuten versehenen Grundplatte aufspannen, nachdem man den Bock des kleinen Tisches zur Seite geschwenkt hat.

In Fig. 289 ist der Antrieb und Vorschub einer Loeweschen Bohrmaschinenspindel dargestellt. Die Bohrspindel ist oben im Maschinengestell, unten in einem am Maschinengestell in senkrechter Richtung verschiebbaren Schlitten gelagert. Ihren Antrieb erhält sie durch Kegelräder. Soll auf der Bohrmaschine Muttergewinde geschnitten werden, so muß in den Antrieb der Bohrspindel ein Kegelräderwendegetriebe eingeschaltet werden, damit bei nicht durchgehenden Gewinden der in das Loch eingeschraubte Gewindebohrer wieder herausgeholt werden kann. Das auf der Spindel sitzende Kegelrad greift mit einer Feder in eine lange Nut der Bohrspindel, da diese sich, wie schon erwähnt, gleichzeitig drehen und durch die Nabe des Kegelrades hindurch verschieben muß. Die den Vorschub vermittelnde Zahnstange sitzt an einer langen rohrartigen Hülse a, in der die Bohrspindel sich dreht. Diese Hülse führt sich genau senkrecht in dem am Maschinengestell verschiebbaren Schlitten und wird durch die an ihr befestigte Zahnstange an der Drehung verhindert. An ihrem unteren Ende ist sie mit einem Kugellager zur Aufnahme des Bohrdruckes versehen. Der selbsttätige Vorschub wird von der wagerechten Antriebwelle b aus durch Schneckentrieb abgeleitet. Das Schneckenrad sitzt auf einer senkrechten Schaltspindel, von der aus durch ein Stufenrädergetriebe mit Ziehkeil (vgl. Fig. 184) ein Kegelräderpaar k und einen Schneckentrieb s die Welle c angetrieben wird, die das die Zahnstange antreibende Rad d trägt. Die Stufenräder mit Ziehkeil ermöglichen vier Schaltgeschwindigkeiten. Der Ziehkeil wird durch das Handrad g betätigt. Der selbsttätige Vorschubantrieb kann durch Ausrücken der Zahnkupplungen e und f unterbrochen werden. Die Kupplung f wird ausgerückt, wenn durch Drehen des Handrades h langsam von Hand geschaltet werden soll. Der Schneckentrieb s wird dann direkt von diesem Handrade aus angetrieben. Soll die Bohrspindel schnell an das zu bohrende Werkstück herangeführt oder von ihm fortgezogen werden, so rückt man auch noch die Kupplung e aus und dreht die Welle c direkt durch die Hebel i. Zum Ausrücken der Kupplung f dient der Hebel l. Dieser kann durch den Handhebel m betätigt werden oder durch einen an der Hülse a verstellbaren Anschlag n. Von dem letzteren macht man Gebrauch bei selbsttätiger Ausrückung des Vorschubes. Der Anschlag wird dann so eingestellt, daß die Schraube n gegen den Hebel l stößt und die Kupplung f ausrückt, sobald das Loch auf die verlangte Tiefe gebohrt ist. Der Schlitten läßt sich am Maschinengestell auf und ab bewegen durch Drehen der Welle o, indem sich ein

Fig. 290. Vierspindelige Säulenbohrmaschine.

auf o sitzendes Stirnrad auf einer am Maschinengestell befestigten Zahnstange z abwälzt.

β) **Mehrspindelige Bohrmaschinen** besitzen mehrere gleichzeitig angetriebene Bohrspindeln, die meist entweder gradlinig nebeneinander oder im Kreise angeordnet sind. Sie werden entweder benutzt, um eine Reihe von Bohrarbeiten, wie Bohren, Aufreiben, Versenken, hintereinander ohne Werkzeugwechsel auszuführen oder um eine Anzahl Löcher in einem Gange gleichzeitig zu bohren. Im ersteren Falle nehmen die verschiedenen Bohrspindeln die nacheinander zur Bearbeitung eines Loches nötigen Werkzeuge auf. Sie arbeiten dann ähnlich wie die früher besprochenen Dreh- und Bohrwerke mit Revolverkopf, nur muß das Werkstück immer von einer Spindel zur andern verschoben werden. Eine vierspindelige Bohrmaschine dieser Art ist in Fig. 290 abgebildet. Der Antrieb erfolgt von der Transmission oder einem Deckenvorgelege aus auf die mit Fest- und Losscheibe versehene Antriebwelle und von dieser aus durch Stufenscheiben und verstellbare Leitrollen auf die vier Bohrspindeln. Der Geschwindigkeitswechsel erfolgt durch axiales Verschieben der Stufenscheiben auf der Antriebwelle und den Bohrspindeln und Einstellen der auf Dornen verschiebbaren Leitrollen. Der Vorschub erfolgt durch Handhebel, das Zurückziehen selbsttätig. An den Bohrspindelhülsen verstellbare Anschlagringe begrenzen die Bohrtiefe.

Das gleichzeitige Bohren mehrerer Löcher in einem Gange wendet man besonders häufig und mit Vorteil an beim Bohren von Nietlöchern in Kesselblechen oder Eisenkonstruktionsteilen und beim Bohren von Schraubenlöchern in Flanschen. Die Bohrspindeln müssen sich dann auf die verlangte Lochentfernung einstellen lassen, sind sie aber einmal genau eingestellt, so erhalten alle von ihnen gebohrten Löcher ohne weiteres die richtige Entfernung voneinander und es ist nicht nötig, jedes einzelne Werkstück anzureißen.

Eine vierspindelige Bohrmaschine zum Bohren von Nietlöchern ist in Fig. 291 (Chemnitzer Werkzeugmaschinenfabrik, vorm. Joh. Zimmermann) dargestellt. Die beiden seitlichen Böcke a tragen das Querstück b, an dem die vier Schlitten c der Bohrspindeln auf die verlangte Nietteilung oder, falls diese zu klein ist, auf ein Vielfaches davon eingestellt werden können. Die Verstellung der Schlitten geschieht mittels der Handräder d durch Abwälzen von Stirnrädern an der Zahnstange z. Der Antrieb der Bohrspindeln erfolgt durch Kegelräder von der durch Stufenscheiben und Zahnrädervorgelege angetriebenen gemeinschaftlichen Welle e aus. Der selbsttätige Vorschub der Spindeln wird von der Welle f aus durch Schraube und Mutter abgeleitet. Die Welle f wird für den langsamen Vorschub von der Welle e mit zwei Geschwindigkeiten durch die Stufenräder g angetrieben. Für den schnellen Rückzug der Spindeln kann man aber diesen Antrieb durch Ausrücken der Kupplung k mittels des Handhebels h unterbrechen und dadurch gleichzeitig durch den Riemenleiter l, der mit dem Hebel h durch die Stange i verbunden ist, den schnellen Antrieb der Welle f vom Deckenvorgelege aus einrücken. Die Werkstücke ruhen auf einem durch zwei Schraubenspindeln senkrecht verstellbaren Aufspanntische.

Fig. 292 zeigt eine sechsspindelige Bohrmaschine, die namentlich zum Bohren von Schraubenlöchern in Rohr- und Zylinderflanschen geeignet ist. Der Antrieb der sechs Spindeln erfolgt von der Stufenscheibe a aus durch das Kegelradpaar b. Von der Welle des größeren Kegelrades werden durch ein Stirnrad c sechs Stirnräder d gleichzeitig gedreht, die auf kurzen im Kopfe e gelagerten Spindeln f sitzen. Von hier aus werden durch Kugelgelenkkupplungen i und ausziehbare Wellen g die Bohrspindeln gedreht. Infolge dieser gelenkigen Ver-

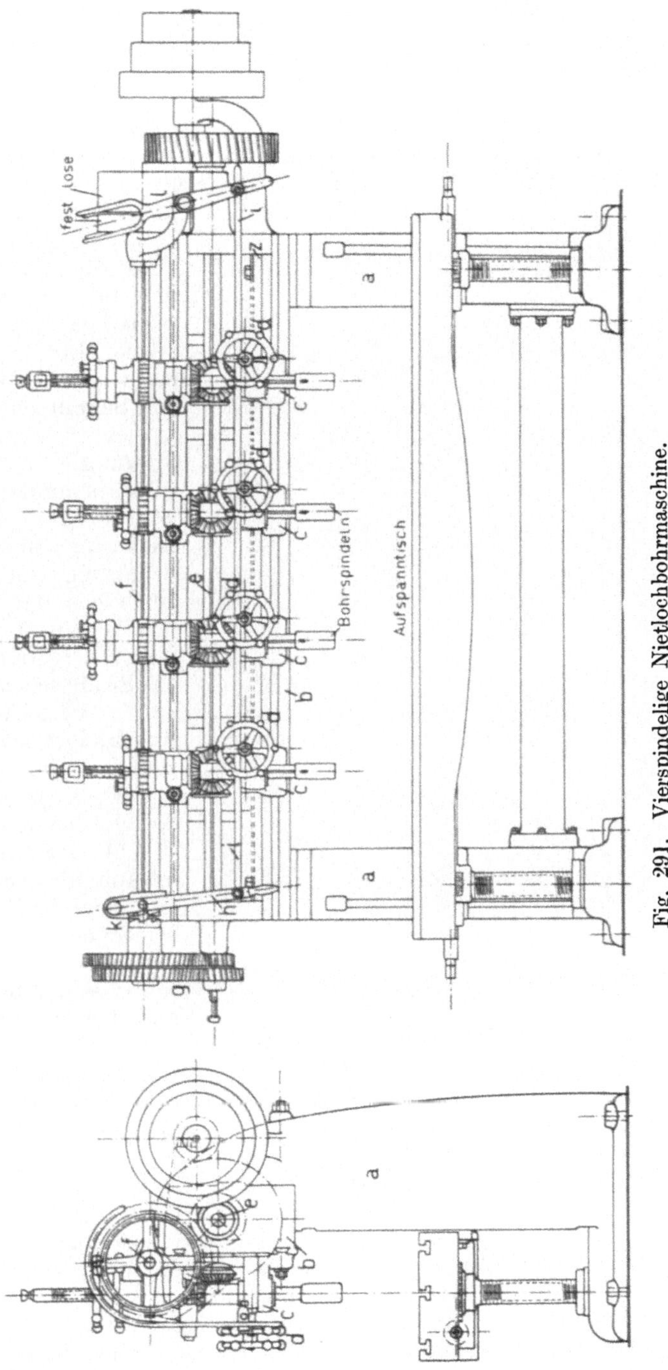

Fig. 291. Vierspindelige Nietlochbohrmaschine.

11*

bindung können die Führungshülsen o der Bohrspindeln durch die Schrauben l auf dem am säulenartigen Maschinengestell befestigten ringförmigen Rahmen h in radialer Richtung verschoben und nach einer Skala auf den gewünschten Lochkreisdurchmesser eingestellt werden. Da die Führungen o sich auch in einer ringförmigen Nut des Rahmens h verstellen lassen, so können auch unsymmetrisch zueinander liegende Löcher gebohrt werden. Die Schaltbewegung wird bei dieser Maschine nicht von den Bohrspindeln ausgeführt, sondern von dem auf dem Aufspanntische befestigten Werkstücke. Der Tisch kann zu dem Zwecke durch eine Schraubenspindel s an einer senkrechten Führung des Maschinengestelles auf und ab bewegt werden. Der Antrieb der selbsttätigen Schaltung erfolgt von der Welle der Stufenscheiben a durch ein Stirnrädergetriebe k, das Stufenscheibenpaar m, ein Schnecken- und Kegelradgetriebe. Der Handvorschub durch die Welle n und ein Kegelradpaar.

γ) **Radialbohrmaschinen.** Sollen in ein Werkstück an verschiedenen Stellen Löcher gebohrt werden, so muß bei den bisher besprochenen einspindeligen Bohrmaschinen das Werkstück für jedes

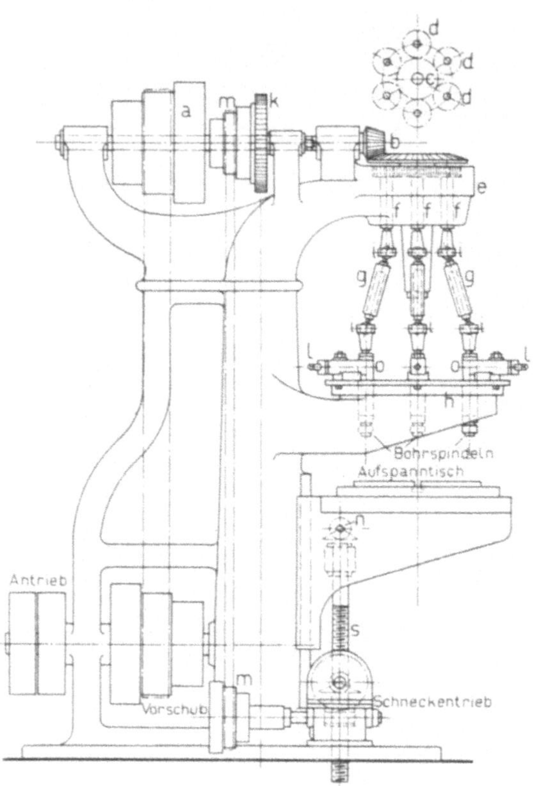

Fig. 292.   Sechsspindelige Bohrmaschine.

zu bohrende Loch in eine andere Lage gebracht werden, da sich die zu bohrende Stelle immer genau senkrecht unter der Bohrspindel befinden muß. Bei großen schweren Werkstücken würde dies aber eine schwierige und zeitraubende Arbeit sein, deshalb verwendet man dann lieber Bohrmaschinen, bei denen das Werkstück unverändert liegen bleibt, während die Bohrspindel beweglich angeordnet ist und jedesmal an die zu bohrende Stelle des Werkstückes gebracht werden kann. Solche Bohrmaschinen nennt man **Radialbohrmaschinen.** Bei ihnen ist die Bohrspindel gewöhnlich in einem Schlitten gelagert, der sich an einem wagerechten Arme verschieben und mit diesem Arme um eine senkrechte Säule schwenken läßt. Meist läßt sich der Arm an der Säule auch noch auf und ab bewegen. Sollen auch in schräger Richtung Löcher

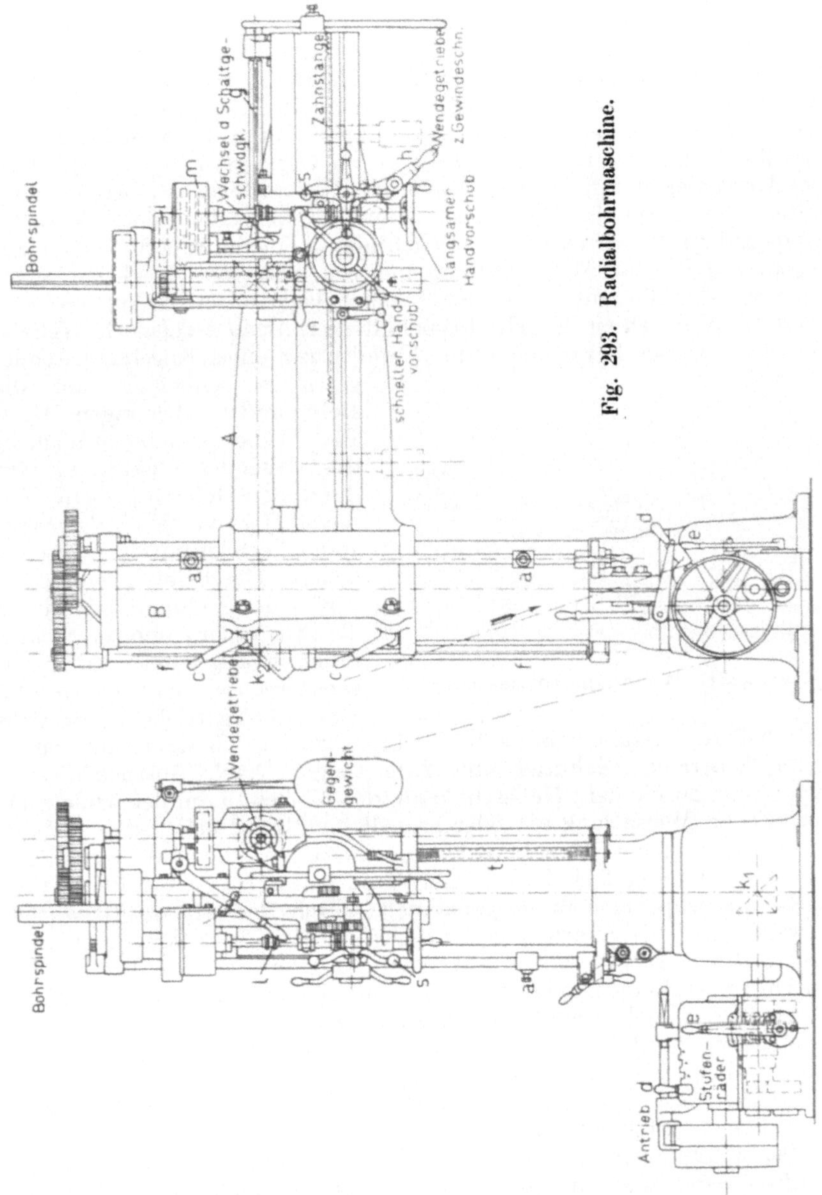

Fig. 293. Radialbohrmaschine.

gebohrt werden können, so ist die Bohrspindel in einer am Schlitten angebrachten Drehscheibe gelagert, die sich um eine wagerechte Achse drehen und schräg einstellen läßt. Die Gesamtanordnung einer Radialborhmaschine sei an dem in Fig. 293 dargestellten Beispiele (Sondermann & Stier, Chemnitz) erläutert. Der Schlitten der Bohrspindel läßt sich an dem wagerechten Arme A durch Zahnrad und Zahnstange mittels des Armkreuzes s verschieben. Der Arm A läßt sich mit der Säule B um deren Achse drehen und an ihr senkrecht auf und ab bewegen. Die letztere Bewegung kann durch die Schraube t selbsttätig erfolgen und durch verstellbare Anschläge a unterbrochen werden. Schlitten und Arm sind in jeder gewünschten Lage durch Bremsgriffe c festzustellen. Die Bohrspindel wird durch ein Gegengewicht ausbalanciert. Der Antrieb erfolgt durch Stufenräder mit 16 verschiedenen Geschwindigkeiten, die durch die Handhebel d und e einzustellen sind. Von der Stufenräderwelle wird durch die Kegelräder k_1 eine im Innern der Säule B liegende senkrechte Welle gedreht und von dieser aus durch ein Stirnrädergetriebe die außen an der Säule gelagerte senkrechte Welle f. Diese treibt durch ein Kegelradpaar k_2 die am Arme A gelagerte Welle g, von der aus die Bewegung unter Vermittlung eines Kegelräderwendegetriebes schließlich auf die Bohrspindel übertragen wird. Das Wendegetriebe ermöglicht das Gewindeschneiden, es wird durch den Hebel h bedient. Der selbsttätige Vorschub der Bohrspindel erfolgt mit drei verschiedenen Geschwindigkeiten, er wird von der Bohrspindel durch die Stirnräder i und die Stufenräder m abgeleitet. Zum Vorschubwechsel dient der Hebel l.

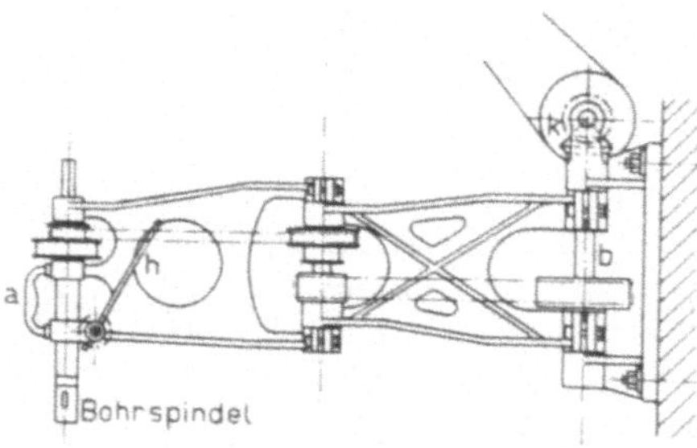

Fig. 294. Wandradialbohrmaschine.

Das Schaltgetriebe ist dasselbe wie bei der Säulenbohrmaschine Fig. 288; es besteht aus einem Schneckentriebe, Zahnrad und Zahnstange. Nach Ausrücken einer Kupplung durch den Hebel n kann der Vorschub in der früher besprochenen Weise langsam oder schnell von Hand erfolgen.

Eine einfache Wandradialbohrmaschine für kleinere Bohrarbeiten zeigt Fig. 294. Eine an der Wand befestigte eiserne Platte trägt einen als Doppelgelenk ausgebildeten, durch den Handgriff a leicht beweglichen Auslegerarm mit der Bohrspindel. Die senkrechte Welle b erhält ihren Antrieb durch ein Kegelräderpaar k und überträgt ihn durch zwei Riementriebe auf die Bohrspindel. Die Riemenscheiben sitzen in den Gelenkpunkten des Auslegerarmes. Der Spindelvorschub erfolgt von Hand durch den Hebel h und Zahnstangentrieb, das Zurückziehen durch Federdruck.

δ) Tragbare Bohrmaschinen. Eine große Beweglichkeit besitzen die kleinen tragbaren Bohrmaschinen, die vielfach bei der Montage größerer Maschinen, in Kesselschmieden, Brückenbauanstalten, Schiffswerften usw. angewandt werden. Bei ihnen bleibt auch das große schwere Werkstück in seiner ursprünglichen Lage und die kleine bewegliche Bohrmaschine wird zu dem Werkstücke getragen und an alle die Stellen gebracht, an denen Löcher gebohrt werden sollen. Ihr

Antrieb erfolgt gewöhnlich durch Gelenkwellen oder biegsame Wellen von der Transmission oder einem fahrbaren Elektromotor aus oder von einem direkt mit der Maschine verbundenen Elektromotor oder auch durch Druckluft.

In Fig. 295 ist eine kleine tragbare Bohrmaschine mit direktem elektrischem Antriebe dargestellt. Der Elektromotor steckt in einem gegen Staub und Späne gut abgedichteten Gehäuse a und treibt durch Räderübersetzung die Bohrspindel an. Das Gehäuse kann mit zwei Handgriffen b in jeder Lage gehalten werden. Durch den einen Handgriff ist das Zuleitungskabel geführt, der andere enthält den Ein- und Aus- bzw. Umschalter. Der Vorschub erfolgt entweder mittels eines Zuspannkreuzes oder einer Brustplatte. Beim Zuspannkreuz stützt

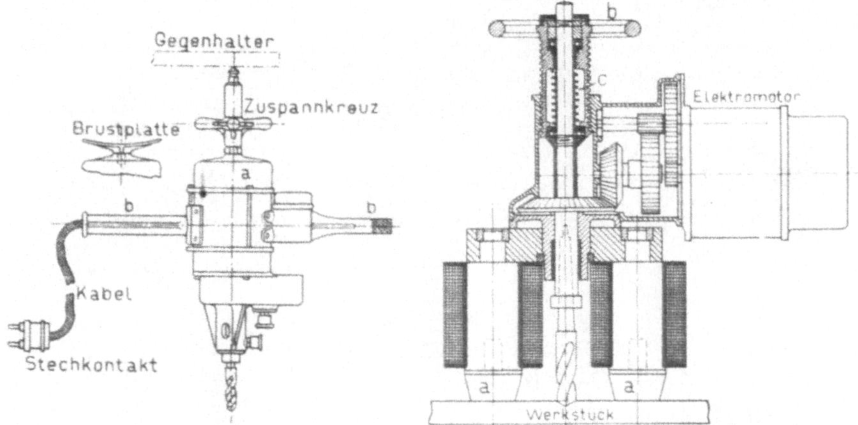

Fig. 295. Tragbare Bohrmaschine mit elektrischem Antrieb.

Fig. 296. Tragbare elektromagnetische Bohrmaschine.

sich eine Schraubenspindel mit einer Körnerspitze gegen einen Gegenhalter und der Vorschub erfolgt durch Drehen einer mit Handkreuz versehenen Mutter. Statt des Zuspannkreuzes kann eine Brustplatte auf dem Motorgehäuse befestigt werden, gegen die sich der Arbeiter legt. Die Stromzuführung erfolgt durch ein Kabel mit Steckkontakt.

Bei der in Fig. 296 dargestellten elektromagnetischen Bohrmaschine von C. & E. Fein, Stuttgart, ist es nicht nötig, ein Zuspannkreuz oder eine Brustplatte anzubringen, da sie durch zwei kräftige Elektromagnete a genügend fest gegen das Werkstück gepreßt wird. Der Bohrspindelantrieb erfolgt von einem Elektromotor aus durch Zahnradübersetzung. Der Vorschub durch Drehen des Handrades b. Die Schraubenfeder c ermöglicht ein rasches und genaues Ansetzen des Bohrers, sie drückt nämlich die Bohrspindel soweit nach außen, daß die Bohrerspitze einige Millimeter über die Polschuhe a hinausragt. Der Bohrer kann daher nach Anlassen des Motors genau in den in das Werkstück eingeschlagenen Körner eingesetzt werden. Wird nun der Elektromagnet eingeschaltet, so wird die Feder c zusammengedrückt und die Maschine liegt fest am Werkstück.

ε) **Wagerecht-Bohrmaschinen.** Die Wagerecht-Bohrmaschinen haben ihren Namen von ihrer wagerecht gelagerten Bohrspindel, sie dienen zum Lochbohren und zum Ausbohren und bilden so den Übergang zu den Zylinderbohrmaschinen. Da sie auch zu Fräsarbeiten benutzt werden, so führen sie gewöhnlich den Namen **Horizontal-Bohr- und -Fräsmaschinen.** Man unterscheidet bei ihnen drei Bauarten. Bei Maschinen zur Bearbeitung kleinerer Werkstücke liegt der Spindelstock fest und der Aufspanntisch für die Werkstücke ist

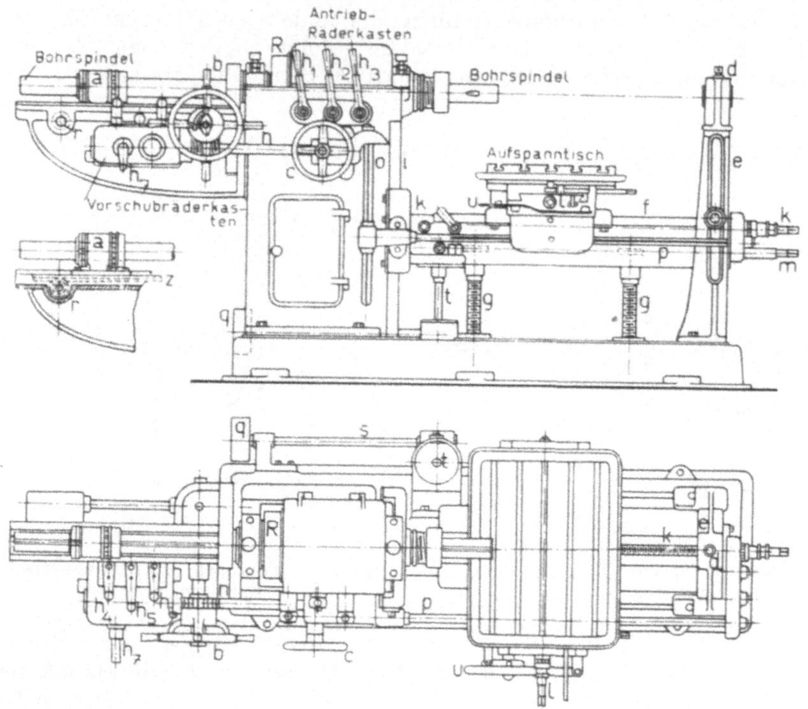

Fig. 297. Wagerecht-Bohr- und Fräsmaschine mit fester Spindel und verstellbarem Tisch.

in senkrechter und wagerechter Richtung verstellbar, bei Maschinen für mittelschwere Werkstücke ist der Spindelstock in senkrechter, der Aufspanntisch in wagerechter Richtung zu verstellen. Bei Maschinen für große schwere Werkstücke ist der Spindelstock in senkrechter und wagerechter Richtung verstellbar, während das Werkstück auf einer festliegenden Aufspannplatte befestigt wird.

Eine Maschine der ersten Bauart zeigt Fig. 297 (Werkzeugmaschinenfabrik „Union", Chemnitz). Der Spindelantrieb erfolgt mit 8 bzw. 16 verschiedenen Geschwindigkeiten von der Riemenscheibe R aus durch ein Stufenrädergetriebe, das in einem geschlossenen Räderkasten untergebracht ist und durch die Hebel h_1, h_2 und h_3 betätigt wird. Durch die hohle Antriebspindel hindurch ist die auf ihrer ganzen Länge genutete

Bohrspindel in ihrer Längsrichtung verschiebbar. Zu dem Zwecke ist auf ihr eine Büchse a festgeklemmt, die unten eine Zahnstange z trägt. In diese Zahnstange greift ein kleines Stirnrad r, das mit acht verschiedenen Geschwindigkeiten gedreht werden kann. Der Wechsel der Vorschubgeschwindigkeiten wird durch ein im Vorschubräderkasten untergebrachtes Stufenrädergetriebe ermöglicht. Die Hebel h_4, h_5 und h_6 dienen zum Geschwindigkeitswechsel, der Hebel h_7 zum Wechsel der Vorschubrichtung. Nach Ausrückung des selbsttätigen Vorschubes ist noch ein schneller Handvorschub möglich durch das Handrad b und ein Feineinstellen der Bohrspindel durch das Handrad c. Bei Ausbohrarbeiten wird das freie Ende der Bohrspindel gestützt und geführt durch ein Lager d des auf der Grundplatte der Maschine verschiebbaren Lagerbockes e. Der Aufspanntisch ist auf einem Unterteile f in zwei zueinander senkrechten Richtungen verschiebbar, außerdem kann das Unterteil durch die Schraubenspindeln g an der Führung i auf und ab bewegt und in jeder gewünschten Höhenlage am Lagerbocke e festgespannt werden. Die Tischbewegungen können von Hand erfolgen, die Längsbewegung durch die Spindeln k, die Querbewegung durch die Spindeln l und die Auf- und Niederbewegung durch die Spindel m. Um es zu ermöglichen, daß die Bohrspindel nur die Arbeitbewegung und der Tisch die Schaltbewegung ausführen kann, ist auch ein selbsttätiger Antrieb der Tischbewegungen vorgesehen. Die Längs- und Querbewegung werden vom Vorschubräderkasten abgeleitet durch die Wellen n, o und p, sie können deshalb mit acht verschiedenen Geschwindigkeiten erfolgen. Der Antrieb der selbsttätigen Auf- und Niederbewegung erfolgt vom Vorgelege aus mittels der Riemenscheiben q, der Wellen s und t. Der Hebel u ermöglicht eine selbsttätige Auslösung der Querbewegung.

Eine Maschine der zweiten Bauart ist in Fig. 298 (Droop & Rein. Bielefeld) dargestellt. Der Spindelstock ist an dem feststehenden Ständer a in senkrechter Richtung verstellbar. Zum Ausgleiche seines Gewichtes ist an ihm ein über die Rolle b geführtes Seil befestigt, an dessen Ende ein Gegengewicht hängt. Der Antrieb der Bohrspindel erfolgt mit acht verschiedenen Geschwindigkeiten von den Stufenscheiben c aus durch das Kegelradpaar k_1, die senkrechte Welle d, das Kegelradpaar k_2 und die Stirnräder r_1 und r_2. Der selbsttätige Vorschub erfolgt durch die im Räderkasten untergebrachten Stufenräder. Von diesen aus wird durch die Welle e und den Schneckentrieb s ein in die Zahnstange z greifendes Stirnrad r_3 angetrieben, dies ist in einem am hinteren Ende der Bohrspindel sitzenden Schlitten gelagert, der in einer wagerechten Führung gleitet und so den Vorschub vermittelt. Nach Ausrücken einer Kupplung kann auch von Hand geschaltet werden, und zwar langsam durch das Handrad h_1 und schnell durch das Handrad h_2. Durch die Schraubenspindel f kann der Spindelstock mit acht verschiedenen Geschwindigkeiten am Ständer a selbsttätig auf und ab bewegt werden. Der Aufspanntisch kann längs und quer mit acht verschiedenen Geschwindigkeiten selbsttätig verschoben werden. Der Antrieb dieser Bewegung erfolgt von den Stufenscheiben g, die Stufenräder i und die längsgenutete Welle m. Zur Handverstellung des Tisches dienen die Händräder h_3 und das Armkreuz l. Auf dem Bette ist durch die Schraubenspindel n ein Lagerständer verschiebbar, an dessen senk-

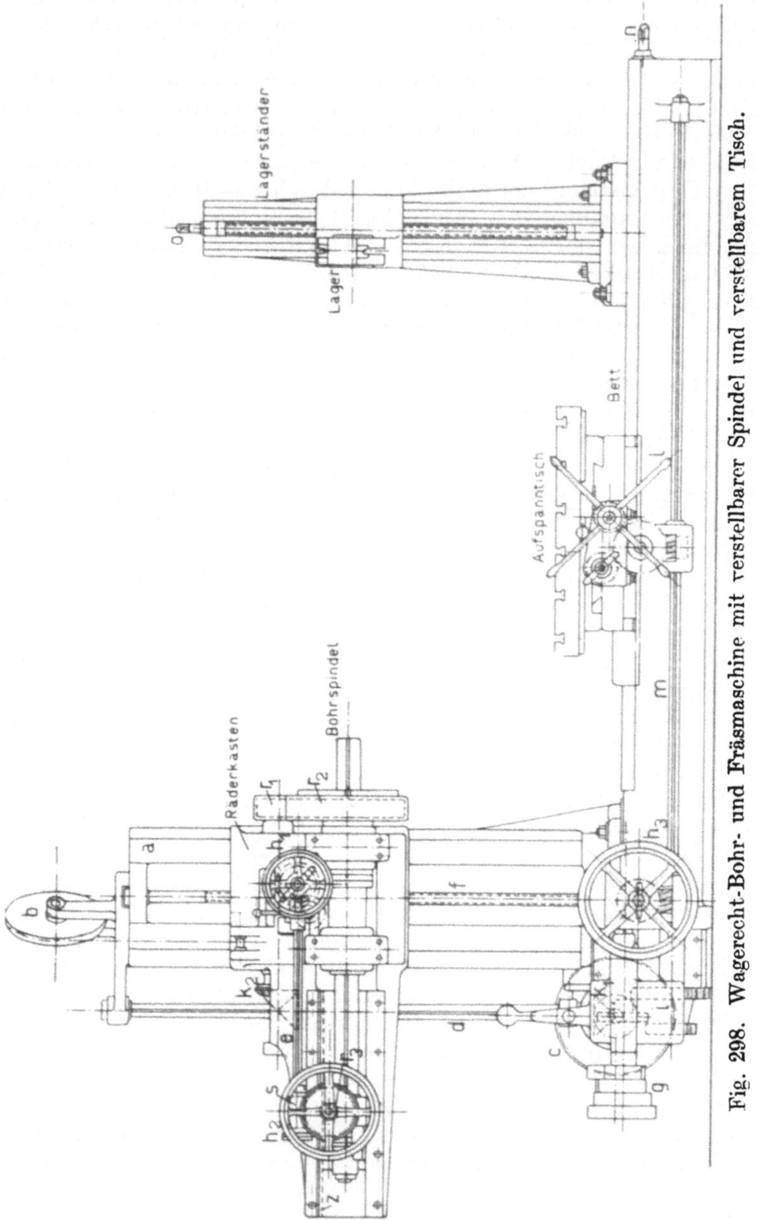

Fig. 298. Wagerecht-Bohr- und Fräsmaschine mit verstellbarer Spindel und verstellbarem Tisch.

rechter Führung durch die Schraube o ein Lager für das freie Ende der Bohrspindel verstellbar ist.

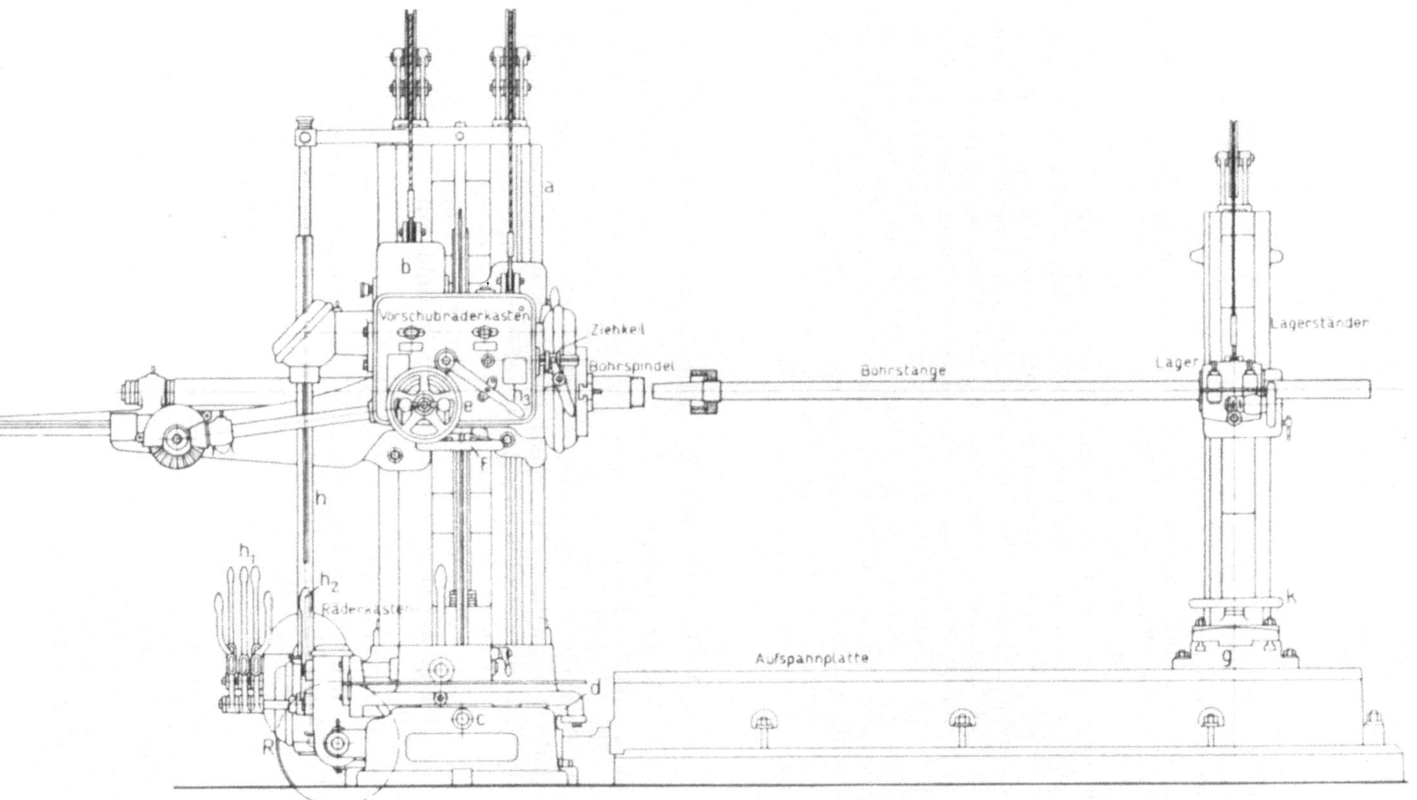

Fig. 299. Wagerecht-Bohr- und Fräsmaschine mit verstellbarer Spindel und festliegender Aufspannplatte.

Eine Maschine der dritten Bauart von Karl Wetzel, Gera, zeigt Fig. 299. Das Werkstück liegt unverrückbar fest auf einer großen Auf spannplatte. Der Spindelstock ist wieder an einem an dem Bohrständer a in senkrechter Richtung verschiebbaren Schlitten b gelagert, der zum Gewichtsausgleich an über Rollen laufenden Seilen mit Gegengewichten aufgehängt ist. Der Bohrständer a ist durch eine Schraubenspindel c an der wagerechten Führung d quer zur Aufspannplatte verschiebbar. Die Verschiebungen des Bohrständers und des Schlittens können von Hand und selbsttätig mit verschiedenen Geschwindigkeiten erfolgen. Der Antrieb der Bohrspindel erfolgt von der Riemenscheibe R aus durch Stufenräder. Die Hebel h_1 dienen zum Verstellen der Antriebgeschwindigkeiten, der Hebel h_2 zum Ändern der Umlaufrichtung der Bohrspindel. Durch die senkrechte Welle h, Kegel- und Stirnrädergetriebe wird wie bei der vorigen Maschine die Drehbewegung auf die Bohrspindel übertragen. Der Vorschub erfolgt in derselben Weise wie bei den Maschinen der ersten Bauart. Der Vorschubräderkasten ist an dem Schlitten b angebracht. Das Handrad e dient zum schnellen Verschieben der Bohrspindel, das Handrad f zum Feineinstellen sowie zum Drehen der Bohrspindel von Hand. Der Hebel h_3 betätigt das Wendegetriebe für den Richtungswechsel des Vorschubes. Die Bohrstange wird auch hier wieder durch ein an einem Lagerständer in senkrechter Richtung verschiebbares Lager gestützt. Der Lagerständer ist mittels des Handrades k an einer Führung g quer zur Aufspannplatte verschiebbar.

b) Ausbohr- oder Zylinderbohrmaschinen.

Die Zylinderbohrmaschinen haben den Zweck, Zylinder von Dampfmaschinen, Gasmaschinen, Pumpen, Gebläsemaschinen usw. auszubohren. Ihr Werkzeug ist ein auf einer sich drehenden Bohrstange sitzender Bohrkopf mit eingesetzten Stahlen, der gleichzeitig Arbeit- und Schaltbewegung ausführt. Dies kann auf zwei Arten geschehen und man unterscheidet demnach Maschinen mit wanderndem Bohrkopfe, bei denen der Bohrkopf sich auf der umlaufenden Bohrstange vorschiebt, und solche mit wandernder Bohrstange, bei denen der Bohrkopf auf der Stange festsitzt und mit dieser vorgeschoben wird.

Als Beispiel einer Zylinderbohrmaschine mit wanderndem Bohrkopfe diene die in Fig. 300 und 301 dargestellte Maschine von Otto Froriep, Rheydt. Die den Bohrkopf tragende kräftige hohle Bohrstange wird von den Antriebstufenscheiben aus durch das Kegelradpaar r und das Schneckengetriebe s mit fünf verschiedenen Geschwindigkeiten gedreht. Das große Schneckenrad sitzt fest auf einer kurzen hohlen Welle a, die mit der Bohrspindel verschraubt ist und von der auch der Antrieb des selbsttätigen Bohrkopfvorschubes abgeleitet wird. Zum Vorschube des Bohrkopfes auf der sich drehenden Bohrstange dient eine in der Bohrstange exzentrisch gelagerte, sich mit ihr drehende Schaltschraube b, deren Mutter c im Bohrkopfe befestigt ist und in einen langen Schlitz der Bohrstange hineinragt. Der Vor-

schub erfolgt vorwärts und rückwärts mit vier verschiedenen Geschwindigkeiten durch ein Differentialrädergetriebe von folgender Einrichtung.

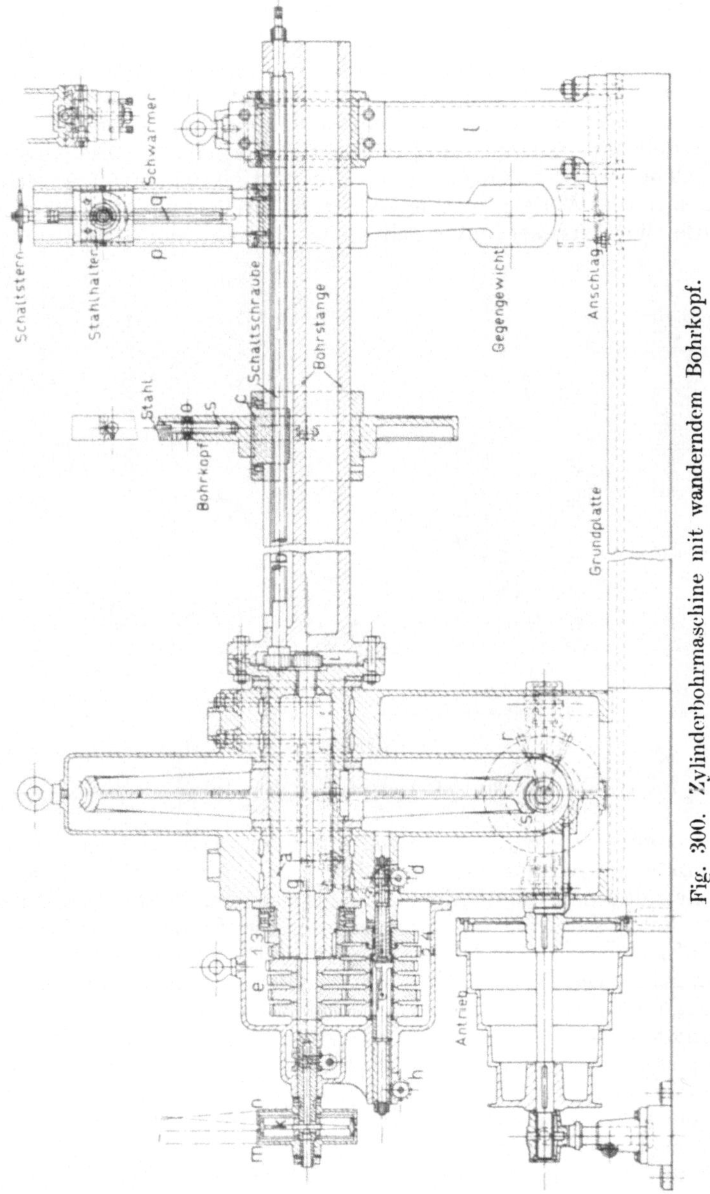

Auf der hohlen Welle a sitzen fest die beiden Stirnräder 1 und 3, diese
sind dauernd im Eingriffe mit den Rädern 2 und 4, die lose auf ihrer

Welle sitzen, aber einzeln durch einen Ziehkeil mit ihr gekuppelt werden
können. Zur Bedienung des Ziehkeils dient der Zahnstangentrieb d.
Von der Welle der Räder 2 und 4 kann nun durch ein Stufenrädergetriebe e, deren Ziehkeil durch den Zahnstangentrieb h bedient wird,
die zentrisch zur Bohrstange liegende Welle g mit vier verschiedenen
Geschwindigkeiten angetrieben werden. Von der Welle g aus wird
dann durch das Stirnräderpaar i die Schaltschraube b angetrieben
und zwar muß sich diese auch rechts und links herum drehen können,
um den Bohrkopf vorwärts und rückwärts zu schalten. Dies wird durch
verschiedene Übersetzungen des Differentialrädergetriebes erreicht.
Würde sich die Welle g gerade so schnell drehen wie die Bohrstange,
so würde die Schaltschraube still stehen. Dreht sich g langsamer als

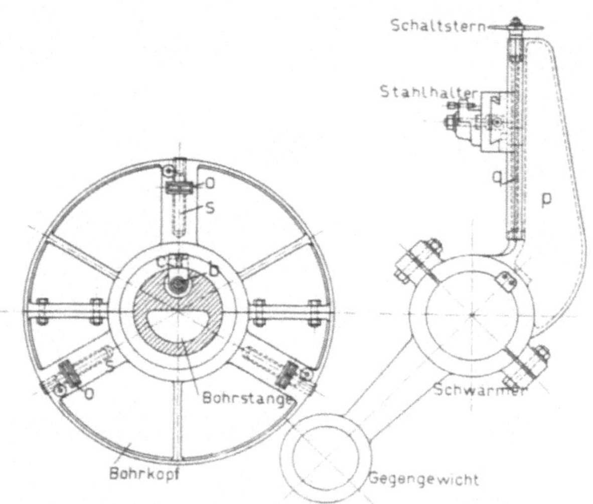

Fig. 301. Bohrkopf und Schwärmer.

die Bohrstange, so wird die Schaltschraube in demselben Sinne wie
die Bohrstange gedreht und der Bohrkopf wird vorwärts geschaltet.
Dreht sich dagegen die Welle g schneller als die Bohrstange, so dreht
sich die Schaltschraube im entgegengesetzten Sinne und schaltet den
Bohrkopf rückwärts. Die Übersetzungsverhältnisse sind nun so gewählt,
daß das Räderpaar 1 und 2 die Welle g langsamer dreht und zum Vor-
wärtsschalten benutzt wird, während das Räderpaar 3 und 4 zum Rück-
wärtsschalten dient. Um einen schnellen selbsttätigen Vorschub des
Bohrkopfes zu ermöglichen, kann die Welle g auch noch von den Riemenscheiben m oder n aus angetrieben werden. Über m läuft ein offener,
über n ein gekreuzter Riemen. Durch Einrücken der Kupplung k nach
m oder nach n kann also g nach zwei entgegengesetzten Richtungen
gedreht werden. Der Bohrkopf (Fig. 301) ist geteilt, damit er bequem
auf die Bohrstange gesetzt werden kann, er enthält drei in den Schraubenspindeln s befestigte Stähle, die sich durch Drehen der Muttern o genau
auf den auszubohrenden Zylinderdurchmesser einstellen lassen. Die

auszubohrenden Zylinder werden auf der Grundplatte befestigt. Der Lagerbock l ist auf der Grundplatte verstellbar und wird dicht an das Werkstück herangeschoben. Damit während des Ausbohrens der Zylinder auch gleichzeitig ihre Flanschen abgedreht werden können, trägt die Bohrstange noch zwei sog. fliegende Supporte oder Schwärmer, die, wie Fig. 301 zeigt, mit einer zweiteiligen Nabe auf der Bohrstange befestigt werden. Ein aus der Nabe herauswachsender Arm p, dessen Gewicht durch ein Gegengewicht ausgeglichen wird, trägt eine Führung für den Stahlhalter des Drehstahles. Eine Schaltschraube q bewirkt den Vorschub, indem sie bei jeder Umdrehung der Bohrstange mit einem Schaltsterne gegen einen auf der Grundplatte befestigten Anschlag stößt und dadurch eine Viertelumdrehung macht.

Eine Zylinderbohrmaschine mit wandernder Bohrstange von Droop und Rein, Bielefeld, zeigt Fig. 302. Die Bohrstange macht Arbeit- und Schaltbewegung. Sie wird von einem Elektromotor aus durch Riemen-, Stirnräder- und Schneckentrieb angetrieben. Durch die Nabe des großen Schneckenrades s sowie durch ihre Lager a, b und c ist sie in wagerechter Richtung verschiebbar, ohne daß ihr Antrieb darunter leidet. Der Bohrkopf sitzt fest auf ihr und nimmt an ihrer Drehung und Verschiebung teil. Der selbsttätige Vorschub der Bohrstange erfolgt durch einen auf ihr befestigten Lagerschlitten d, der durch die Schraubenspindel e in einer Führung des Bettes vor-

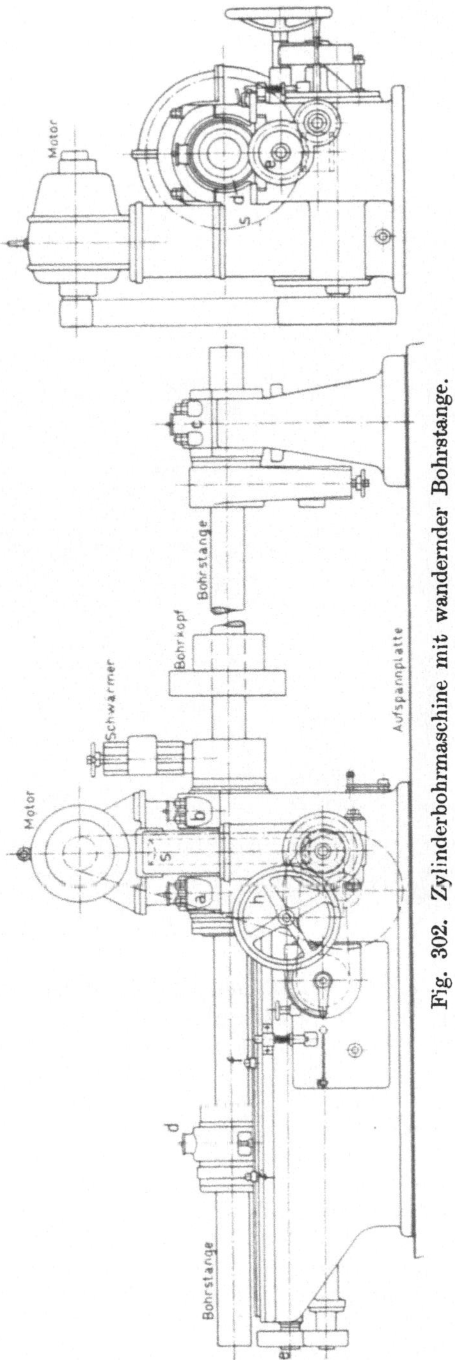

Fig. 302. Zylinderbohrmaschine mit wandernder Bohrstange.

geschoben wird und die sich in ihm drehende Bohrstange mitnimmt.
Der Antrieb der Schraubenspindel e erfolgt durch Stufenräder, um verschiedene Schaltgeschwindigkeiten zu ermöglichen. Ihre Drehrichtung
ist umkehrbar. Zwei verstellbare Anschläge f ermöglichen ein selbsttätiges Ausrücken der Schaltung. Das Handrad h dient zum Einstellen
der Bohrstange von Hand. In den Lagern b und c drehen sich mit
der Bohrstange Lagerbüchsen mit Schwärmern zum Abdrehen der
Zylinderflanschen. Der Lagerbock des Lagers c ist auf der Aufspannplatte verschiebbar und wird dicht an das Werkstück gerückt.

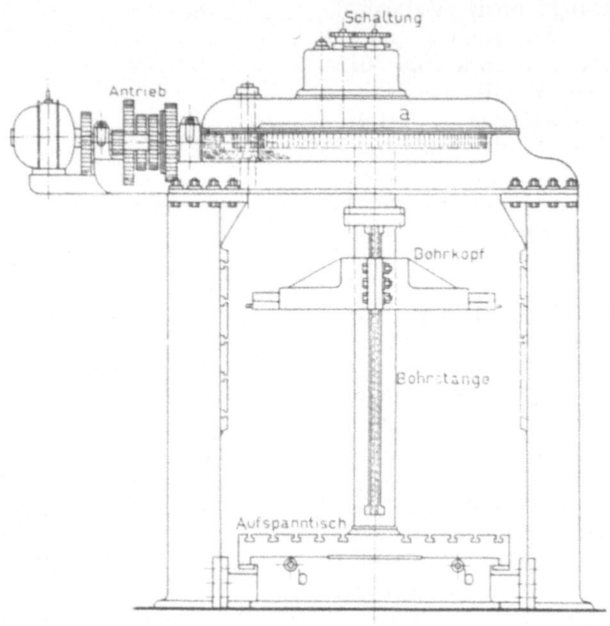

Fig. 303. Stehende Zylinderbohrmaschine.

Es empfiehlt sich, die Zylinder in der Lage auszubohren, die sie
später einnehmen sollen. Dünnwandige Zylinder biegen sich in wagerechter Lage durch ihr eigenes Gewicht durch, werden sie nun später
in eine senkrechte Lage gebracht, so verschwindet die Durchbiegung
wieder und die in wagerechter Lage ausgebohrten Zylinder haben dann
nicht mehr eine genau zylindrische Bohrung. Man benutzt deshalb
in diesem Falle besser stehende Zylinderbohrmaschinen, deren
Bauart Fig. 303 veranschaulicht. Die Maschine hat eine senkrechte
Bohrstange mit wanderndem Bohrkopfe. Die Antrieb- und Schaltgetriebe sind auf dem Querhaupte a angebracht. Der auszubohrende
Zylinder wird auf einem durch zwei Schraubenspindeln b ausfahrbaren
Aufspanntische befestigt, die Bohrstange muß mit einem Krane von
oben in ihn eingesetzt werden. Sie ist unten im Aufspanntische gelagert,
oben im Querhaupte a, das auch durch den Kran abgehoben werden kann.

4. Gewindeschneidmaschinen.

Die Gewindeschneidmaschinen dienen zum Schneiden des Bolzen- und Muttergewindes von Schrauben und Gasrohren, bei denen es mehr auf Billigkeit als auf große Sauberkeit und Genauigkeit des Gewindes ankommt. Genauere Gewinde werden in der früher besprochenen Weise auf der Drehbank oder der Fräsmaschine erzeugt. Zum Schneiden des Bolzengewindes benutzen die Gewindeschneidmaschinen die früher

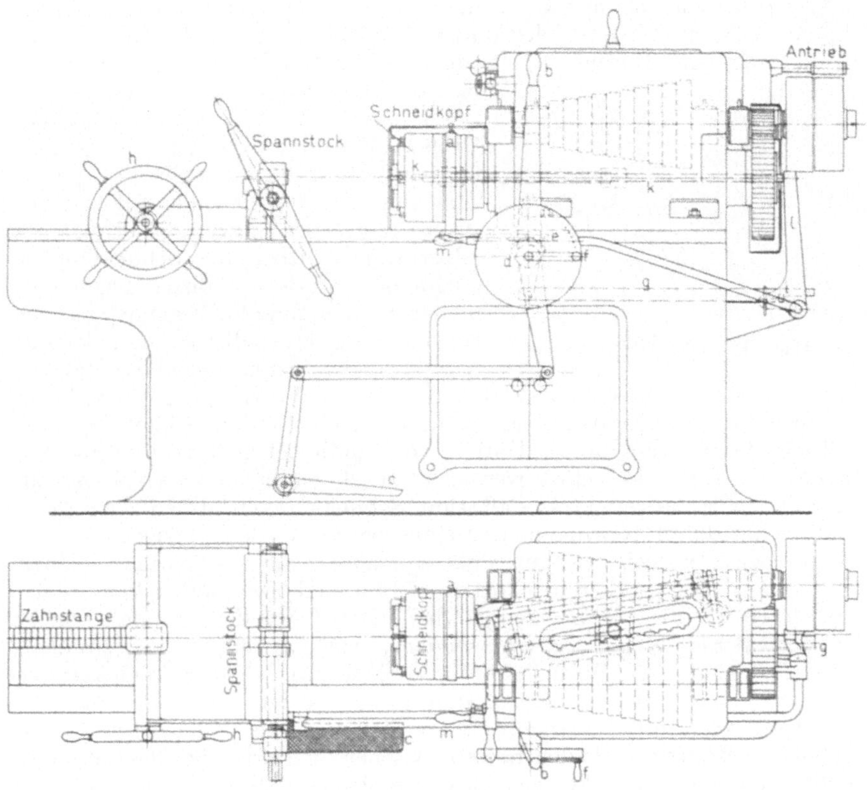

Fig. 304. Gewindeschneidmaschine.

besprochenen Schneidköpfe (vgl. Fig. 76 und 77), zum Schneiden von Muttergewinde die Gewindebohrer. Das Werkzeug macht gewöhnlich die drehende Arbeitbewegung, das Werkstück die Schaltbewegung. In Fig. 304 ist eine Gewindeschneidmaschine von Gustav Wagner, Reutlingen, dargestellt. Der Antrieb der den Schneidkopf tragenden Spindel erfolgt hier durch das in Fig. 161 abgebildete Wagnersche Stufenrädervorgelege „Ideal“. Der Schneidkopf ist nach Fig. 77 ausgebildet. Die vier Schneidbacken werden durch axiales Verschieben eines Schließringes a geöffnet und geschlossen, und zwar erfolgt das Verschieben des Schließringes durch den Handhebel b oder den Fuß-

hebel c. Beide drehen einen Zahnbogen d, der in eine unten am Schließring befestigte Zahnstange e greift und dadurch den Schließring verschiebt. Die Kurbel f dient zum Feineinstellen der Schneidbacken
auf den genauen Gewindedurchmesser. Beim Schließen des Schneidkopfes wird eine im Innern der Maschine liegende federbelastete Stange g
verschoben, bis sie mit einer Einkerbung in eine feststehende Rast i
einschnappt. Dadurch wird erreicht, daß die Backen immer wieder
auf den genau eingestellten Gewindedurchmesser eingerückt werden.
Das Werkstück, der mit Gewinde zu versehende Bolzen, wird in einen
Spannstock eingespannt, der durch das Handrad h und Zahnstangentrieb auf dem Maschinenbett dem Schneidkopfe zugeschoben wird,
bis die Schneidbacken den Bolzen er-
fassen und ihn selbst weiter einziehen.
Größere Maschinen sind auch mit selbsttätigem Vorschube durch eine Leitspindel
versehen. Ist das Gewinde auf die verlangte Länge geschnitten, so erfolgt ein
selbsttätiges Öffnen des Schneidkopfes,
indem der Schraubenbolzen gegen eine
in der hohlen Spindel liegende, auf die
Gewindelänge einstellbare Stange k stößt

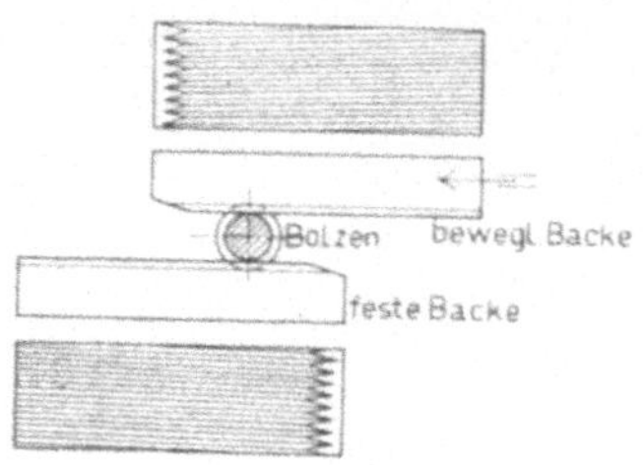

Fig. 305. Gewinderollen.

und durch den Winkelhebel l die Stange g
aus der Rast i wieder heraushebt. Durch die Wirkung einer Feder
schnellt die Stange dann zurück und verschiebt den Schließring zum
Öffnen des Schneidkopfes. Durch den Handhebel m kann die Stange g
auch von Hand ausgelöst werden. Meist sind die Gewindeschneidmaschinen so eingerichtet, daß zum Schneiden von Muttergewinde in
den Schneidkopf Gewindebohrer eingespannt werden können.

Es sei hier noch erwähnt, daß in neuerer Zeit das Gewinde kleiner,
in großen Mengen herzustellender Schraubenbolzen auf billige Weise
durch Gewinderollen erzeugt wird. Das Gewinde wird dabei nicht
in den Bolzen eingeschnitten, sondern, wie Fig. 305 veranschaulicht,
eingedrückt. Der Bolzen wird zwischen zwei dem zu erzeugenden
Gewinde entsprechend gerillte Stahlbacken gelegt, von denen die eine
festliegt, während die andere unter Druck in der Pfeilrichtung verschoben wird und dabei den Bolzen zwischen die beiden Backen hindurch-
rollt. Hierbei quetscht sich das genügend bildsame Bolzenmaterial
in die Rillen der Backen und so wird das verlangte Gewinde erzeugt.

5. Schleifmaschinen.

Die Schleifmaschinen dienten ursprünglich hauptsächlich zum
Schärfen stumpf gewordener Werkzeuge. Dies ist auch heute noch
eine ihrer wichtigsten Aufgaben, außerdem sind sie aber mit in die
Reihe der spanabhebenden Werkzeugmaschinen getreten und werden
in weitgehendem Maße zur Bearbeitung von Werkstücken benutzt.
Als Werkzeuge dienen ihnen hierzu die früher besprochenen Schleifscheiben. Da die Schleifscheiben imstande sind, äußerst feine Späne
abzuheben, so dienen die Schleifmaschinen in erster Linie dazu, die

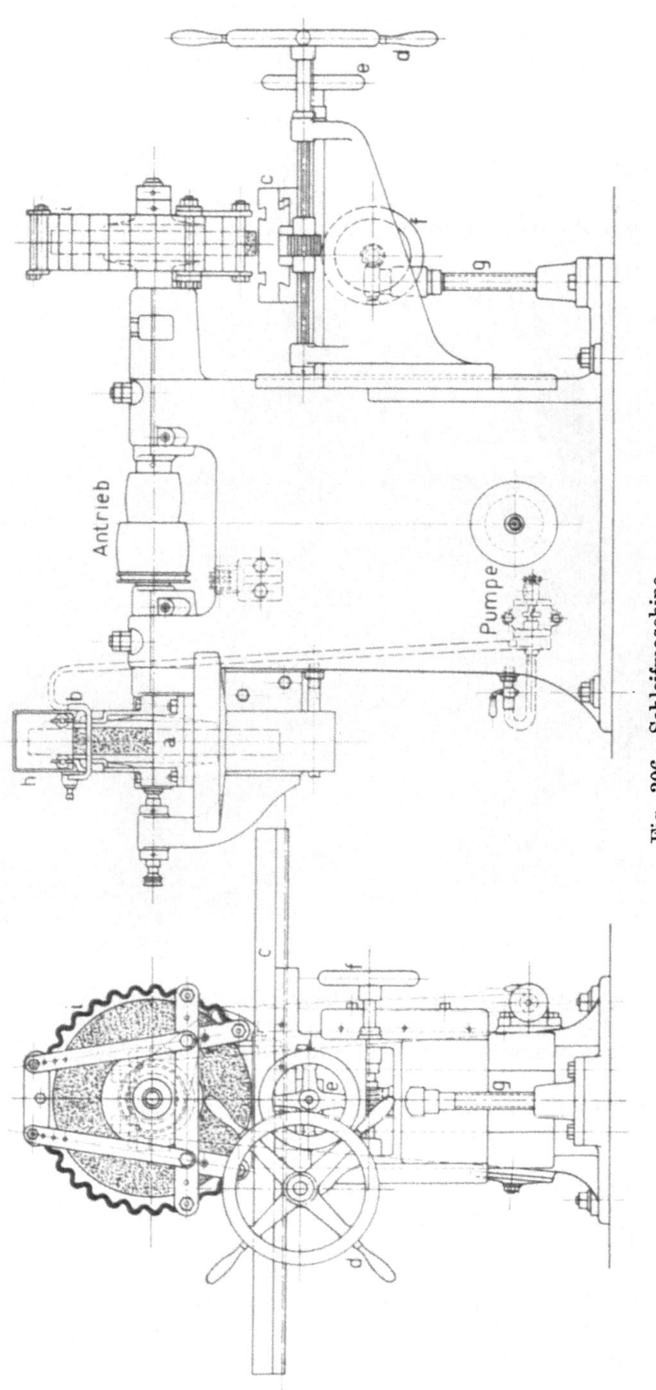

Fig. 306. Schleifmaschine.

letzte genaueste Formgebungsarbeit an Werkstücken vorzunehmen, namentlich an solchen, von denen größte Genauigkeit verlangt wird. Solche Werkstücke werden dann gewöhnlich so bearbeitet, daß sie auf den bisher besprochenen Werkzeugmaschinen vorgearbeitet und dann auf den Schleifmaschinen fertig geschliffen werden. Es kommt jedoch auch vor, daß die rohen Werkstücke von Anfang an auf der Schleifmaschine bearbeitet werden. Weiter werden die Schleifmaschinen benutzt zum Putzen der rohen Gußstücke, zum Abgraten von Gesenk-

Fig. 307. Selbsttätige Flächenschleifmaschine.

schmiedestücken sowie zum Bearbeiten der Schnittflächen von Profileisen, die genau zusammengepaßt werden sollen. Die Arbeitweise der Schleifmaschinen entspricht der der Fräsmaschinen. Das Werkzeug führt die drehende Arbeitbewegung aus, das Werkstück die meist gradlinige Schaltung.

Die in Fig. 306 dargestellte Schleifmaschine der vereinigten Schmirgel- und Maschinenfabriken, Hannover-Hainkolz ist für gröbere Schleifarbeiten bestimmt. Die sorgfältig gelagerte, durch Riemenscheiben angetriebene Welle trägt an jedem Ende eine Schleifscheibe. Auf der linken Seite der Maschine wird der zu schleifende Gegenstand auf eine feste Unterlage a gelegt und mit der Hand gegen eine umlaufende Schleifscheibe gedrückt. Eine von der Maschinenwelle durch Schnur-

scheiben angetriebene kleine Pumpe führt der Schleifscheibe durch
ein Rohr b Kühlwasser zu. Die rechte Seite der Maschine ist zum Schleifen
ebener Flächen eingerichtet. Die Werkstücke werden auf einem Aufspanntische c befestigt und durch ein Handrad d mittels Zahnstangentrieb unter der umlaufenden Schleifscheibe hindurchgeführt, die dann
ihre Oberfläche bearbeitet. Das Handrad e ermöglicht noch eine Quer-

Fig. 308. Kolbenringschleifmaschine.

bewegung des Tisches, das Handrad f ein Einstellen auf verschiedene
Höhenlagen mittels der Schraube g. Da wegen der hohen Umlauf-
geschwindigkeit die Gefahr besteht, daß die Scheiben auseinander-
fliegen können, so müssen sie mit einer Schutzhaube versehen sein.
Dies kann entweder eine feste eiserne Haube h sein oder eine nachstellbare i aus mehreren übereinander gelegten dünnen Wellblech-
streifen. Die letztere Schutzhaube bietet den Vorteil, daß sie immer
dem durch Abnutzung kleiner werdenden Scheibendurchmesser angepaßt werden kann.

Statt der Maschinen mit Handvorschub verwendet man bei genaueren und umfangreicheren Schleifarbeiten besser solche mit selbsttätiger

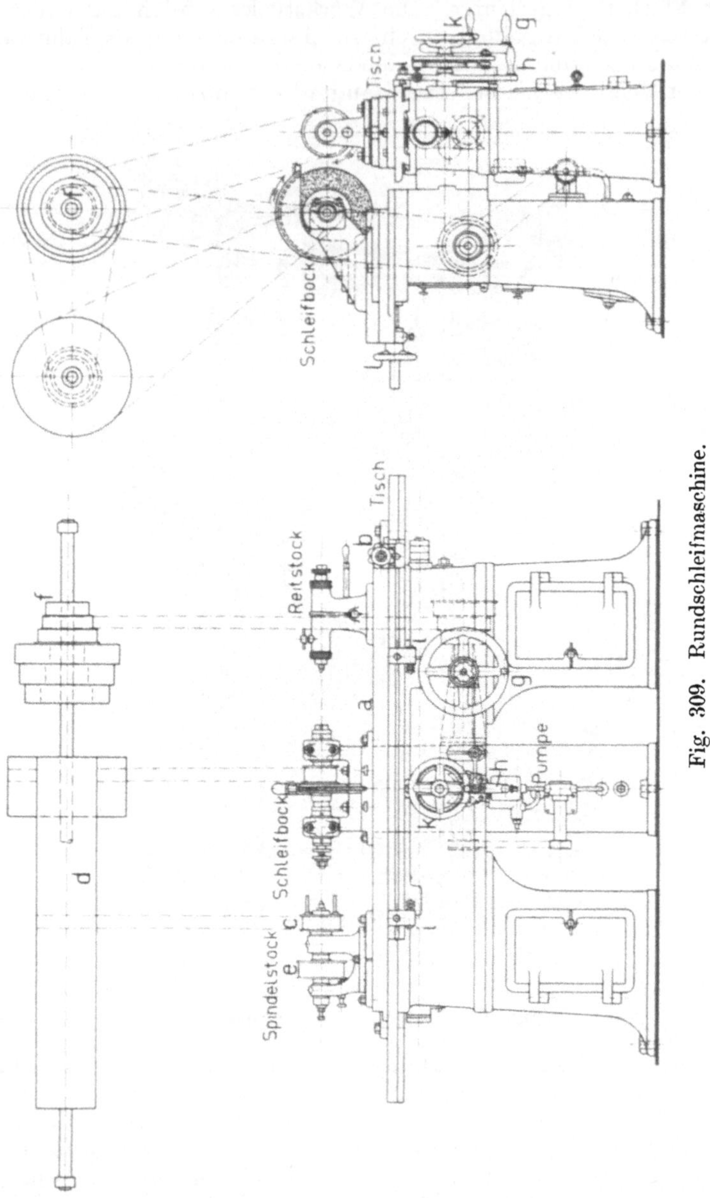

Schaltung, z. B. die in Fig. 307 abgebildete selbsttätige Flächenschleifmaschine. Die Maschine entspricht in ihrem ganzen Aufbau, ihren Antrieb- und Schaltvorrichtungen einer Tischhobelmaschine,

nur macht hier das Werkzeug, die Schleifscheibe, die drehende Arbeitbewegung und gleichzeitig die Querschaltung, während das auf dem
in langen Führungen gleitenden Tische befestigte Werkstück die Längs-
schaltung ausführt. Schleifscheiben- und Tischbewegung werden durch
je einen besonderen Elektromotor erzeugt. Der Schleifscheibensupport
ist an einem Querschlitten befestigt, der an einem wagerechten Führungs-
balken hin und her bewegt werden kann. Er kann in derselben Weise
selbsttätig geschaltet werden wie ein Hobelmaschinensupport. Zum
Tischantriebe dienen Schraubenspindel und Mutter.

Zum Schleifen der Stirnflächen von Kolbenringen sowie von dünnen
Platten, Keilen, Federn, Beilagen u. dgl. dienen die **Kolbenring-
schleifmaschinen**, von denen Fig. 308 (**J. E. Reinecker**, Chemnitz)
ein Beispiel zeigt. Die Maschine ähnelt einem Dreh- und Bohrwerke.
Die Werkstücke ruhen auf einem wagerechten, um seine senkrechte

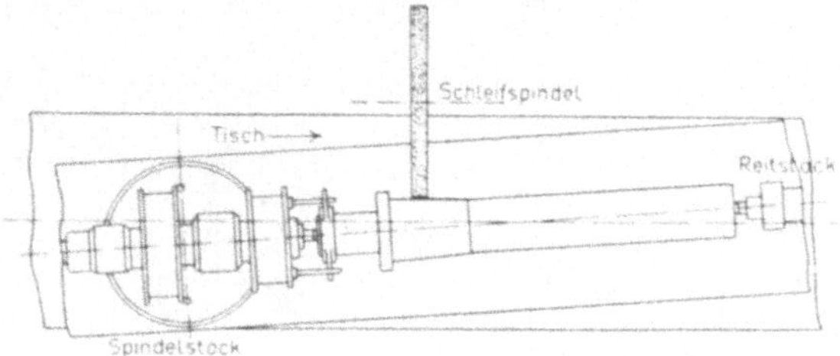

Fig. 310. Schleifen von Kegelflächen.

Achse drehbaren Tische, und zwar werden sie wegen ihrer Dünnwandig-
keit meist mit elektromagnetischen Futtern aufgespannt. Der Schleifscheibensupport ist an einem in senkrechter Richtung verstellbaren
Querbalken verschiebbar, so daß die Schleifscheibe über die ganze
Breite des Tisches wandern kann.

Zum Bearbeiten zylindrischer und kegelförmiger Flächen dienen
Rundschleifmaschinen, die hauptsächlich zum Schleifen von
Wellen und Achsen, Kolben, Kolbenstangen und Hartgußwalzen benutzt
werden. Die Werkstücke sind gewöhnlich auf der Drehbank geschruppt
und werden auf der Schleifmaschine geschlichtet. Vielfach werden
jedoch auch die rohen Werkstücke auf der Rundschleifmaschine geschruppt
und geschlichtet. So werden z. B. direkt aus gewalzten Rundeisen
genau maßhaltige Triebwerkwellen hergestellt. Die Rundschleifmaschinen arbeiten gewöhnlich so, daß die Schleifscheibe die drehende
Arbeitbewegung ausführt und das Werkstück gleichzeitig eine drehende
und eine gradlinige Schaltbewegung, indem es sich um seine Längsachse dreht und dabei in der Richtung dieser Achse an der umlaufenden
Schaltscheibe vorbeigeschoben wird. Eine Maschine dieser Bauart
zeigt Fig. 309 (Verein. Schmirgel- und Maschinenfabrik, Hannover-
Hainholz). Der das Werkstück tragende Tisch gleitet in einer langen
Führung. Das Tischoberteil a ist durch die Schraube b schräg zu stellen,
um konische Werkstücke schleifen zu können. Die Werkstücke werden
ähnlich wie bei der Drehbank zwischen Spitzen eingespannt, jedoch

sind hier beide Spitzen tote Spitzen, da die gleichzeitig als Mitnehmerscheibe dienende Antriebscheibe c sich lose um die die eine Spitze
tragende Spindel dreht. Ihr Antrieb erfolgt von einer sehr breiten
Riemenscheibe d, da der Riemen mit dem Tische mitwandern muß.
Die Riemenscheibe c kann abgenommen und durch ein selbstausrichtendes Klemmfutter ersetzt werden, wenn man nicht zwischen
Spitzen zu spannende Werkstücke schleifen will. Der Antrieb erfolgt
dann durch die Scheibe e. Damit sich die Werkstücke während des
Schleifens nicht durchbiegen, werden sie durch eine große Zahl in der
Figur nicht mitgezeichneter stehender Brillen oder Lünetten, ähnlich
den bei den Einspannvorrichtungen besprochenen, gestützt. Der Antrieb
der selbsttätigen Tischbewegung erfolgt von den Stufenscheiben f aus.

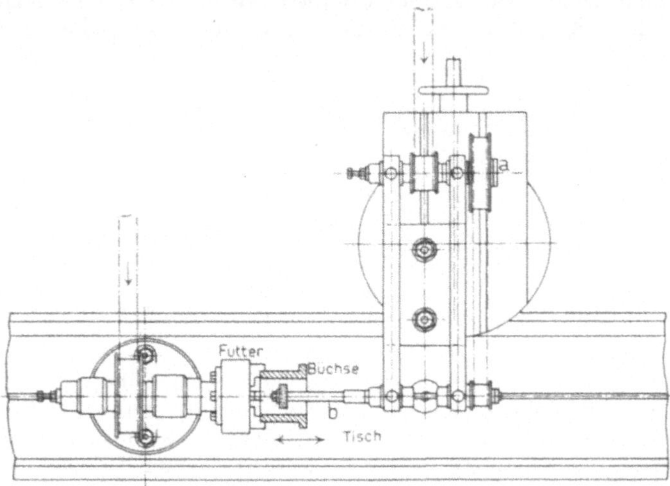

Fig. 311. Büchsenschleifvorrichtung.

Das Handrad g dient zum Verstellen des Tisches von Hand. Zwei am
Tische verstellbare Anschläge i bewirken eine selbsttätiges Umsteuern
der Bewegungsrichtung des Tisches. Sie wirken auf einen auch von
Hand zu bedienenden Steuerhebel h, der ein Kegelräderwendegetriebe
betätigt. Der die Schleifscheibe tragende Schleifbock kann dem Werkstücke von Hand durch die Handräder k oder l und auch selbsttätig
zugeschoben werden. Der selbsttätige Zuschub geschieht durch ein
mit dem Umsteuerhebel der Tischbewegung in Verbindung stehendes
Klinkenschaltwerk. Fig. 310 zeigt, wie durch Schrägstellen des Tisches
auch Kegelflächen rund geschliffen werden können. Der Schleifbock
läßt sich von seiner drehbaren Grundplatte abnehmen und durch die
in Fig. 311 dargestellte Büchsenschleifvorrichtung ersetzen, die zum
Innenschleifen von Hohlkörpern, Büchsen, Zylindern u. dgl. dient.
Hierzu müssen Schleifscheiben von sehr kleinen Durchmessern benutzt
werden. Die erforderliche hohe Umfanggeschwindigkeit wird durch
ein Riemenscheibenvorgelege erreicht. Der Apparat hat deshalb zwei

Wellen, die Vorgelegewelle a und die die Schleifscheibe tragende Welle b.
Die auszuschleifende Büchse wird in ein selbstausrichtendes Futter

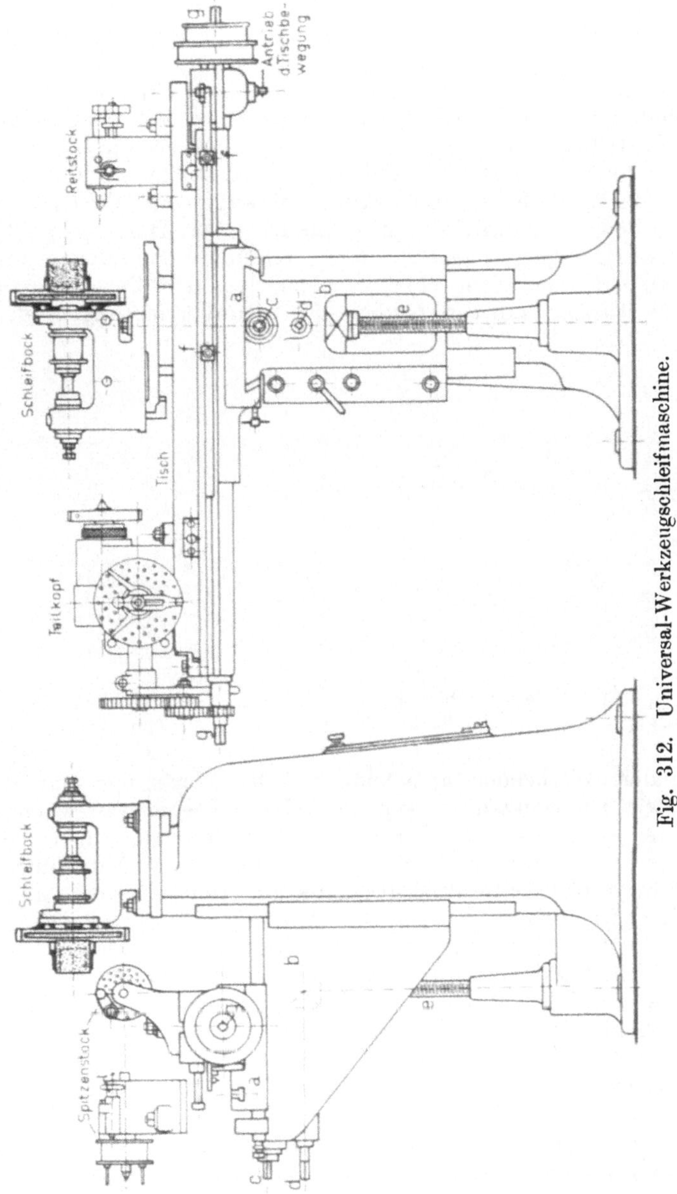

Fig. 312. Universal-Werkzeugschleifmaschine.

des Spindelstockes eingespannt und führt gleichzeitig eine drehende
und eine hin- und hergehende Bewegung aus.

Besondere Sorgfalt erfordert das Schleifen der vielschneidigen Werkzeuge, Reibahlen, Fräser usw. Hierzu benutzt man besondere Werkzeugschleifmaschinen, die große Ähnlichkeit mit den Fräsmaschinen haben. Als Beispiel diene die in Fig. 312 dargestellte Universal-Werzkeugschleifmaschine. Der Schleifbock dieser Maschine ist um eine senkrechte Achse drehbar, er ist zur Aufnahme einer scheibenförmigen und einer topfförmigen Schleifscheibe eingerichtet. Der die zu schleifenden Werkzeuge tragende Tisch ist auf dem Schlitten a schräg einstellbar. Mit dem Schlitten a läßt er sich durch die Spindel c quer zum Bock b verschieben und mit diesem Bocke durch die Spindel d und die Schraube e heben und senken. Die wagerechte Tischverschiebung auf dem Bocke a kann durch die Spindel g von Hand oder selbsttätig durch Riementrieb geschehen. Zwei verstellbare Anschläge f begrenzen den Hub und bewirken eine Umsteuerung der Bewegungsrichtung. Auf dem Tische sind verschiedene Einspannvorrichtungen für die zu

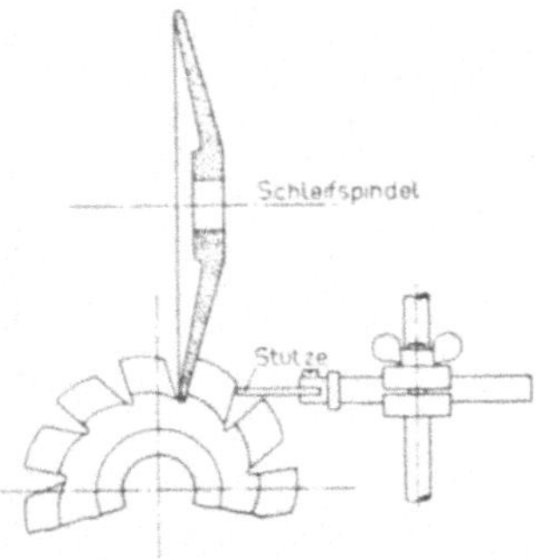

Fig. 313. Schleifen scheibenförmiger hinterdrehter Fräser.

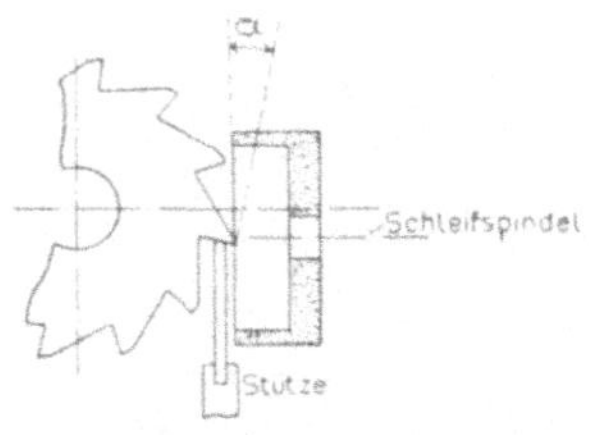

Fig. 314. Schleifen hinterschliffener Fräser.

schleifenden Werkzeuge anzubringen. Die Werkzeuge werden meist selbst zwischen Spitzen eingespannt oder auf einen zwischen Spitzen befestigten Dorn gesteckt. Der in der linken Seitenansicht der Maschine gezeichnete Spitzenstock enthält eine Riemen- bzw. Mitnehmerscheibe, die auf ihrer Rückseite als Teilscheibe mit Teilkreisen von 14, 36 und 40 Teillöchern ausgebildet ist. Ein federnder Stift i ermöglicht dann das genaue Schleifen von Fräsern, Reibahlen usw., deren Zähnezahlen in den Teillochzahlen aufgehen. In der rechten Vorderansicht der Maschine ist auf dem Tische ein Teilkopf befestigt, der demselben Zwecke dient. Seine Spindel kann aber auch von der Spindel g aus durch Wechselräder selbsttätig gedreht werden, dies wird beim Schleifen von spiralgenuteten Werkzeugen benutzt, wie weiter unten noch ausgeführt wird.

Das Schleifen der Schneidwerkzeuge muß so erfolgen, daß die vorgeschriebenen Winkel genau innegehalten werden. Da dies beim freihändigen Schleifen schwierig ist, so spannt man Dreh- und Hobelstahle zum Schleifen in besondere Stahlhalter, die sich in mehreren Ebenen drehen und nach einer Skala auf jeden verlangten Winkel genau

einstellen lassen. Das Schleifen scheibenförmiger hinterdrehter Fräser
erfolgt nach Fig. 313. Der Zahn wird mit der kegeligen Außenfläche
einer tellerförmigen Schleifscheibe an der Brust geschliffen und dabei
am Rücken durch eine Schleifstütze gestützt. Es ist darauf zu achten,
daß die Brust genau radial geschliffen wird. Nach dem Schleifen eines
Zahnes wird der Fräser mittels einer Teilvorrichtung um einen Zahn
weiter gedreht. Hinterschliffene Fräser werden am Rücken geschliffen
nach Fig. 314 und an der Brust gestützt. Die topfartige Schleifscheibe

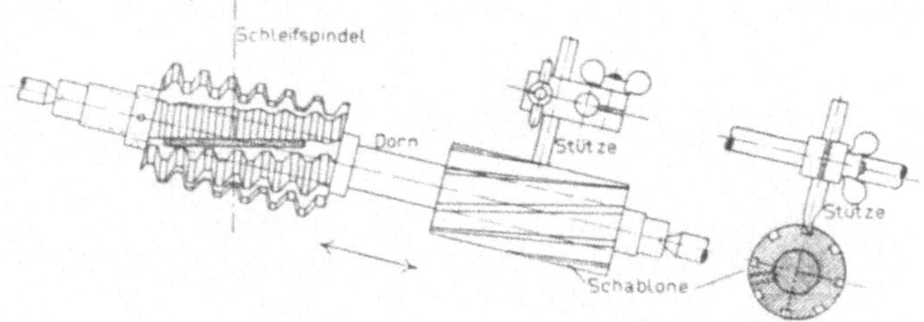

Fig. 315. Schleifen spiralgenuteter hinterdrehter Fräser.

ist so eingestellt, daß die aufwärts laufende Kante zum Schleifen kommt
Damit der Fräser hierdurch nicht gehoben wird, muß er leicht gegen
die Schleifstütze gedrückt werden. Hierzu dient bisweilen ein um den
Schleifdorn geschlungener Riemen, dessen Ende mit einem Gewichte
belastet ist. Die Schleifspindelachse muß soviel unter der Mittelachse
des Fräsers liegen, daß der Hinterschleifwinkel α gewahrt wird. Walzenfräser mit graden Nuten müssen während des Schleifens in der Achsen-
richtung senkrecht zur Schleifachse verschoben werden. Spiralgenutete

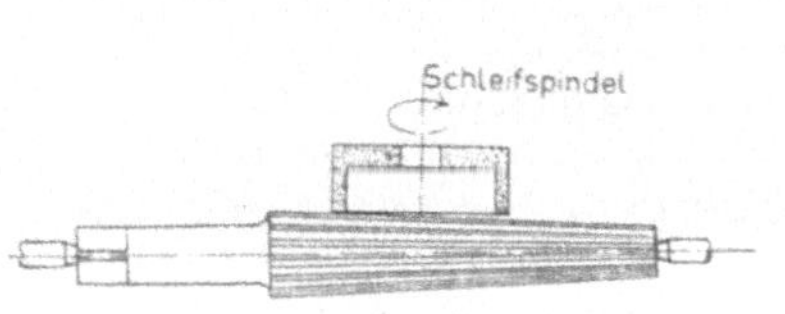

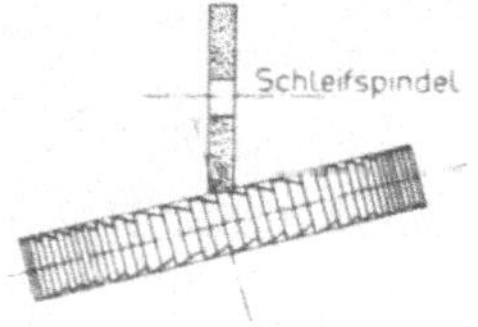

Fig. 316. Schleifen kegelförmiger   Fig. 317. Schleifen von
Werkzeuge.   Nutenfräsern.

Werkzeuge müssen der Steigung der Spiralnuten entsprechend schräg
eingestellt und während des Schleifens langsam um ihre Längsachse
gedreht werden. Bei hinterschliffenen Zähnen kann dies dadurch
geschehen, daß die Brust des Zahnes während des Vorschubes gegen
die feststehende Schleifstütze gedrückt wird und sich zwangläufig an
ihr entlang führt. Bei hinterdrehten Zähnen ist die Verwendung der
in Fig. 315 gezeichneten Einrichtung empfehlenswerter. Hier ist auf
dem den zu schleifenden Fräser tragenden Dorne noch eine Schablone
befestigt, die mit Nuten von der gleichen Steigung wie die des Fräsers
versehen ist. In diese Nuten greift die am Maschinengestell befestigte
Schleifstütze und dreht daher den an ihr vorbeigeführten Dorn in der

richtigen Weise. Noch sicherer ist die Verwendung des oben erwähnten
Teilkopfes, der dann durch Wechselräder der Nutensteigung entsprechend
stetig gedreht wird. Die Wechselräder sind nach einer mit der Maschine
mitgelieferten Tabelle für die verlangte Steigung auszusuchen. Kegelförmige Werkzeuge schleift man nach Fig. 316. Die Werkzeuge werden
zwischen Spitzen eingespannt und der Aufspanntisch wird so schräg
gestellt, daß der zu schleifende Zahnrücken nahezu senkrecht zur Schleifspindel liegt. In dieser Richtung wird er dann an der Schleifspindel

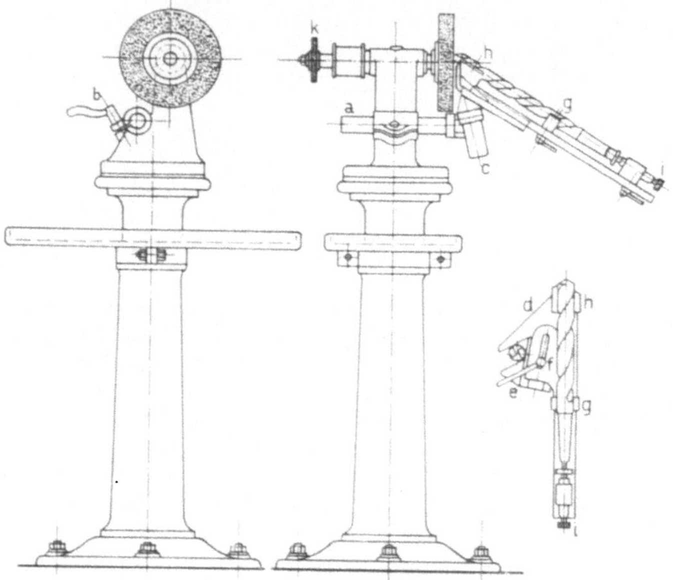

Fig. 318. Spiralbohrerschleifmaschine.

vorbeigeführt. Fig. 317 veranschaulicht das Schleifen der Seitenzähne
scheibenförmiger Nutenfräser.

Besondere Sorgfalt erfordert das Schleifen von Spiralbohrern. Bei
der Besprechung der Bohrwerkzeuge war erwähnt, daß die Spitze der
Spiralbohrer kegelförmig gestaltet ist. Die hinter den beiden Schneiden
liegenden Rückenflächen gehören aber nicht einer gemeinsamen Kegelfläche an, sondern springen dieser gegenüber zurück, um einen Ansatzwinkel zu ermöglichen. Hierauf ist auch beim Nachschleifen zu achten.
Da es sehr schwierig ist, den Spiralbohrer während des Schleifens frei-
händig so gegen die Schleifscheibe zu drücken und zu bewegen, daß
die richtigen Kegelflächen geschliffen werden, so sind die Spiralbohrer-
schleifmaschinen mit einer besonderen Einspannvorrichtung versehen,
die die Bohrerbewegung zwangläufig macht, wie dies die in Fig. 318
dargestellte Maschine erkennen läßt. Die Einspannvorrichtung ist
an einem zylindrischen Arme a, der in einer Bohrung des Schleifbockes
zu verschieben und durch die Griffmutter b festzustellen ist, so befestigt,
daß sie sich um die schräge Achse c hin und her schwenken läßt. Die

Krümmung der zu schleifenden Kegelfläche ist von der Stärke des Bohrers abhängig. Bei dünnen Bohrern ist sie stärker als bei den dickeren, deshalb ist die Einspannvorrichtung so eingerichtet, daß die Kegelkrümmung genau dem Durchmesser angepaßt wird. Wie aus der kleinen Nebenfigur zu ersehen ist, ist die eigentliche Einspannvorrichtung d auf der Führungsplatte e verschiebbar. Soll die Vorrichtung für einen Bohrer eingestellt werden, so hält man den zu schleifenden Bohrer zwischen zwei an d und e angebrachte Lappen, verschiebt d bis dicht an den Bohrer heran und zieht die Schraube f an, dann legt man den Bohrer in die beiden ∨ förmigen Nuten g und h und schiebt ihn soweit vor, bis er etwas über die Einspannvorrichtung hinausragt und gegen einen kleinen Anschlag stößt. Die Schraube i dient dabei zum Feineinstellen. Dann schiebt man die ganze Vorrichtung dicht an die Schleifscheibe, zieht die Griffmutter b fest und schwingt während des Schleifens die Einspannvorrichtung um die Achse c hin und her. Die Schleifscheibe k dient zum Anspitzen des Bohrers.

F. Maschinensägen.

Die Maschinensägen dienen dazu, von Werkstücken größere Teile abzutrennen, z. B. zum Abschneiden der Eingüsse und verlorenen Köpfe von Gußstücken, zum Zerschneiden von Blechen und Profileisen sowie zum Herausschneiden größerer Stücke aus vorgeschmiedeten Werkstücken, z. B. aus gekröpften Kurbelwellen. Sie benutzen hierzu die früher besprochenen Sägeblätter, und zwar unterscheidet man nach deren Form Kreissägen und Bandsägen. Je nachdem, ob die Sägen das Material im kalten oder im glühenden Zustande schneiden, unterscheidet man ferner Kaltsägen und Warmsägen. Die letzteren unterscheiden sich von den ersteren hauptsächlich durch ihre größere Schnittgeschwindigkeit.

1. Kreissägen.

Bei den Kreissägen macht das scheibenförmige Sägeblatt gewöhnlich sowohl die drehende Arbeit- als auch die gradlinige Schaltbewegung, während das Werkstück festliegt. Der Vorschub kann von Hand oder

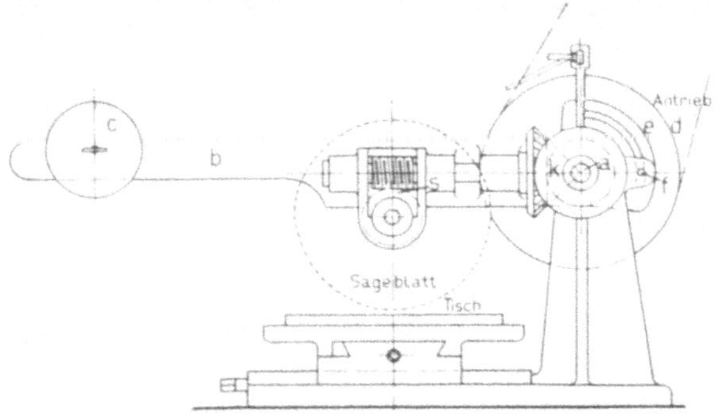

Fig. 319. Kreissäge.

selbsttätig erfolgen. Beim Zerschneiden von Profileisen ist zu beachten, daß der zu durchschneidende Querschnitt und damit der Schnittwiderstand erheblichen Schwankungen unterworfen sind. Beim I-Eisen z. B. ist zuerst ein breiter Flansch zu durchschneiden, dann plötzlich der dünne mittlere Steg und schließlich wieder ein breiter Flansch. Erfolgt der selbsttätige Vorschub dann immer mit derselben Geschwindigkeit, so schwankt der Schnittdruck sehr stark und dies wirkt ungünstig auf den Gang der Maschine. Bei der in Fig. 319 dargestellten kleineren Kreissäge wird dies in einfacher Weise vermieden. Das Sägeblatt ist in dem um die Antriebachse a drehbaren Arme b gelagert. Es wird daher durch das eigene Gewicht des Armes und durch das verstellbare Gewicht c unter gleichbleibendem Drucke langsam vorgeschoben; wächst der Widerstand, so verlangsamt sich automatisch die Vorschubgeschwindigkeit. Der Antrieb erfolgt bei dieser Säge von der Riemenscheibe d aus durch ein Schneckengetriebe s. Das Werkstück ruht auf dem in zwei zu einander senkrechten Richtungen verschiebbaren Aufspanntische. Damit das Sägeblatt nach dem Durchschneiden des Werkstückes nicht den Tisch beschädigen kann, sind am Ende des Armes h Kreissegmentplatten e angebracht, die durch einen über den Stift f gleitenden Bogenschlitz den Vorschub begrenzen.

Eine größere Kreissäge mit selbsttätigem Vorschub zeigt Fig. 320 (Scharmann & Co., Rheydt). Auch hier erfolgt der Antrieb des Sägeblattes von der Riemenscheibe aus durch Schnecke und Schneckenrad. Die Schneckenradwelle ist so eingerichtet, daß sie auf jedem Ende

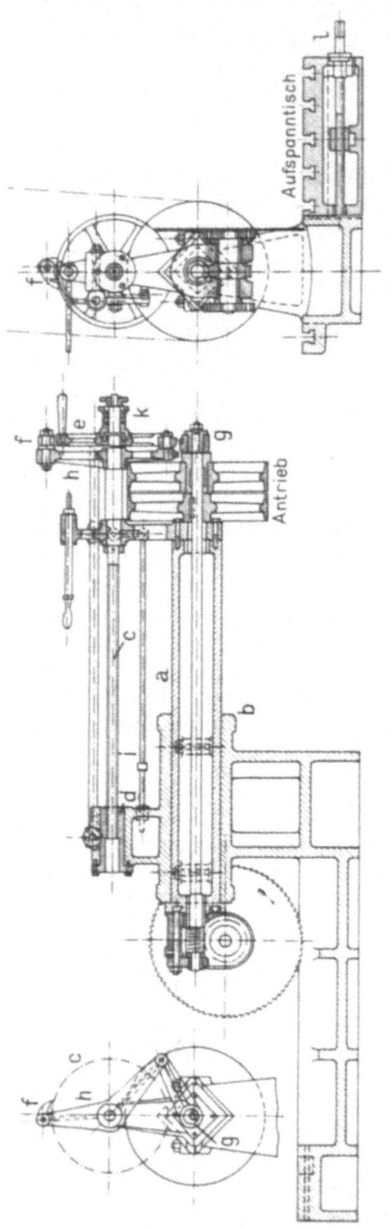

Fig. 320. Kreissäge mit selbsttätigem Vorschub.

ein Sägeblatt aufnehmen kann. Sie ist in einem Kopfe gelagert, der sich zum Schrägschneiden unter beliebige Winkel einstellen läßt. Der

Kopf sitzt vorn an einem quadratischen Arme a, der in einer nachstellbaren langen Führungbüchse b selbsttätig vorgeschoben werden kann, und zwar erfolgt der Vorschub durch die Schraube c und die feststehende Mutter d. Zum schnellen Einstellen wird die Schraube c durch das Handrad e gedreht, dies ist aber an seinem äußeren Umfange als Schaltrad ausgebildet und mit Zähnen versehen, in die die Schaltklinke f greift. Diese wird von der Riemenscheibenwelle aus durch einen Exzenter g und den Winkelhebel h hin und her geschwungen. Eine Reibungskupplung k regelt den Vorschub bei zu großem Schnittwiderstande. Ein einstellbarer Anschlag i rückt die Schaltklinke f und damit den Vorschub selbsttätig aus. Das Werkstück wird auf den durch die Schraubenspindel l verstellbaren Tisch gespannt.

2. Bandsägen.

Bei den Bandsägen macht das bandförmige Sägeblatt die Arbeitbewegung, während die Schaltbewegung von dem Werkstücke ausgeführt wird. Die Gesamtanordnung einer Metallbandsäge sei an der

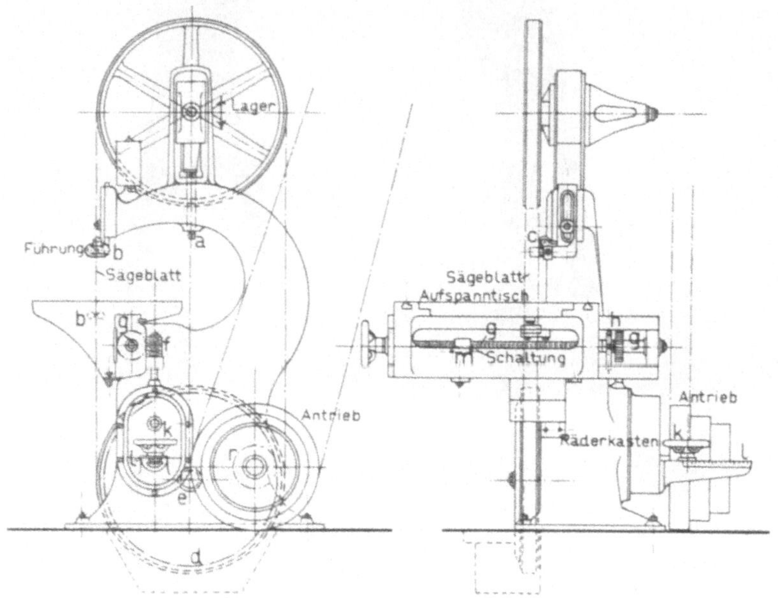

Fig. 321. Metallbandsäge.

Hand der Fig. 321 (Friedr. Krupp, Grusonwerk) erläutert. Das Sägeblatt hat die Form eines endlosen Bandes und läuft wie ein offener Riemen über zwei an ihrem Umfange mit Gummi bekleidete Scheiben, von denen die untere angetrieben, die obere durch Reibung mitgenommen wird. Das Lager der unteren Scheibe steht fest, während das der oberen durch eine Schraube a in einer senkrechten Führung so einstellbar

ist, daß das Sägeblatt die nötige Spannung besitzt. Damit das Sägeblatt durch den Schnittdruck nicht von den Scheiben heruntergedrängt
wird, ist es sowohl an den Seiten als auch am Rücken durch kleine
Stahlrollen geführt. Die Rolle b dient z. B. zur Seitenführung, die
Rolle c zur Rückenführung. Der Antrieb der unteren Scheibe erfolgt
von den Stufenscheiben aus durch das Stirnrad r, das in einen an der
Scheibe sitzenden Zahnkranz mit Innenverzahnung d greift. Das Werkstück wird auf dem Aufspanntische befestigt und führt mit diesem

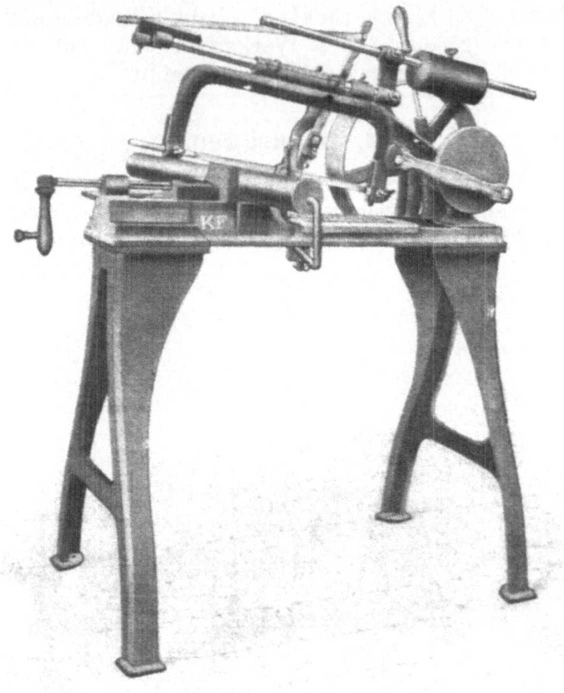

Fig. 322. Hub- oder Bogensäge.

die Schaltbewegung aus. Die Schaltung wird von der Welle e der unteren
Scheibe abgeleitet. Durch ein Zahnradgetriebe wird die Schnecke f
gedreht, die ein auf der Schaltspindel g sitzendes Schneckenrad antreibt.
Durch den Hebel h kann dies ausgerückt und die Schaltung unterbrochen werden. Die Schaltspindel g verschiebt eine am Tische befestigte
Mutter m. Der Vorschub kann mit 15 verschiedenen Geschwindigkeiten erfolgen und in einfacher Weise der Schnitthöhe des Werkstückes
angepaßt werden. Zwischen die Welle e und die Schnecke f sind Stufenräder eingeschaltet, die 15 verschiedene Übersetzungen ermöglichen,
und zwar werden die verschiedenen Übersetzungen durch Ziehkeile

eingerückt. Die Ziehkeile werden durch ein Zahnrad verschoben, das durch das Handrad k gedreht wird und sich an einer festen Zahnstange abwickelt. Mit dem Handrade k verschiebt sich ein Zeiger an einer Skala l, die so eingerichtet ist, daß die an den Teilstrichen angegebenen Zahlen der Schnitthöhe des Werkstückes entsprechen. Soll z. B. ein flach liegender |——|-Träger Nr. 55 durchschnitten werden, der 200 mm Flanschenbreite und 19 mm Stegdicke hat, so stellt man den Zeiger beim Durchschneiden des Flanschen auf die Zahl 200 und beim Durchschneiden des Steges auf die Zahl 19 und ist dann sicher, daß der Vorschub mit der günstigsten Schnittgeschwindigkeit erfolgt. Mit schmalen Bandsägeblättern lassen sich auch kurvenförmige Schnitte ausführen.

Fig. 322 (Schuchardt & Schütte) zeigt noch eine kleine sog. Hub- oder Bogensäge, die namentlich zum Zerschneiden von Stabeisen benutzt wird.

G. Scheren und Lochmaschinen.

Die Scheren und Lochmaschinen werden namentlich in Kesselschmieden und Eisenkonstruktionswerkstätten benutzt zum Zerschneiden und Lochen von Blechen, Stab- und Profileisen. Sie sind meist zu einer gemeinsamen Maschine vereinigt, da ihre Werkzeuge in derselben Weise bewegt und von einer gemeinsamen Welle angetrieben werden können. Die Scheren benutzen als Schneidwerkzeug die in Fig. 323 gezeichneten zwei Scherblätter, von denen das untere unbeweglich am Maschinengestell befestigt ist, während das obere an einem auf und ab gehenden Stößel sitzt. Damit das bewegliche Scherblatt nicht plötzlich auf seiner ganzen Breite, sondern allmählich in das Werkstück eindringt, ist seine Schneidkante gegen die des unteren um einen Winkel von 9° bis 14° geneigt. Die Bewegung des Stößels erfolgt meist von einem auf der Stirnfläche der dicken Antriebwelle exzentrisch sitzenden Zapfen a aus durch eine Lenkstange b, die sich in einer Aussparung des Stößels seitlich frei bewegen kann. Der Stößelantrieb ist nun so eingerichtet, daß der Stößel nach jedem Schnitte wieder in seine Höchstlage zurückkehren und in dieser so lange verharren kann, bis ein neuer Schnitt ausgeführt werden soll. Dies ist auf folgende Weise erreicht. Zwischen Lenkstange b und Stößel ist ein Riegel c eingeschaltet, der mit dem Handgriffe d nach vorn herausgezogen werden kann. Ist dieser Riegel eingerückt, so wie es die Figur zeigt, dann treibt die Lenkstange beim Abwärtsgange den Stößel nach unten und nimmt ihn beim Aufwärtsgange wieder mit empor, da sich seine Nabe bei e oben gegen die Aussparung des Stößels legt. Wird aber der Riegel herausgezogen, so wird der Stößel in seiner Höchstlage durch ein Gegengewicht festgehalten und die Lenkstange kann sich ungehindert nach unten bewegen, ohne den Stößel mitzunehmen. Bei den Lochmaschinen ist am Stößel statt des Scherblattes ein Lochstempel befestigt, wie Fig. 324 zeigt. Das Blech wird an den zu lochenden Stellen auf einen am Maschinengestell befestigten Lochring gelegt und beim Zurückziehen des Stempels durch einen Abstreifer am Mitemporgehen verhindert.

Fig. 325 zeigt die Gesamtanordnung einer Blechschere mit Lochmaschine. Von einem oben auf dem Maschinengestell angebrachten Elektromotor wird durch die Stirnräder 1 bis 4 die kräftige Welle a

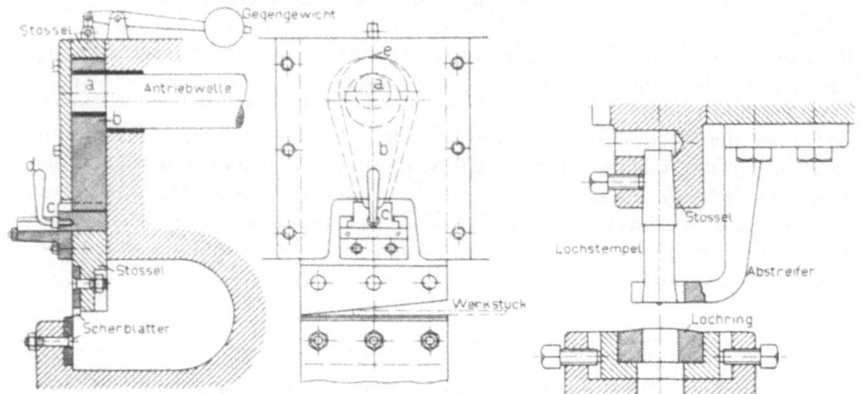

Fig. 323. Scherblätterantrieb.   Fig. 324. Lochstempel.

angetrieben. Auf der Welle der Stirnräder 2 und 3 sitzt ein schweres Schwungrad. Die Welle a hat an beiden Enden exzentrische Stirnzapfen e zum Antriebe der beiden Stößel b und c. Der Stößel b trägt

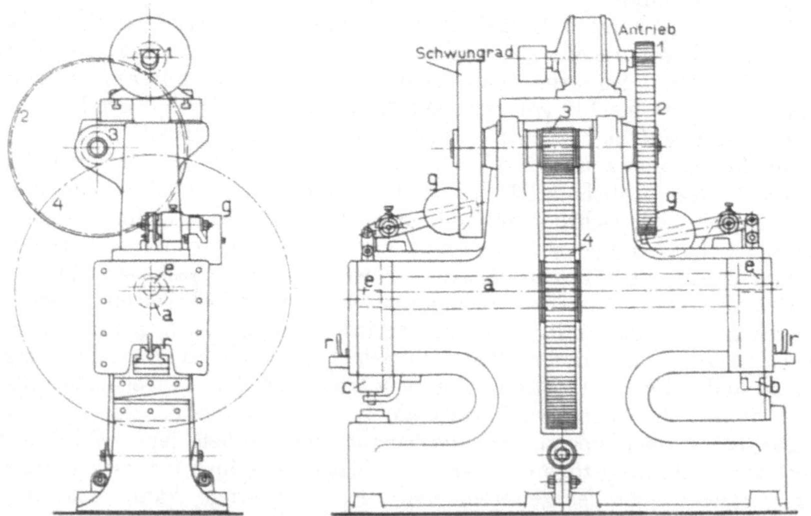

Fig. 325. Blechschere mit Lochmaschine.

das bewegliche Scherblatt, der Stößel c den Lochstempel. Durch Gegengewichte g werden die Stößel nach Herausziehen der Riegel r in ihrer Höchstlage gehalten.

II. Holzbearbeitungsmaschinen.

Von den Holzbearbeitungsmaschinen sollen hier nur die in den Modelltischlereien von Maschinenfabriken gebrauchten Sägen und Hobelmaschinen kurz besprochen werden.

A. Holzsägen.

Die Holzsägen dienen zum Zerschneiden der Hölzer. Ihre Werkzeuge und deren Wirkungsweise sind dieselben wie bei den Metallsägen. Man unterscheidet auch wieder Kreissägen und Bandsägen.

1. Kreissägen.

Als einziges Beispiel einer Tischler-Kreissäge diene die in Fig. 326 (Zimmermann, Chemnitz) dargestellte. Das kreisförmige Sägeblatt sitzt auf einer schnell umlaufenden unterhalb des Tisches gelagerten Welle a. Es ragt durch einen Schlitz über die Tischoberfläche hinaus. Der Tisch ist durch ein Handrad b, Kegelräder und Schraubenspindel an einer Führung f des Gestelles senkrecht verschiebbar. Außerdem kann er noch in bogenförmigen Führungen c bis zu 45⁰ geneigt eingestellt werden. Das zu schneidende Holz wird dem Sägeblatte auf dem Tische von Hand zugeschoben. Es kann dabei an einem abnehmbaren, in der Führung e parallel zum Sägeblatt verstellbaren Lineale d entlang geführt werden. Hinter dem Sägeblatte ist auf dem Tische ein Spaltkeil g befestigt. Dieser soll die frisch geschnittene Fuge des Holzes so weit auseinander spreizen,

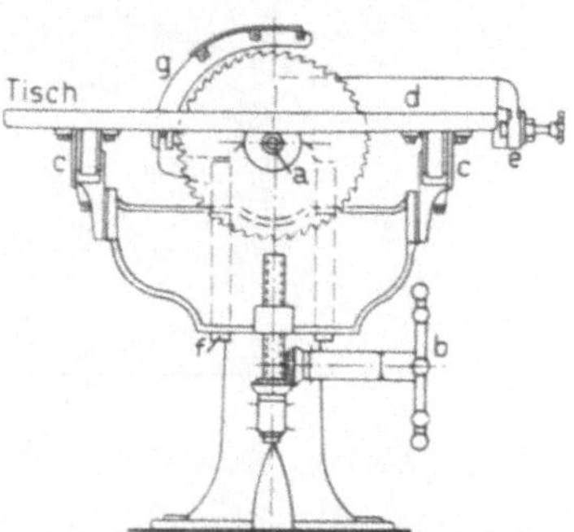

Fig. 326. Tischler-Kreissäge.

daß dieses nicht mit der sich nach oben bewegenden Seite des Sägeblattes in Berührung kommen und dem Arbeiter entgegen geschleudert werden kann. Der Spaltkeil ist vielfach zugleich als eine das Sägeblatt überdeckende Schutzhaube ausgebildet. Da die Sägeblätter ziemlich dick sein müssen, so ist der Holzverlust durch Zerspanen bei den Kreissägen größer als bei den mit dünneren Sägeblättern arbeitenden Bandsägen.

2. Bandsägen.

Eine Bandsäge zum Schneiden von Holz zeigt Fig. 327. Wie bei den Metallbandsägen läuft das endlose bandförmige Sägeblatt über zwei Scheiben, von denen die untere festgelagert und angetrieben wird, während die Lager der oberen an einem durch ein Handrad an einer senkrechten Führung verschiebbaren Schlitten angebracht sind. Ein auf einem langen Hebelarm verstellbares Gewicht gibt dem Sägeblatt

13*

die nötige Spannung, indem es den Lagerschlitten stets nach oben zu
schieben sucht. Der mit Holz belegte Tisch läßt sich bis 45° geneigt
einstellen. Der Werkstückzuschub erfolgt von Hand. Das Sägeblatt
muß auch wie bei den Metallsägen geführt werden. Gewöhnlich sitzt

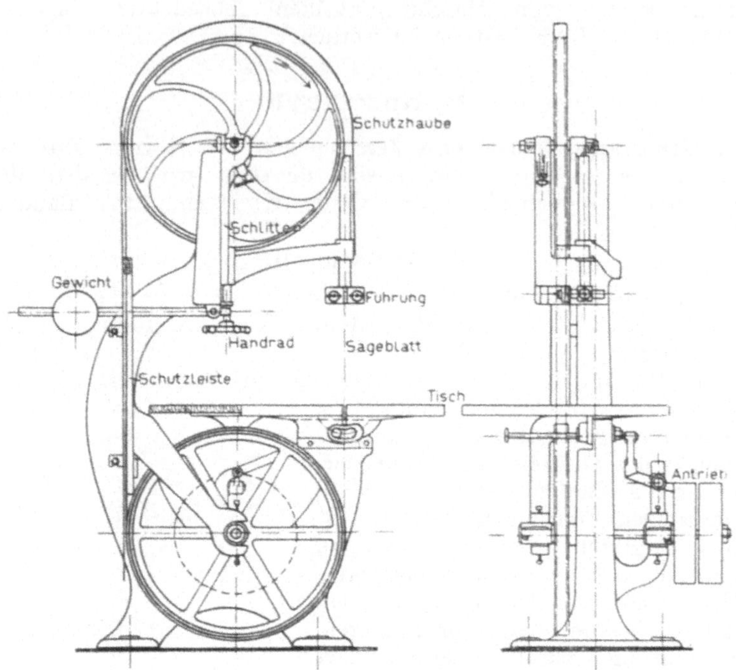

Fig. 327. Bandsäge.

unter dem Tische eine feste Führung und über ihm eine verstellbare,
die bis auf das Werkstück herunter geschoben werden kann. Zum
Schutze des Arbeiters vor Verletzungen, namentlich bei einem Säge-
blattbruche, dienen hölzerne Schutzleisten sowie eine Schutzhaube
aus Bandeisen.

B. Holzhobelmaschinen.

Bei den Holzhobelmaschinen unterscheidet man zwei Hauptarten:
Abrichthobelmaschinen und Dickenhobelmaschinen.

1. Abrichthobelmaschinen.

Die Abrichthobelmaschinen dienen dazu, die rohen Bretter abzu-
richten, d. h. sie mit genau ebenen Flächen zu versehen. Als Werkzeug benutzt man lange auf einer schnell umlaufenden Messerwelle
befestigte Hobelmesser. Fig. 328 zeigt eine solche von Carstens,
Nürnberg. Zur Befestigung der Messer dienen in schwalbenschwanz-

förmigen Schlitzen verschiebbare Schrauben, die Leisten a und runde
flache Muttern b. Zum genauen Ausrichten sind die Messer mit langen
Schlitzen für die Schrauben versehen. Die jetzt verbotenen älteren
Messerwellen hatten die Gestalt eines quadratischen Prismas, auf dessen
Seiten die Messer befestigt wurden. Um Unfälle zu vermeiden, gibt

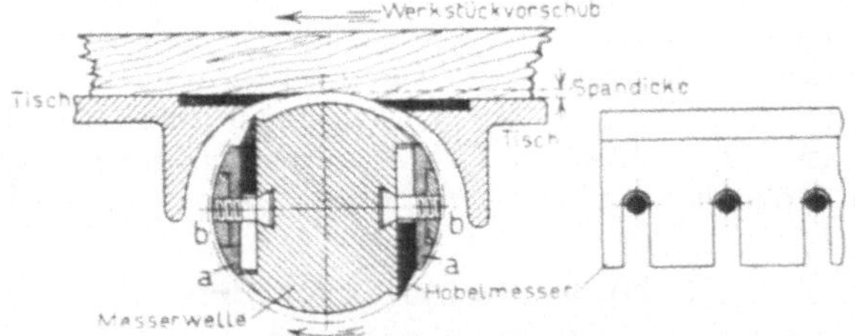

Fig. 328. Messerwelle.

man ihnen jetzt eine solche Gestalt, daß die Welle mit den darauf
befestigten Messern einen möglichst glatten Zylinder bilden. Das Werkstück wird auf einem Tische dem Messerkopfe in der angegebenen Pfeilrichtung zugeschoben und auf seiner unteren Seite behobelt. Der Tisch
besteht aus zwei Hälften, die zwischen sich einen schmalen Schlitz

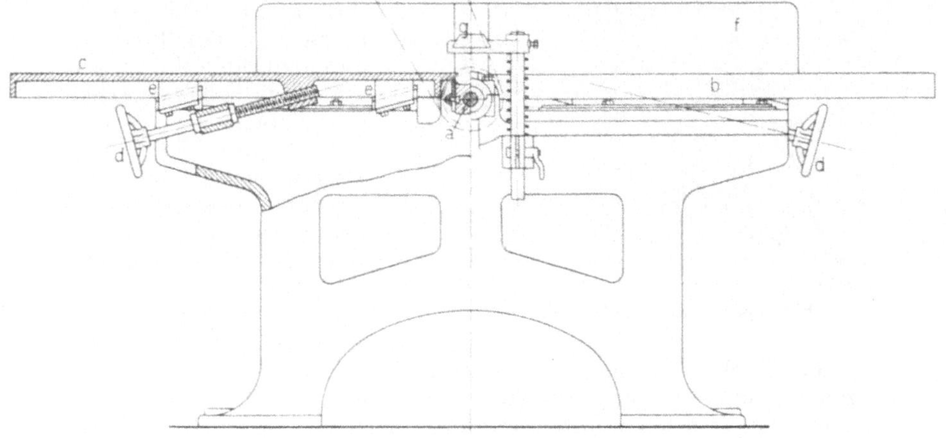

Fig. 329. Abrichthobelmaschine.

für die Schneiden der umlaufenden Hobelmesser frei lassen. An den
Schlitzrändern sind sie mit Stahlschienen ausgerüstet. Damit das
Werkstück auf dem Tische sorgfältig gestützt wird, sind die beiden
Tischhälften in ihrer Höhenlage so gegeneinander verstellbar, daß ihre
Oberflächen stets parallel bleiben und zwar liegt die Oberfläche der
linken Tischhälfte in gleicher Höhe mit dem höchsten Punkte des von
den Messerschneiden beschriebenen Kreises, während die rechte Tisch-
hälfte um die abzuhobelnde Spandicke tiefer liegt. Auf diese Weise

ist es möglich, sowohl die rohe als auch die behobelte Holzoberfläche
sicher zu stützen und zu führen.

Die Gesamtanordnung einer Abrichthobelmaschine ist aus Fig. 329
zu ersehen. Die Messerkopfwelle a macht gewöhnlich 4000 Umdrehungen
in der Minute und muß deshalb sehr sorgfältig gelagert werden. Die
beiden Tischhälften sind durch Drehen der Handräder d mittels Schraubenspindeln an den schrägen Führungen e in ihrer Höhenlage verstellbar.
f ist ein Leitlineal, das das Werkstück genau senkrecht zur Messerwelle führt. Um den Arbeiter vor Verletzungen durch die Hobelmesser
zu schützen, ist der Schlitz des Tisches auf seiner ganzen Länge durch
eine in ihrer Höhenlage verstellbare Schutzleiste g überdeckt.

2. Dickenhobelmaschinen.

Die Dickenhobelmaschinen haben den Zweck, das Holz auf eine
bestimmte einstellbare Dicke zu hobeln und es mit genau parallelen
Oberflächen zu versehen. Im Gegensatze zu den Abrichthobelmaschinen
liegt die Messerwelle über dem Werkstücke. Das letztere wird also
auf seiner oberen Fläche
bearbeitet. Außerdem wird
es nicht von Hand, sondern
selbsttätig durch Speise-
walzen vorgeschoben, wie
dies aus Fig. 330 zu er-
sehen ist. Der Tisch ist
an senkrechten Führungen
auf die zu hobelnde Dicke
des Werkstückes einstell-
bar. Dies geschieht durch
Drehen der Handräder h,
die durch Kegelräder zwei
Schraubenspindeln a an-
treiben. In dem Tische
sind die beiden Speise-
walzen b so gelagert, daß
sie durch Schlitze etwas

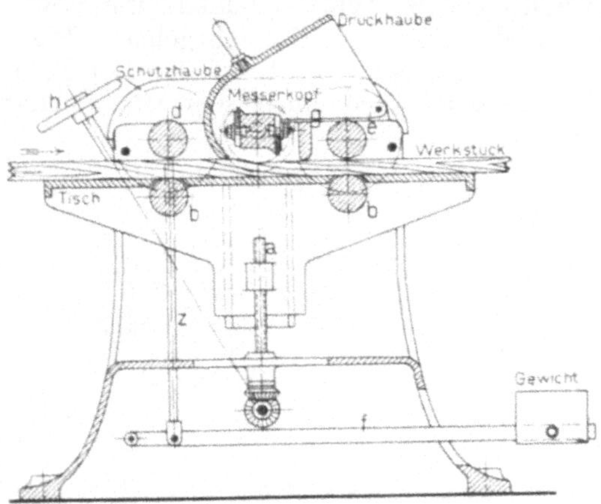

Fig. 330.   Dickenhobelmaschine.

über die Tischoberfläche hervorragen. Über dem Tische sind die
Walzen d und e gelagert, die vom Vorgelege aus durch Riemen und
Zahnräder angetrieben werden, während die Walzen b durch Reibung
mitgenommen werden. Die Einziehwalze d ist geriffelt und wird durch
zwei mit Gewicht belastete Hebel f und zwei an ihren Lagern an-
greifende Zugstangen z fest auf das Werkstück gedrückt. Die Abzieh-
walze e ist glatt, um das bearbeitete Holz zu schonen, und wird durch
Federdruck angepreßt. Dicht vor der Messerwelle drückt eine auf-
klappbare Druckhaube das Holz fest auf den Tisch und verhindert ein
Aussplittern der Späne. Außerdem führt sie die Späne ab und schützt
den Arbeiter vor Verletzungen. Hinter der Messerwelle ist noch eine
Druckleiste g angebracht.

Druck der Universitätsdruckerei H. Stürtz A. G., Würzburg.

Die Werkzeugmaschinen, ihre neuzeitliche Durchbildung für wirtschaftliche Metallbearbeitung. Ein Lehrbuch. Von Prof. **Fr. W. Hülle** (Dortmund). Vierte, verbesserte Auflage. Mit 1020 Abbildungen im Text und auf Textblättern sowie 15 Tafeln. Unveränderter Neudruck.

Gebunden Preis M. 102.—

Die Grundzüge der Werkzeugmaschinen und der Metallbearbeitung. Ein Leitfaden von Professor **Fr. W. Hülle** in Dortmund. Zweite, vermehrte Auflage. Mit 282 Textabbildungen.

Gebunden Preis M. 10.—*

Austauschbare Einzelteile im Maschinenbau. Die technischen Grundlagen für ihre Herstellung. Von Obering. **O. Neumann.** Mit 78 Textabbildungen.

Preis M. 7.—; gebunden M. 9.—*

Die Bearbeitung von Maschinenteilen nebst Tafel zur graphischen Bestimmung der Arbeitszeit. Von E. Hoeltje, Hagen i. W. Zweite, erweiterte Auflage. Mit 349 Textfiguren und einer Tafel.

Preis M. 12.—*

Maschinenelemente. Leitfaden zur Berechnung und Konstruktion für technische Mittelschulen, Gewerbe- und Werkmeisterschulen sowie zum Gebrauche in der Praxis. Von Ingenieur **Hugo Krause.** Dritte, vermehrte Auflage. Mit 380 Textfiguren.

Gebunden Preis M. 15.—*

Die Technologie des Maschinentechnikers. Von Professor Ing. **Karl Meyer** (Köln). Fünfte, verbesserte Auflage. Mit 431 Textfiguren.

Gebunden Preis M. 28.—*

Einzelkonstruktionen aus dem Maschinenbau. Herausgegeben von Ing. **C. Volk,** Berlin.

Erstes Heft: Die Zylinder ortsfester Dampfmaschinen. Von **H. Frey,** Berlin. Zweite Auflage. Mit 109 Textabbildungen. Preis M. 2.40*

Zweites Heft: Kolben. I. Dampfmaschinen- und Gebläsekolben. Von **C. Volk,** Berlin. II. Gasmaschinen- und Pumpenkolben. Von **A. Eckardt,** Deutz. Mit 247 Textabbildungen. Preis M. 4.—*

Drittes Heft: Zahnräder. I. Teil. Stirn- und Kegelräder mit geraden Zähnen. Von Prof. Dr. **A. Schiebel,** Prag. Zweite Auflage. Mit etwa 110 Textabbildungen. Unter der Presse

Viertes Heft: Kugellager. Von Ingenieur **W. Ahrens,** Winterthur. Mit 134 Textabbildungen. Preis M. 4.40*

Fünftes Heft: Zahnräder. II. Teil. Räder mit schrägen Zähnen. Von Prof. Dr. **A. Schiebel,** Prag. Mit 116 Textabbildungen. Preis M. 4.—*

Sechstes Heft: Schubstangen und Kreuzköpfe. Von Oberingenieur **H. Frey.** Mit 117 Textabbildungen. Preis M. 1.60*

* **Hierzu Teuerungszuschläge.**

Handbuch der Fräserei. Kurzgefaßtes Lehr- und Nachschlagebuch für den allgemeinen Gebrauch. Gemeinverständlich bearbeitet von **Emil Jurthe** und **Otto Mietzschke**, Ingenieure. Fünfte, durchgesehene und vermehrte Auflage. Mit 395 Abbildungen, Tabellen und einem Anhang über Konstruktion der gebräuchlichsten Zahnformen bei Stirn- und Kegelrädern sowie Schnecken- und Schraubenrädern. Gebunden Preis M. 18.—*

Die Schneidstähle, ihre Mechanik, Konstruktion und Herstellung. Von Dipl.-Ing. **Eugen Simon**. Zweite, vollständig umgearbeitete Auflage. Mit 545 Textabbildungen. Preis M. 6.—*

Der Dreher als Rechner. Wechselräder, Touren-, Zeit- und Konusberechnung in einfachster und anschaulichster Darstellung, darum zum Selbstunterricht wirklich geeignet. Von **E. Busch**. Mit 28 Textfiguren. Gebunden Preis M. 8.40*

Die Dreherei und ihre Werkzeuge in der neuzeitlichen Betriebsführung. Von Betriebs-Oberingenieur **W. Hippler**. Zweite, erweiterte Auflage. Mit 319 Textabbildungen. Gebunden Preis M. 16.—*

Härte-Praxis. Von **Carl Scholz**. Preis M. 4.—*

Leitfaden der Hüttenkunde für Maschinentechniker. Von Dipl.-Ing. **K. Sauer**. Mit 81 Textfiguren. Preis M. 9.—

Hilfsbuch für den Maschinenbau. Für Maschinentechniker sowie für den Unterricht an technischen Lehranstalten. Unter Mitwirkung von hervorragenden Fachgelehrten herausgegeben von Oberbaurat **Fr. Freytag** †, Prof. i. R. Sechste, erweiterte und verbesserte Auflage. Mit 1288 in den Text gedruckten Figuren, einer farbigen Tafel und 9 Konstruktionstafeln. Gebunden Preis M. 60.—*

Taschenbuch für den Maschinenbau. Unter Mitwirkung bewährter Fachgelehrter herausgegeben von Prof. **Heinrich Dubbel**, Ingenieur in Berlin. Dritte, erweiterte und verbesserte Auflage. Mit 2620 Textfiguren und 4 Tafeln. In zwei Teilen:

In einem Band gebunden Preis M. 70.—
In zwei Bänden gebunden Preis M. 84.—

*** Hierzu Teuerungszuschläge.**